冶金职业技能鉴定理论知识培训教材

连铸工培训教程

时彦林　崔　衡　主编

U0326253

北　京

冶金工业出版社

2013

内 容 提 要

本书是参照冶金行业职业技能标准和职业技能鉴定规范，依据冶金企业的生产实际和岗位群的技能要求编写的。本书介绍了连铸工所必须掌握的基本知识和技能，其主要内容包括连续铸钢生产概述、连铸坯凝固基础知识、连续铸钢设备、连铸生产工艺制度、连铸生产操作、连铸常见事故、连铸坯质量、连铸耐火材料、连铸技术的新进展。

本书可作为职业技能鉴定培训教材，也可作为冶金技术专业的教材和参考书。

图书在版编目（CIP）数据

连铸工培训教程/时彦林，崔衡主编 . —北京：冶金工业出版社，2013.7
冶金职业技能鉴定理论知识培训教材
ISBN 978-7-5024-6287-1

Ⅰ.①连… Ⅱ.①时… ②崔… Ⅲ.①连续铸造—技术培训—教材 Ⅳ.①TG249.7

中国版本图书馆 CIP 数据核字（2013）第 138740 号

出 版 人 谭学余
地　　址 北京北河沿大街嵩祝院北巷 39 号，邮编 100009
电　　话 (010)64027926　电子信箱 yjcbs@cnmip.com.cn
策划编辑 俞跃春　责任编辑 俞跃春 李 臻　美术编辑 彭子赫
版式设计 孙跃红　责任校对 郑 娟　责任印制 李玉山
ISBN 978-7-5024-6287-1
冶金工业出版社出版发行；各地新华书店经销；北京百善印刷厂印刷
2013 年 7 月第 1 版，2013 年 7 月第 1 次印刷
787mm×1092mm　1/16；13.75 印张；330 千字；208 页
30.00 元

冶金工业出版社投稿电话：(010) 64027932　投稿信箱：tougao@cnmip.com.cn
冶金工业出版社发行部　电话：(010)64044283　传真：(010)64027893
冶金书店　地址：北京东四西大街 46 号(100010)　电话：(010)65289081(兼传真)
（本书如有印装质量问题，本社发行部负责退换）

前　　言

推行职业技能鉴定和职业资格证书制度不仅可以促进社会主义市场经济的发展和完善，促进企业持续发展，而且可以提高劳动者素质、增强就业竞争能力。实施职业资格证书制度是保持先进生产力和社会发展的必然要求，取得了职业技能鉴定证书，就取得了进入劳动市场的"通行证"。

本书在具体内容的安排上注意融入新技术；考虑了岗位工学习的特点，深入浅出、通俗易懂，理论联系实际，强调知识的运用；将相关知识要点进行了科学的总结提炼，形成了独有的特色，易学、易懂、易记，便于职工掌握连铸工的专业知识和技能。

本书由时彦林、崔衡担任主编，李建朝、陈建权任副主编。参加编写的还有李鹏飞、刘杰、李秀娜、何红华、郝宏伟、王丽芬。

本书由邯郸钢铁公司李太全担任主审，李太全在百忙之中审阅了全书，提出了许多宝贵的意见，在此谨致谢意。

由于编者水平所限，书中不妥之处，敬请读者批评指正。

编　者
2013 年 4 月

目 录

连续铸钢生产概述

连续铸钢简称连铸。连铸是把液态钢水用连铸机浇铸、冷凝、切割而直接得到铸坯的工艺，是连接炼钢和轧钢的中间环节。连铸生产的正常与否，直接影响到轧材的质量和成材率。

1.1 连续铸钢工艺过程及设备组成

1.1.1 连续铸钢的生产工艺流程

连续铸钢的生产工艺流程可用图 1-1 所示的弧形连铸机来说明。

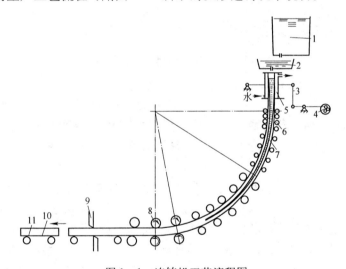

图 1-1 连铸机工艺流程图

1—盛钢桶；2—中间罐；3—振动机构；4—偏心轮；5—结晶器；6—二次冷却夹辊；
7—铸坯中未凝固钢水；8—拉坯矫直机；9—切割机；10—铸坯；11—出坯辊道

从炼钢炉出来的钢液注入钢包内，经精炼处理后被吊运到连铸机上方的大包回转台中，通过中间罐注入强制水冷的结晶器内。结晶器是一种特殊的无底水冷铸锭模，在浇铸之前先装上引锭杆作为结晶器的活底。注入结晶器的钢水与结晶器内壁接触的表层急速冷却凝固形成坯壳，且坯壳的前部与引锭头凝结在一起。引锭头由引锭杆通过拉坯矫直机的拉辊牵引，以一定速度把形成坯壳的铸坯向下拉出结晶器。为防止初凝的薄坯壳与结晶器壁黏结发生撕裂而漏钢，在浇铸过程中，既要对结晶器内壁进行润滑，又要通过结晶器振动机构使其上下往复振动。铸坯出结晶器进入二次冷却区，由于其内部还是液体状态，应进一步喷水冷却，直到完全凝固。铸坯出二冷区后经拉坯矫直机将弧形铸坯矫成直坯，同时使引锭头与铸坯分离。完全凝固的直坯由切割设备切成定尺，经出坯辊道进入后步工序。随着钢液的不断注入，铸坯连续被拉出，并被切割成定尺运走，形成了连续浇铸的全过程。

1.1.2 连铸机设备组成

连续铸钢生产所用的设备，通常可以分为主体设备和辅助设备两个部分。主体设备主要有：钢包旋转台、中间罐及其运载小车；结晶器及其振动装置；二次冷却支导装置；拉坯矫直设备、引锭杆、脱锭及引锭杆存放装置；切割设备等。辅助设备主要包括：出坯及精整设备——辊道、拉（推）钢机、翻钢机、火焰清理机等；工艺性设备——中间罐烘烤装置、吹氩装置、脱气装置、保护渣供给与结晶器润滑装置、电磁搅拌装置等；自动控制和测量仪表——结晶器液面测量与显示系统、过程控制计算机、测温、测重、测压、测长、测速等仪表系统。

上述工艺流程说明，连续铸钢设备必须适应高温钢水由液态变成液固态，又变成固态的全过程。具有连续性强、工艺难度大和工作条件差等特点。要求机械设备有足够抗高温的疲劳强度和刚度，制造和安装精度要求高，易于维护和快速更换，并且要有充分的冷却和良好的润滑。

1.1.3 连铸设备的主要设计参数

连铸设备的主要设计参数有铸坯断面的尺寸和形状、拉坯速度、冶金长度、基本圆弧半径、连铸机流数、连铸机生产能力等。

（1）铸坯断面的尺寸和形状。铸坯断面的尺寸和形状是连铸机最基本的设计参数，其他设计参数都是根据它来选定的。铸坯断面的尺寸和形状是按照下道轧钢工序与成品的形状、规格要求，结合当前连铸生产实际能达到的质量水平以及炼钢生产的出钢量、冶炼周期来确定的。

（2）拉坯速度。拉坯速度是决定连铸机生产能力的重要设计参数，合适的拉坯速度，既能发挥连铸机的生产能力，也能改善连铸坯的表面质量。影响拉坯速度的因素是多方面的，主要有铸坯断面的尺寸和形状、浇铸钢种、浇铸温度、机身长度、拉坯阻力以及铸坯出结晶器口的凝固厚度，最大拉坯速度必须保证铸坯出结晶器后铸坯有足够的厚度。

（3）冶金长度。冶金长度是按连铸机最大拉速计算的铸坯液相长度，与铸坯厚度、拉坯速度以及铸坯的冷却强度有关。冶金长度关系到连铸机机身长度和基本圆弧半径的确定。

（4）基本圆弧半径。基本圆弧半径是指连铸机辊列的外弧基本曲率半径，它影响连铸机机身高度、浇铸铸坯最大厚度的确定以及铸坯质量。基本圆弧半径的确定应满足铸坯矫直前的凝固要求、设定的表面温度要求，并满足铸坯内弧矫直时允许的表面伸长率的要求。

（5）连铸机流数。连铸机流数是指一台连铸机能同时浇铸的铸坯数量，确定的连铸机流数应满足连铸机浇钢能力、浇铸周期与炼钢生产能力、钢包容量等。一般来说，一机多流有利于发挥设备的生产能力，但对设备状况、操作水平提出了更高要求。

（6）连铸机生产能力。连铸机生产能力是指一台或一流连铸机在单位时间内铸坯的产量，一般以小时产量或年产量表示。连铸机生产能力主要取决于连铸机流数、拉坯速度、铸坯端面尺寸及连铸作业率等因素，为提高连铸机的生产能力应组织多炉连浇，因此炼钢车间必须按照连铸车间多炉连浇的生产要求，准时、定量提供成分、温度合格的钢水，并做到生产均衡、节奏稳定、衔接准确、质量保证。在连铸机设备方面，为了实现多炉连浇，可采用钢包回转台、大容量中间罐，并加强设备维护，避免故障发生。

1.2 连铸机的分类及连铸的优越性

1.2.1 连铸机分类

连铸机分类如下：

（1）按连铸机结构的外形可分为立式、立弯式、弧形、椭圆形及水平式等多种形式，如图 1-2 所示。

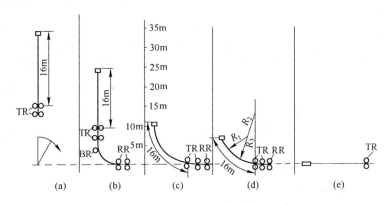

图 1-2 用于工业生产的连铸机形式

（a）立式；（b）立弯式；（c）弧形；（d）椭圆形；（e）水平式

TR—拉坯辊；BR—顶弯辊；RR—矫直辊

世界各国最早采用的是立式连铸机，整套设备全部配置到一条铅垂线上。由于它的设备高度过大，基建投资多，又不适宜于旧炼钢厂的改造，因此，近年来除了少数特殊钢厂仍在使用外，一般情况多不采用。

立弯式是在立式的基础上发展起来的一种结构类型。铸坯通过拉坯辊后，用弯坯装置将其顶弯，接着在水平位置上将铸坯矫直、切断、出坯。这种铸机除高度有所降低外，其优越性并不明显。

弧形连铸机是从 20 世纪 60 年代发展起来的，是目前应用最广、发展最快的一种类型。其特点是组成连铸机的各单体设备均布置在 1/4 圆弧及其水平延长线上，铸坯成弧形后再进行矫直。铸机的高度大大降低，可在旧厂房内安装。但弧形连铸机的工艺条件不如立式或立弯式好，由于铸坯内、外弧不对称，液芯内夹杂物上浮受到一定阻碍，使夹杂物有向内弧富集的倾向。另外，由于铸坯经过弯曲和矫直，故不利于浇铸对裂纹敏感的钢种。

椭圆形连铸机（低矮形连铸机）除具有弧形连铸机的优点外，高度进一步降低，适于在起重机轨面标高较低的旧厂房内布置。由于铸机结晶器及头段二冷夹辊布置的曲线半径较小，钢水内夹杂物不易上浮而向内弧富集，对钢水纯洁度的要求更为严格。

水平连铸机的基本特点是它的中间罐、结晶器、二次冷却装置和拉坯装置全部都放在地面上呈直线水平布置。水平连铸机的优点是机身高度低，适合老企业的改造，同时也便于操作和维修；水平连铸机的中间罐和结晶器之间采用直接密封连接，可以防止钢水二次氧化，提高钢水的纯净度；铸坯在拉拔过程中无需矫直，适合浇铸合金钢。

（2）按铸坯断面的形状和大小可分为：方坯连铸机（断面不大于 150mm × 150mm 的叫小方坯；大于 150mm × 150mm 的叫大方坯；矩形断面的长边与宽边之比小于 3 的也称为方坯连铸机）；板坯连铸机（铸坯断面为长方形，其宽厚比一般在 3 以上）；圆坯连铸机（铸坯断面为圆形，直径 $\phi 60 \sim 400$mm）；异型坯连铸机（浇铸异型断面，如 H 型、空心管等）；方、板坯兼用连铸机（在一台铸机上，既能浇板坯，也能浇方坯）；薄板坯连铸机（厚度为 40 ~ 80mm 的铸坯）等。

（3）按结晶器的运动方式，连铸机可分为固定式（即振动式）和移动式两类。前者是现在生产上常用的以水冷、底部敞口的铜质结晶器为特征的"常规"连铸机；后者是轮式、轮带式等结晶器随铸坯一起运动的连铸机。

（4）按铸坯所承受的钢液静压头，即铸机垂直高度（H）与铸坯厚度（D）比值的大小，可将连铸机分为高头型（$H/D > 50$，铸机机型为立式或立弯式）、标准头型（H/D 为 40 ~ 50，铸机机型为带直线段的弧形或弧形）、低头型（H/D 为 20 ~ 40，铸机机型为弧形或椭圆形）超低头型（$H/D < 20$，铸机机型为椭圆形）。随着炼钢和炉外精炼技术的提高，浇铸前及浇铸过程中对钢液纯净度的有效控制，低头和超低头连铸机的采用逐渐增多。

1.2.2 连续铸钢的优越性

与传统的模铸相比，连铸有以下几方面的优越性：

（1）简化了生产工序，缩短了工艺流程。从图 1 - 3 可以看出，连铸工艺省去了脱模、整模、钢锭均热、初轧开坯等工序。由此基建投资可节约 40%，占地面积减少 30%，劳动力节省约 70%。薄板坯连铸机的出现，又进一步简化了工序流程。与传统板坯连铸（厚度为 150 ~ 300mm）相比，薄板坯（厚度为 40 ~ 80mm）连铸省去了粗轧机组，从而缩小厂房面积约 48%，连铸机设备质量减轻约 50%。热轧设备质量减少 30%。从钢水到薄板的生产周期大大缩短，传统板坯连铸约需 40h，而薄板坯连铸仅为 1 ~ 2h。

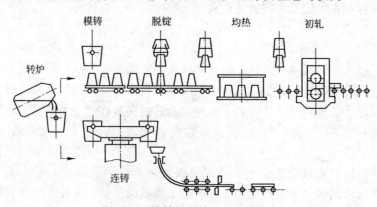

图 1 - 3　模铸与连铸生产流程比较

（2）提高了金属收得率。采用模铸工艺，从钢水至铸坯的切头切尾损失达 10% ～ 20%，而连铸的切头切尾损失为 1% ～ 2%，故可提高金属收得率 10% ～ 14%（板坯 10.5%、大方坯 13%、小方坯 14%）。如果以提高 10% 计算，年产 100 万吨钢的钢厂，采用连铸工艺，就可增产 10 万吨钢。就从钢水到薄板流程而言，采用传统连铸，金属收得率为 93.6%，而薄板坯连铸为 96%。年产 80 万吨钢的钢厂如采用薄板坯连铸工艺就可多生产约 2.4 万吨热轧板卷。带来的经济效益是相当可观的。

（3）降低了能源消耗。采用连铸省掉了均热炉的再加热工序，可使能量消耗减少 1/2 ～ 1/4。据有关资料介绍，生产 1t 铸坯，连铸比模铸一般可节能 400 ～ 1200MJ，相当于节省 10 ～ 30kg 重油燃料。若连铸坯采用热送和直接轧制工艺，能耗还可进一步降低，并能缩短加工周期（从钢水到轧制成品沿流程所经历的时间是：冷装 30h，热装 10h，直接轧制 2h）。

（4）生产过程机械化、自动化程度高。在炼钢生产过程中，模铸是一项劳动强度大、劳动环境恶劣的工序。尤其是对氧气转炉炼钢的发展而言，模铸已成为提高生产率的限制性环节。采用连铸后，由于设备和操作水平的提高以及采用全程计算机控制和管理，劳动环境得到了根本性的改善。连铸操作自动化和智能化已成为现实。

（5）连铸钢种扩大，产品质量日益提高。目前几乎所有的钢种都可用连铸生产。连铸的钢种已扩大到包括超纯净度钢（IF 钢）、高牌号硅钢、不锈钢、管线钢、重轨、硬线、工具钢以及合金钢等在内 500 多个。而且连铸坯产品质量的各项性能指标大都优于模铸钢锭的轧材产品。

总的来说，镇静钢连铸已经成熟。而沸腾钢连铸时，由于结晶器内产生沸腾而不易控制，因此开发了沸腾钢的代用品种，其中有美国的吕班德（Riband）钢，日本的准沸腾钢，德国的低碳铝镇静钢，与适当的炉外精炼（如 RH）相配合，保证了连铸坯生产冷轧板的质量。

1.3 连铸生产的技术经济指标

1.3.1 主要技术经济指标

连铸生产的主要技术经济指标包括：

（1）连铸坯产量。连铸坯产量是指在某一规定的时间内（一般以月、季、年为时间计算单位）合格铸坯的产量。计算公式为：

$$连铸坯产量 = 生产铸坯总量 - 检验废品量 - 轧后或用户退废量$$

连铸坯必须按照国家标准、部颁标准生产，或按供货合同规定标准、技术协议生产。

（2）连铸比。连铸比指的是全年生产合格连铸坯产量占总合格钢产量的百分比。

连铸比是衡量一个国或一个钢铁厂生产发展水平的重要标志，是连铸设备、工艺、管理以及和连铸有关的各生产环节发展水平的综合体现。计算公式为：

$$连铸比 = \frac{合格连铸坯产量}{总合格钢产量} \times 100\%$$

上式中总合格钢产量也是合格连铸坯产量与合格钢锭产量之和，是按入库合格量计算。

（3）合格率。连铸坯合格率是一台连铸机年产合格连铸坯量占全年铸坯产量的百分数。计算公式为：

$$连铸坯合格率 = \frac{合格连铸坯产量}{合格铸坯产量 + 检验废品量 + 用户或轧后退废量} \times 100\%$$

连铸坯合格率可按年统计，也可按季度或月统计，也有按车间所有铸机之和统计的。

（4）收得率。连铸坯收得率是指合格连铸坯产量占连铸浇铸钢水总量的百分比。计算公式为：

$$连铸坯收得率 = \frac{合格连铸坯产量}{连铸浇铸钢液总量} \times 100\%$$

连铸浇铸钢液总量 = 合格连铸坯产量 + 废品量（现场 + 退废）+ 中间包换接头总量 + 中间包余钢总量 + 钢包开浇后回炉钢液总量 + 钢包注余钢液总量 + 引流损失钢液总量 + 中间罐粘钢总量 + 切头切尾总量 + 浇铸过程及火焰切割时铸坯氧化损失钢的总量

铸坯收得率与断面大小有关。铸坯断面小则收得率低些。

（5）连铸坯成材率。计算公式为：

$$铸坯成材率 = 铸坯成材率 = \frac{合格钢材产量}{连铸坯消耗总量} \times 100\%$$

如果铸坯是两火成材时，可用分步成材率的乘积作为全过程的成材率。

（6）连铸机作业率。连铸机作业率是指铸机实际作业时间占总日历时间的百分比（一般可按月、季、年统计计算）。它反映了连铸机的开动作业及生产能力。计算公式为：

$$连铸机作业率 = \frac{连铸机实际作业时间}{日历时间} \times 100\%$$

连铸机实际作业时间 = 钢包开浇起至切割（剪切）完毕为止的时间 + 上引锭杆时间 + 正常开浇准备等待的时间（小于 10min）

增加连浇炉数，开发快速更换中间罐技术和异钢种的连浇技术，缩短准备时间，提高设备诊断技术，减少连铸事故，缩短排除故障时间，加强备品备件供应等均可提高连铸机的作业率。

（7）连铸机达产率。连铸机达产率是指在某一时间段内（一般以年统计），连铸机实际产量占该台连铸机设计产量的百分比。它反映了这台连铸机的设备发挥水平。计算公式为：

$$连铸机达产率 = \frac{连铸机实际产量}{连铸机设计产量} \times 100\%$$

（8）平均连浇炉数。平均连浇炉数是指浇铸钢液的炉数与连铸机开浇次数之比，单位为炉/次。它反映了连铸机连续作业的能力。计算公式为：

$$平均连浇炉数 = \frac{浇铸钢液炉数}{连铸机开浇次数}$$

（9）平均连浇时间。平均连浇时间是指连铸机实际作业时间与连铸机开浇次数之比，单位为 h/次。它同样反映了连铸机连续作业的状况。计算公式为：

$$平均连浇时间 = \frac{铸机实际作业时间}{连铸机开浇次数}$$

（10）铸机溢漏率。铸机溢漏率指的是在某一时间段内连铸机发生溢漏钢的流数占该段时间内该铸机浇铸总流数的百分比。计算公式为：

$$铸机溢漏率 = \frac{溢漏钢流数总和}{浇铸总炉数 \times 铸机拥有流数} \times 100\%$$

在连铸生产过程中，溢钢和漏钢均属恶性事故，它不仅会损坏连铸机，打乱正常的生产秩序，影响产量，还会降低铸机作业率、达产率和连浇炉数。因此铸机溢漏率直接反映了铸机的设备、操作、工艺及管理水平，是衡量连铸机效益的关键性指标之一。

（11）连铸浇成率。连铸浇成率是指浇铸成功的炉数占浇铸总炉数的百分比。计算公式为：

$$连铸浇成率 = \frac{浇铸成功的炉数}{浇铸总炉数} \times 100\%$$

浇铸成功的炉数：一般一炉钢水至少有 2/3 以上浇成铸坯，方能算作该炉钢浇铸成功。

1.3.2　其他指标

除以上技术经济指标外，还可以对生产过程中制约连铸正常浇铸的一些重要的生产、工艺及设备备件寿命等参数作单独的统计。

（1）钢液镇静时间。钢包自离开吹氩或精炼位置至开浇之间，钢液的等待时间为钢液镇静时间。生产过程中，应根据钢包运行路线长短和钢包散热情况等因素，确定适合实际状况的镇静时间范围。

（2）连铸平台钢液温度。钢包到达浇铸平台后，在开浇前 5min 所测温度为连铸平台钢液温度。该指标的统计考核，有利于保持连铸在较小的温度范围内稳定浇铸。生产中应根据所浇钢种、钢包与中间罐容量、连铸坯断面、拉速等因素，制定出合适的钢液温度控制范围。

（3）钢液供应间隔时间。钢液供应间隔时间可以用前一钢包浇毕，关闭水口至下一钢包水口打开开浇间的时间间隔来表示（也可用前后两包钢液到达连铸平台的时间间隔来表示）。它与冶炼、精炼周期及铸机拉速等因素有关。间隔时间最好控制在 5min 以内，以利于稳定拉速。

（4）中间罐平均罐龄。中间罐平均罐龄也是中间罐使用寿命，单位为炉/个。它是指连铸在某一时间段内浇铸的钢液炉数与使用的中间罐个数之比（可以按月、季、年为时间单位统计计算）。计算公式为：

$$中间罐平均罐龄 = \frac{浇铸总炉数}{中间罐使用个数}$$

生产中，应根据中间罐内衬耐火材料的性质、质量、中间罐容量、所浇钢种等因素确定安全使用的最长寿命，即中间罐允许浇铸的最长时间，一般正常生产中不能随意超出规定的使用次数。

（5）结晶器的使用寿命。结晶器的使用寿命是指结晶器从开始使用到更换时的工作时间，也就是结晶器保持原设计参数的时间。可用在这段时间内浇铸的炉数或钢液总量来表示。更换结晶器的原因主要是结晶器在浇钢过程中有磨损变形，因而改变了原设计参数，影响了铸坯的质量。

另外，还可以以月、季、年为单位统计计算结晶器的平均使用寿命，即用通过结晶器铜管或铜板的钢液量与使用结晶器个数之比来表示。

2

连铸坯凝固基础知识

2.1 钢液的凝固

当温度降到凝固点以下时，金属便由液态转变为晶体状态，这一过程称为结晶，也叫凝固。连续铸钢工艺的实质就是按照工艺、质量的要求，适当加以控制，完成钢从液态向固态的转变，达到规定的尺寸、形状、组织、质量和结构等的要求。从金属内部结构来看，发生了金属原子从近程有序排列过渡到远程有序排列并固定下来的变化。

2.1.1 钢液结晶的条件

2.1.1.1 结晶的热力学条件

金属从液态转变为固态的结晶过程，必须满足一定的热力学条件才能自发进行，即系统的自由能降低。根据热力学定律，液态金属和固态金属的自由能都随温度的升高而降低，但液态金属自由能随温度变化的曲线较陡，两者有一交点。交点对应的温度为 T_0，称为理论结晶温度。图 2-1 表示液态和固态金属自由能与温度的关系。

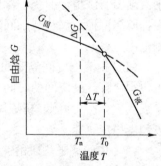

图 2-1 固液两相自由能
与温度的关系

当温度低于 T_0 时，$G_固 < G_液$，液态金属可自发地转变为固态；反之，当温度高于 T_0 时，$G_固 > G_液$，固态金属将自动地熔化为液态；而在 T_0 时，$G_固 = G_液$，两者处于平衡状态而共存。

研究表明，液态金属只有冷却到低于理论结晶温度 T_0 以下的某一温度时才开始结晶，这时的温度称为实际结晶温度 T_n。T_0 与 T_n 之差 ΔT 称为过冷度，即：

$$\Delta T = T_0 - T_n \qquad (2-1)$$

金属结晶的热力学条件就是必须具有一定的过冷度。过冷度越大，液相的结晶趋势越大。

图 2-2 是用热分析测定液态金属结晶时 3 种冷却曲线的情况。当释放的潜热等于或小于以一定速度冷却而散发到周围环境中去的热量时，温度或保持恒定或不断下降，结晶可以继续进行，直至完全凝固，或达到新的平衡；当释放的潜热大于散发掉的热量时，温度会回升，直到结晶后停止进行，甚至有时局部区域还会发生重熔现象。

图 2-2(a) 表示接近平衡的冷却，结晶在一定的过冷度下开始、进行和终结，由于潜热的释放和逸散相等，所以结晶温度始终保持恒定，一直到完全结晶后，温度才下降；图

2-2(b)表示金属液冷却速度较快的状态，结晶在较大的过冷度下开始，所以进行得较快，而使释放的潜热大于散发掉的热量，这样便使温度逐渐回升，直至两者相等，而后结晶便在恒温下进行，直到结晶完成后，温度才会下降；图2-2(c)表示冷却很快，结晶在更大的过冷度下开始，而且潜热的释放始终小于热的逸散，所以结晶一直在连续降温的过程中进行，直到结晶终结后，温度便又更快地下降。

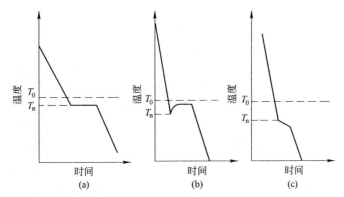

图2-2 液态金属以不同速度冷却时温度与时间的关系曲线

(冷却速度(a)<(b)<(c))

2.1.1.2 结晶的动力学条件

金属结晶的动力学条件是形成晶核和晶核长大的过程。金属的结构主要由这两个过程控制。

A 晶核的形成

晶核的形成一般有两种形式：一种是均质形核（自发形核）；另一种是异质形核（非自发形核）。实际金属结晶时，大多数是以异质形核的方式进行的。

a 均质形核

均质形核是在液相中直接产生晶核。即在一定的过冷度下，液态金属中一些体积很小的近程有序排列的"原子集团"转变成规则排列并稳定下来的胚胎晶核，这一过程称为均质形核。这一过程只有在引起系统自由能 ΔG 的降低时才能自发进行。

若晶核为球形，其半径为 r，则系统总自由能的变化 ΔG 与晶核半径 r 的关系见图2-3。

由图2-3可知，表面自由能随晶核半径 r 的增大而增加；体积自由能随 r 增大而降低；系统总自由能 ΔG 的变化为两者之和。与 ΔG 的极大值相对应的晶核半径 r 为临界半径 r_k。当晶核半径 $r<r_k$ 时，随着 r 的增加，ΔG 增大，故 $r<r_k$ 的晶核是不稳定的，它必然会在液体金属中消失；当 $r=r_k$ 时，ΔG 达到极大值，晶核的溶解和长大趋势相当。只有当 $r>r_k$ 时，随着 r 的增加，ΔG 降低，新相晶核能稳定长大。

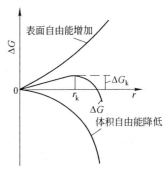

图2-3 晶胚形成时 ΔG
与 r 的关系

由图2-3还可看出，虽然 $r>r_k$ 的晶核长大能使系统自由能降低，但是在 $r=r_k$ 时，ΔG 为正值，这说明形成临界晶核时需要补充一定的能量，这部分能量称为形核功 ΔG_k。

为了补充形核时所消耗的能量，就必须要有过冷度 ΔT，而且实验和计算结果表明，如图 2-4 所示，系统获得的过冷度越大，临界半径 r_k 越小，液态金属就越容易结晶。

根据实测结果，纯金属均质形核所需的过冷度 ΔT 数值很大。例如纯铁在 1530℃ 时均质形核所需过冷度达 295℃，这在实际生产中是难以获得的，所以金属的结晶主要依靠异质形核。

b　异质形核

异质形核又称非自发形核，也称非均质形核。在合金液相中已存在的固相质点，还有表面不光滑的器壁，这些均可成为形成核心的"依托"而发展成初始晶核，这就是异质形核。实际上金属中或多或少都含有异相杂质，故金属结晶时大都为异质形核。

液体金属中可以发生异质形核的质点有两种：一种是其晶体结构与本体金属类似，称为活性质点；另一种是其晶体结构虽与本体金属不同，但质点表面含有未熔金属，称为活性化质点。由于这些质点与金属间的界面张力小于金属液与固态金属间的界面张力，因此，附着在这些质点上产生晶核所引起的晶核表面能增加极少，且形核功 ΔG_k 也较小，从而使晶核的临界尺寸减小，结晶可以在较小的过冷度下（只需几度即可）进行，而形核率要大得多。均质形核和异质形核速率与过冷度 ΔT 的关系，如图 2-5 所示。

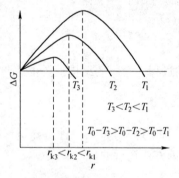

图 2-4　临界晶核半径与
过冷度的关系

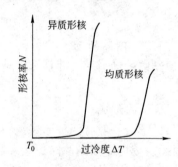

图 2-5　均质形核和异质形核速率
与过冷度的关系

B　晶体的长大

a　晶体的生长方式

液体金属中形成稳定的晶核以后，随即迅速长大。晶体长大的方式取决于结晶过程中固、液相界面附近的温度分布。结晶前沿的温度分布有两种情况，一种情况是由界面到液相具有正的温度梯度，如图 2-6 所示，固体结晶前沿的液相离固、液界面越远，温度越高；另一种情况是由界面向液相具有负的温度梯度，如图 2-7 所示，离界面越远，液相中的温度越低。

晶体在正温度梯度条件下生长时，其长大速度完全由散热条件所控制。由于固、液界面处温度很高，固体不可能伸入到液相中生长，即使有生长着的晶体表面偶

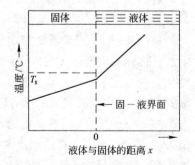

图 2-6　结晶前沿具有
正温度梯度

尔伸入前面过冷度较小的地方，生长速度也很慢，甚至被熔化掉，这时凸起也随之消失。

所以固体表面在宏观上看起来是平滑的，即固、液界面呈平面状向液相推进。这种生长情况为平面生长。晶体在负温度梯度条件下长大时，固体表面上的偶然凸起便可深入到液体中过冷度较大的地方生长。这时，液、固界面的平面状就变得不稳定，固体表面也不再是光滑的，而会形成一些伸长的晶柱，在界面上产生凸起。若这时界面附近过冷度很大，固相表面上的凸出部分就会很快地伸向过冷液体中长大并在侧面产生分枝，形成树枝状晶体。这种生长情况即为树枝状生长；若过冷度较小，固相表面某些偶然凸出的部分可能会伸入过冷区长大，但不能向纵深发展，使生长的界面介于平面和树枝状之间，形成一种凹凸不平的类似胞状的结构，称为胞状组织。这种生长情况为胞状生长。当其他条件相同时，选分结晶合金更利于树枝晶的生长。对实际钢液来说，由于杂质元素及合金元素的作用，结晶时多为树枝状的生长方式，如图2-8所示。

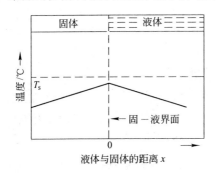

图2-7 结晶前沿具有负温度梯度

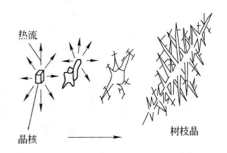

图2-8 树枝晶生长示意图

b 树枝晶长大

图2-8为树枝晶生长示意图。一般结晶总是在溶质偏析最小和散热最快的地方优先生长。由于棱角比其他方向导热性好，且离未被溶质富集的液体最近，因此棱角方向的长大速度比其他方向要快。铁为立方晶格，呈正六面体结构，从八个角长成为菱锥体的尖端，就构成了树枝晶主轴（一次轴），然后在主轴侧面长出分叉叫二次轴，再生出三次轴，依次发展下去，直到晶枝彼此相遇，形成一个树枝状晶粒。各方向的主轴都得到较均匀发展的树枝状晶称等轴晶；只有某一方向的主轴得到突出发展的树枝状晶称柱状晶。

在实际铸坯中，晶体有两种长大情况：

（1）定向生长。钢液注入锭结晶器时，与冷模壁接触的过冷液体中产生大量结晶核心，开始它们可以自由生长。由于垂直模壁方向散热最快，选分结晶条件最好，从而形成了垂直于模壁的单方向生长的柱状晶。

（2）等轴生长。当柱状晶长到一定长度后，沿模壁的定向散热减慢，温度梯度逐渐减小，柱状晶停止发展，处于锭心的液体温度下降且无明显的温度梯度。这样锭心处晶核在各方向上具有相似的生长条件，因而长成各晶轴基本相同的树枝晶，即等轴晶。

c 结晶晶粒大小

金属凝固以后的晶粒大小取决于晶核的生成速率 N（成核数目／（$cm^3 \cdot s$））和长大速率 v（cm/s），成核率 N 越大，长大速率 v 越小，晶粒越细。

成核率和长大速率均与过冷度有关（见图2-9），在过冷度不太大的情况下，两者均随过冷度的增加而增大，但两者增长程度不同。由于生成临界晶核需要形核功和增加晶核表面能，在过冷度较小时，需要的形核功和临界半径均较大，故成核困难。因此，成核的过冷度比核长大的过冷度要大。而一旦具备成核的过冷度以后，随着过冷度的增加，成核率比核长大速率增加得快。

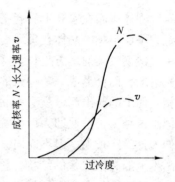

图 2-9 成核率 N 及长大速率 v 与过冷度的关系图

因此，金属结晶时，冷却速度越大，过冷度越大，晶粒就越细。加速冷却有利于获得细晶粒的铸态组织。

但是，过分增大过冷度，成核率 N 和长大速率 v 反而会下降，如图 2-9 中虚线所示。这是因为温度太低使原子扩散能力减弱，从而抑制了结晶的进行。对于金属及合金的结晶来说，不可能达到如此大的过冷度。但对于它们的固态相变来说，这一规律是完全适用的。

2.1.2 钢液结晶的特点

2.1.2.1 选分结晶

钢是以铁为基础的铁碳合金，并且含有其他多种合金元素。因此，钢液结晶过程与纯金属不同，具有自己的特点：其一是，结晶过程必须在一个温度范围内进行并完成；其二是，结晶过程为选分结晶，最初结晶出的晶体比较纯，溶质元素的含量较低，熔点较高，最后生成的晶体中溶质元素的含量较高，熔点也较低，而且无论是晶体或液体的成分，都随着温度的下降而不断地变化着，只有当结晶完毕后，并且达到平衡时，晶体才有可能达到和原始合金一样的成分。钢液结晶过程中一系列的新问题，正是由这两个特点引起的。

2.1.2.2 结晶温度范围

钢的结晶温度不是一个"点"，而是一个温度区间，如图 2-10 所示。钢水在 T_L 开始结晶，到达 T_S 就结晶完毕。T_L 与 T_S 的差值为结晶温度范围：

$$\Delta T_c = T_L - T_S \tag{2-2}$$

由于钢液结晶是在一个温度区间内完成的，在这个温度区间里固相与液相并存，因此，结晶温度范围的大小对结晶组织有至关重要的影响。实际的结晶状态如图 2-11 所示。

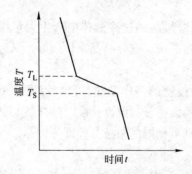

图 2-10 钢水结晶温度变化曲线

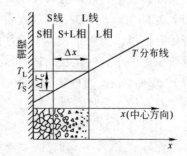

图 2-11 钢水结晶两相区状态图

在 S 线左侧钢液完全凝固，在 L 线右侧全部为液相，在 S-L 线之间固、液相并存，称此为两相区，S-L 线的距离称为两相区宽度 Δx，Δx 越宽，晶粒度越粗大。反之越细小。晶粒度大，意味着树枝晶发达，发达的树枝晶使凝固组织致密件变差，易形成空隙，偏析也较严重。两相区宽度与结晶温度范围、温度梯度有关：

$$\Delta x = \frac{\Delta T_{\mathrm{c}}}{\dfrac{\mathrm{d}T}{\mathrm{d}x}} \tag{2-3}$$

式中，Δx 为两相区宽度；ΔT_{c} 为结晶温度范围；$\dfrac{\mathrm{d}T}{\mathrm{d}x}$ 为温度梯度。

可见，当冷却强度大时，温度在 x 方向急剧变化，温度梯度大，Δx 较小，反之较大。两相区宽度与冷却强度成反比关系。当 ΔT_{c} 较大时，Δx 较宽，反之较窄。两相区宽度与结晶温度范围成正比关系。两相区较宽，对铸坯质量不利，因此应适当减小两相区宽度。减小两相区宽度可从加大冷却强度入手，并落实到具体的工艺措施之中。

2.1.2.3　成分过冷

钢液的结晶不仅与温度过冷有关，还与结晶时液相成分的变化有关。结晶中的选分结晶现象使凝固前沿液相的成分发生了变化，引起液相的熔点改变，从而改变了凝固前沿的过冷情况。

现以 C_0 成分合金的结晶情况为例来说明成分过冷，并将成分过冷示于图 2-12 中。

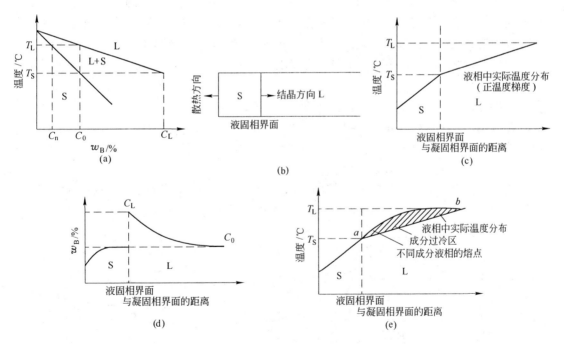

图 2-12　成分过冷示意图

在图 2-12(b) 中，C_0 成分合金的结晶方向与散热方向相反。液相的热量通过已凝固晶体散出，得到如图 2-12(c) 所示的温度分布。

如图 2-12(a) 所示，当合金冷却到 T_{L} 温度以下时，从液相中结晶出固相，继续冷却至 T_{S} 温度时，结晶出固相的成分为 C_0。根据相平衡关系，这时在凝固前沿与固相相平衡的液相成分为 C_{L}。很明显 C_{L} 所含 B 组元数量要远高于原液相成分 C_0，得到如图 2-12

（d）中的 B 组元浓度（成分）在液相中的分布曲线。这些关系说明，在一定温度下，溶质元素在固相中的溶解度比在液相中小。随着凝固的进行，部分溶质元素析出到未凝的母液中，围绕凝固着的晶体积累了一层溶质富集层。随着与相界面距离的增加，液相中溶质元素 B 组元浓度（成分）由 C_L 逐渐降到 C_0。

相界面前沿液相成分的变化，相应地引起它们平衡结晶温度的改变。离相界面近的液相中 B 组元的浓度高，这部分液相的熔点较低。贴近相界面的液相的熔点也就是对应于 C_L 成分处液相线上的平衡温度 T_S。反之，离相界面远的液相熔点则较高。这就得到如图 2 - 12(e) 所示的熔点和与相界面距离的关系曲线（ab）。

若将图 2 - 12(c) 中的温度分布曲线移到图 2 - 12(e) 中，就会得到曲线（ab）与直线形成的影线区。在影线区内，合金的实际温度低于液相的平衡结晶温度，即在影线区内的液相都处于成分过冷状态。而且影线区内液相的过冷度都大于相界面上液相的过冷度，这就是成分过冷区。纯金属的结晶，在凝固前沿没有溶质析出，所以纯金属结晶只受温度过冷的影响；钢液结晶由于存在选分结晶，在凝固前沿有溶质成分的析出，所以钢液的结晶除受温度过冷的影响外，还受成分过冷的影响。

2.1.2.4 化学成分偏析

A 偏析概念

钢液结晶时，溶质元素在固、液相中溶解度不同，以及选分结晶的结果，会导致凝固后铸坯中化学成分不均匀的现象。通常把铸坯中化学成分不均匀的现象称为偏析。钢中所含各种元素、气体和非金属夹杂物等均有偏析现象，但偏析程度并不一样。它不仅会造成钢中二次夹杂物的生成和聚集，而且还会影响到钢中气体的析出及排出，从而给钢的质量带来严重的影响。

偏析可分为显微偏析和宏观偏析两类。

显微偏析是指反映在显微组织上的化学成分的不均匀性，它发生在几个晶粒的范围内或树枝晶空间内，可借助显微镜、电子探针和扫描电镜等来显示和观察。在一般的生产条件下，冷却速度越慢，显微偏析就越严重。

宏观偏析是指铸坯内呈现的大范围偏析。它往往在特定区域呈带状分布，故又称为"区域偏析"或"低倍偏析"，可通过硫印、酸浸等低倍检验来判明。

B 偏析产生的原因

显微偏析的产生与结晶的不平衡性有关。实际生产中，钢液的结晶是一种非平衡结晶，必须在液相线温度以下才能开始，并在固相线温度以下才能结束，如图 2 - 13 所示。由于冷却速度较大，钢液在冷却到各个温度时，没有足够的时间来完成结晶过程和扩散均匀化，就继续往下冷却，致使在各温度下的结晶过程和扩散过程都不能进行到底。这样就使固相和液相的平均成分线都偏离了平衡时的固相线和液相线，所得固体先后结晶的各部分具有不同的

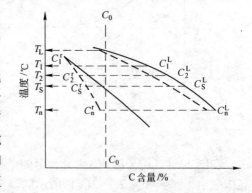

图 2 - 13　快速冷却时结晶过程中成分的分布

溶质元素浓度：结晶初期形成的树枝晶较纯，之后结晶的部分则含有较多的溶质元素，造

成了固体晶粒内部溶质浓度的不均匀性。

宏观偏析是由于凝固过程中选分结晶的作用,两相区树枝间的液体富集了溶质元素。同时钢液凝固时液体的温度差、密度差、体积收缩以及气体的排出等引起了液体的对流运动,将富集溶质的液体带到未凝固的区域,从而导致整个铸坯内溶质元素的不均匀分布。

元素在钢中偏析程度的大小首先取决于选分结晶过程,平衡相图上固、液相线之间的距离越大,选分结晶的倾向就越大,偏析程度也就越大。其次是结晶过程中由两相区内固、液相的密度差异而引起的密度对流作用。还有是元素在固相及液相中的扩散过程,元素在固相中扩散越快,在液相中扩散越慢者,其偏析倾向越小,反之亦然。此外,冷却速度对偏析也有很大的影响。

2.1.2.5 凝固夹杂及气体

选分结晶使凝固前沿溶质元素富集,再加上温度的不断降低,当条件具备时,有可能发生一些化学反应,形成夹杂物和气泡。

A 凝固过程中的夹杂物

钢中夹杂物的来源很广,比如说浇铸系统带来的二次氧化产物、耐火材料侵蚀物等外来夹杂,还有脱氧产物,它们中的一部分在铸坯或钢锭的凝固过程中来不及上浮,会残存在铸坯或钢锭中。当然,凝固过程中也会形成一些夹杂物,称为凝固夹杂物。凝固过程中再生夹杂物的生成与凝固时的选分结晶及温度降低有关。根据热力学的观点,凝固时钢液中的硅、锰等合金元素和其中的氧、硫会在树枝晶间的液体中富集,当其达到或超过平衡浓度积时,即可在生长的树枝晶空间发生一系列反应,生成氧化物、硫化物和硅酸盐再生夹杂,并被封闭在树枝晶之间不能上浮,而残留在铸坯或钢锭中,形成夹杂物。

由于夹杂物的存在,破坏了钢基体的连续性和完整性,对钢的性能危害很大。减少钢中夹杂物最根本的途径,一是尽量减少外来夹杂物对钢液的污染,二是设法促使已存在于钢液中的夹杂物排出,以净化钢液。

B 凝固气体及排除

钢液在浇铸凝固过程中,由于气体在钢液中的溶解度随钢液温度的降低而下降,并且在由液体凝固成固体时,溶解度会陡降,所以氢、氮、氧都会在这个过程中富集和析出。

对于镇静钢来说,凝固过程中析出的气体主要是溶解于钢液的氢。当氢的含量 $w(H) \geqslant 0.001\%$ 时,它的析出压力就能超过钢液静压力,而以气泡的形式析出。这时的氮可以进入氢的气泡一同排出。

对于沸腾钢而言,析出的气体主要是 [C] 与 [O] 在凝固前沿进行富集并发生反应而产生的大量的 CO 气泡,其次是氢和氮。

在结晶过程中,当气体的上升速度大于树枝晶的生长速度时,气体能顺利排出;反之,气体则会留在树枝晶间形成气孔。

钢中的氮与氧一般生成化合物如 FeO、Fe_4N_2、AlN 等,并多半析出在晶粒界面上,使钢的力学性能变坏,出现所谓的"老化"、"时效"现象。氢在固态钢中析出时会造成"白点"缺陷,对此可利用其原子半径小、扩散速度大的特点,通过缓冷或退火的方法来排除，以减轻由氢带来的危害。

2.1.2.6 凝固收缩

钢在凝固和冷却过程中所发生的体积和线尺寸减小的现象称为收缩。它对铸坯的热裂、缩孔和疏松等缺陷的形成都有很大的影响。

钢液凝固过程中的收缩，若按照其收缩发生的温度范围可分为：

(1) 液态收缩 $e_{液}$：钢液从过热温度冷却到液相线温度时的收缩；液态收缩，约 1%。

(2) 凝固收缩 $e_{凝}$：钢液从液相线温度冷却到固相线温度时的收缩；凝固收缩，约 4%。

(3) 固态收缩 $e_{固}$：由固相线温度冷却至常温时产生的收缩；固态收缩，7% ~ 8%。

通常钢的液态收缩量很小。它取决于钢液成分及过热度。液态收缩的收缩量随着含碳量的增加而增加；当钢液的成分一定时，过热度越高，液态收缩量越大。

钢的凝固收缩取决于钢的成分和凝固温度范围。凝固温度范围越大，收缩量就越大。中、高碳钢的凝固收缩比低碳钢大，其缩孔、疏松也比低碳钢严重。

钢的固态收缩取决于固相线到室温这一段的温度变化以及相组织的变化（例如包晶反应引起体积收缩，奥氏体转变为珠光体时发生体积膨胀）。

钢中的合金元素对钢的收缩也有较大影响。含锰、铬元素的高成分钢种，收缩程度较轻。

钢的总收缩是 3 段收缩之和，即：

$$e_{总} = e_{液} + e_{凝} + e_{固} \tag{2-4}$$

碳素钢在不同含碳量的情况下，总收缩量的变化为 10% ~ 14%，体现在铸坯（钢锭）上由两部分组成。一部分是线收缩，即铸坯（钢锭）凝固以后，外形线性尺寸（如长、宽、高）的缩小。它发生在凝固收缩和固态收缩的范围内，但主要是固态收缩。另一部分是体积收缩。体积收缩主要是由液态收缩和凝固收缩造成的，它不影响铸坯的外壳尺寸，但可以使内部出现缩孔、疏松或内裂。由于总收缩量是一定的，而总收缩量为体积收缩和线收缩之和，因此，体积收缩量大时，线收缩量就小，反之亦然。

2.2 连铸坯凝固传热

2.2.1 凝固传热特点

连铸坯的凝固过程实质上是一个热量释放和传递的过程，也是一个强制快速冷凝的过程。在铸机范围内（铸坯切割以前），钢液由液态转变为固态高温铸坯所放出的热量包括 3 个部分：

(1) 过热。将过热的钢液冷却到液相线温度所放出的热量。

(2) 潜热。钢液从液相线温度冷却到固相线温度，即完成从液相到固相转变的过程中所放出的热量。

(3) 显热。铸坯从固相线温度冷却到被送出连铸机时所放出的热量。

在连铸机内，钢水热量的传输可以分三部分。第一部分，钢水在水冷结晶器中形成厚度足够且均匀的坯壳，以保证铸坯出结晶器不拉漏。第二部分，喷（雾）水以加速连铸坯内部热量的传递，使铸坯完全凝固。第三部分，铸坯向空中辐射传热，使铸坯内外温度均匀化。从结晶器到最后一个支撑辊之间，带液心的铸坯边运行、边放热、边凝固，直到完全凝固为止。铸坯中心热量向外传输包括了三种传热机制：

（1）对流。中间罐铸流进入结晶器，在液相穴内的强制对流运动而传递热量。

（2）传导。凝固前沿与坯壳外表面形成的温度梯度，把液相穴内热量传导到表面。

（3）对流＋辐射。铸坯表面的辐射传热以及铸坯表面与喷雾水滴的热交换，把热量传给外界，如图 2 - 14 所示。

连铸坯坯壳固 - 液两相区的凝固前沿，晶体强度和塑性都很小，当作用于凝固坯壳的外部应力（如热应力、鼓肚应力、矫直弯曲应力等）使其变形过大时，很容易产生裂纹；另外，铸坯在连铸机中从上向下运行时，由于坯壳不断进行的线收缩、坯壳温度分布的不均匀性以及坯壳的鼓胀和夹辊的不完全对中，坯壳容易受到机械和热负荷的间隙性的突变，也易使坯壳产生裂纹。

坯壳在冷却过程中，金属将发生 δ→γ→α 的相变，特别是在二冷区，铸坯与夹辊和喷淋水交替接触，坯壳温度反复变化，使金

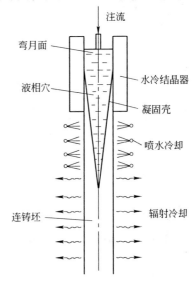

图 2 - 14 连铸坯冷凝示意图

相组织发生变化，铸坯受到类似于反复的热处理。同时由于溶质元素的偏析作用，可能会发生硫化物、氮化物质点在晶界沉淀，使钢的高温脆性增加。

连铸坯在凝固过程中表现出的这些特点对铸坯的表面质量和内部质量都有重要的影响。

2.2.2 连铸坯凝固过程热平衡

连铸坯凝固过程热平衡包括如下四个方面内容：

（1）从热平衡来看，钢水经过结晶器→二冷区→辐射区大约有 50% 的热量放出来铸坯才能完全凝固。这部分热量的放出速度决定了铸机生产率和铸坯质量。铸坯切割后大约还有 50% 的热量放出来，为了利用这部分热量，节约能源，我们成功地开发了连铸坯热装、连铸坯直接轧制工艺。

（2）铸机范围内（铸坯切割前）主要依靠结晶器和二次冷却系统散热，其中二冷区散出热量最多。

（3）通过结晶器在 1min 内要散出的热量，最高时可占总需要散热量的 20% 左右。保证结晶器有足够的冷却能力十分重要，它对初期坯壳的形成具有决定性影响。增加结晶器水流量、降低进水温度、增加冷却水进出温差可增加结晶器冷却能力，但这也受到一定限制。水缝面积一定时，很大的流量需靠提高流速来实现，而流速过高对水压和结晶器结构要求严格，且水速超过一定极限时，对传热影响甚小，也很不经济。

（4）二冷带走的热量绝大部分是由二冷水所吸收的。二冷水量调节方便，它的冷却能力可以在很大范围内变化，坯壳在结晶器内形成以后，控制二冷强度是使整个铸坯完全凝固的关键。

2.3 钢液在结晶器内的凝固

2.3.1 结晶器凝固传热的特点

钢液在结晶器内的凝固过程实质上是一个传热过程，如图 2 - 15 所示。结晶器中钢液的散热可分为垂直方向（拉坯方向）散热和水平方向散热。垂直方向的散热较小，经理论计算，它仅占结晶器总散热量的 3% ~6% ，因此，结晶器中钢液的凝固过程可近似地看做是钢液向结晶器壁的单向传热过程。结晶器中钢液沿周边即水平方向传热的方式为：

（1）钢液向坯壳的对流传热；

（2）凝固坯壳中的传导传热；

（3）凝固坯壳与结晶器壁的传热；

（4）结晶器壁的传导传热；

（5）冷却水与结晶器壁的强制对流传热，热量被水缝中高速流动的冷却水带走。

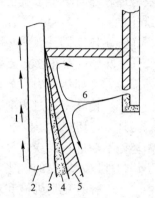

图 2 - 15 结晶器传热示意图
1—冷却水；2—结晶器；3—气隙；
4—渣膜；5—坯壳；6—钢流

钢水热量传给冷却水要克服上述五个方面的热阻，其中第（1）、（4）、（5）项热阻较小，在浇铸过程中实际上变化不大，而第（2）项是随坯壳厚度的增加而变化的。最大的热阻是来自于坯壳与结晶器壁之间的气隙，气隙热阻占总热阻的 84% 以上。因此，气隙是结晶器传热的限制性环节，它对结晶器内钢液凝固的快慢起着决定性的作用。

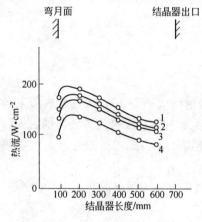

图 2 - 16 沿结晶器高度热流变化
1—1.3m/min；2—1.1m/min；
3—1m/min；4—0.8m/min

为了掌握结晶器局部散热状况和坯壳生长的均匀性，需要了解沿结晶器高度热流密度的变化。由图 2 - 16 可知，使用同一保护渣条件下，提高拉速，热流增加，随结晶器高度增加，热流密度下降。钢水弯月面下约 30 ~50mm 处（相当于钢水在结晶器停留时间约 2.5s，坯壳厚度 3.5mm）热流最大，然后热流逐渐下降，说明该处坯壳厚度达到能抵抗钢水静压力的程度。坯壳开始收缩与铜板脱离，气隙形成后，热阻增加、热流明显减小。在弯月面处，热流也较小，这是因为钢水的表面张力作用使钢水与铜板形成弯月面而离开铜板；热量向钢水面上部铜板传递，减少了弯月面热流。

结晶器最大热流的减少是由于坯壳的急剧收缩，这是因为弯月面区域冷却强度太大，局部坯壳"过冷"引起过度收缩；随温度下降，坯壳发生 δ→γ 转变引起局部收缩最大（0.38%）；S、P 显微偏析最小，高温坯壳强度较高而能抵抗钢水静压力。

2.3.2 结晶器内坯壳的形成

钢液注入结晶器后，沿结晶器的竖直方向，按坯壳表面与铜壁的接触状况可将钢液的凝固过程分为弯月面区、紧密接触区、气隙区 3 个区域，如图 2-17 所示。

（1）弯月面区。注入结晶器内的钢液与铜壁接触，形成一个半径很小的弯月面，如图 2-18 所示，弯月面半径 r 可表示为：

$$r = 5.43 \times 10^{-2} \sqrt{\frac{\sigma_m}{\rho_m}} \qquad (2-5)$$

式中　σ_m——钢液表面张力，dyn/cm（$1dyn = 10^{-5}N$）；

　　　ρ_m——钢液密度，g/cm^3。

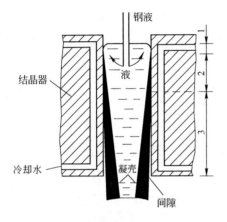

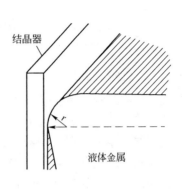

图 2-17　钢液在结晶器内的凝固图　　　　图 2-18　钢液与铜壁弯月面的形成
1—弯月面区；2—紧密接触区；3—气隙区

在半径为 r 的弯月面根部，由于冷却速度很快（$100℃/s$），初生坯壳很快形成。在表面张力作用下，钢液面具有弹性薄膜的性能，能抵抗剪切力。随着结晶器的振动，向弯月面下输送钢液而形成新的固体坯壳。

当钢液中夹杂物上浮到钢渣界面而未被保护渣吸收时，夹杂物会使钢液表面张力减小，致使弯月面弹性薄膜性能失去作用，弯月面破裂，在坯壳表面形成粗糙区域，形成表面夹渣。而结晶器保护渣能润湿吸收钢渣界面上的夹杂物，使钢液面有较大的界面张力，保持弯月面的弹性薄膜性能。

（2）紧密接触区。弯月面下部的初生坯壳由于不足以抵抗钢液静压力的作用，与铜壁紧密接触如图 2-19（a）所示。在该区域坯壳以传导传热的方式将热量传输给铜壁，越往接触区的下部，坯壳也越厚。

（3）气隙区。坯壳凝固到一定厚度时，发生 $\delta \rightarrow \gamma$ 的相变，引起坯壳收缩，牵引坯壳向内弯曲脱离铜壁，气隙开始形成。然而，此时形成的气隙是不稳定的，在钢液静压力的作用下，坯壳向外鼓胀，又会使气隙消失。这样，接近紧密接触区的部分坯壳，实际上是处于气隙形成和消失的动态平衡过程中的，如图 2-20 所示。只有当坯壳厚度达到足以抵抗钢液静压力的作用时，气隙才能稳定存在。

值得注意的是，随着气隙的形成，传热减慢，气隙形成区的坯壳表面会出现回热，导致坯壳温度升高，强度降低，在钢液静压力的作用下，坯壳将发生变形，形成皱纹或凹陷。同时，凝固速度降低，坯壳减薄，坯壳局部收缩会造成局部组织的粗化，如图 2-19（b）所示，产生明显的裂纹敏感性。

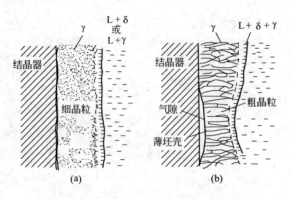

图 2 - 19 铸坯表面组织的形成
（a）坯壳与铜壁紧密接触；（b）坯壳产生气隙

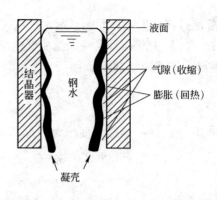

图 2 - 20 结晶器内气隙的形成过程

在结晶器的角部区域，由于是二维传热，坯壳凝固最快，最早收缩，气隙首先形成，使传热减慢，推迟了凝固。随着坯壳的下移，气隙从角部扩展到中心，由于钢液静压力的作用，结晶器中间部位的气隙比角部要小，因此角部坯壳最薄，常常是产生裂纹和拉漏的敏感部位，如图 2 - 21 所示。

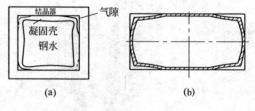

图 2 - 21 方坯（a）和板坯
（b）横向气隙形成

2.3.3 结晶器坯壳的生长

为了防止出结晶器的坯壳变形或漏钢，小方坯要求出结晶器下口处坯壳厚度应大于 8 ~ 10mm，板坯要求厚度应为 15 ~ 20mm。坯壳厚度的生长规律服从凝固平方根定律：

$$\delta = K\sqrt{t} = K\sqrt{\frac{l}{v}} \tag{2-6}$$

式中 δ——坯壳厚度，mm；

  K——凝固系数，$mm/min^{1/2}$；

  t——凝固时间，min；

  l——结晶器有效长度，mm（即结晶器液面至结晶器下口的距离，约为结晶器实长减去 80 ~ 100mm）；

  v——拉坯速度，mm/min。

凝固系数 K 代表了结晶器的冷却能力，受到许多工艺因素的影响，如结晶器冷却水、钢液温度、结晶器形状参数、保护渣等，通常，结晶器 K 值的取值范围为：小方坯 18 ~ 20；大方坯 24 ~ 26；板坯 17 ~ 22；圆坯 20 ~ 25。

另外，为了尽量减轻结晶器坯壳厚度的不均匀性，在结晶器操作上采用：低的浇铸温度，水口铸流与结晶器断面严格对中，冷却水槽中水流均匀分布，合理的结晶器锥度，结晶器液面的稳定性，坯壳与结晶器壁之间均匀的保护渣膜等。

2.3.4 结晶器凝固传热的影响因素

影响结晶器凝固传热的因素有：

（1）钢液成分的影响。研究发现，当钢中碳含量 $w(C) = 0.1\%$ 左右时，热流最小（见图 2-22），此时结晶器铜壁温度波动较大，约为 100℃。当碳含量 $w(C) > 0.25\%$ 时，热流基本不变。

此外，当含碳量 $w(C) = 0.1\%$ 左右时，坯壳内外表面均呈皱纹状，随着含碳量增加，皱纹减小。通常认为，这是因为含碳量 $w(C) = 0.1\%$ 时，坯壳有最大的收缩（0.38%），因而形成较大的气隙，坯壳高温强度高，钢液静压力要将坯壳压向铜壁比较困难，形成较大的弯曲和气隙，导致坯壳表面与结晶器壁接触面减小，所以热流最小，形成坯壳最薄，而且不均匀。因此容易产生裂纹和拉漏。

（2）钢水过热度的影响。过热度增加，铸流使初生坯壳冲击点处减薄，增加了坯壳厚度的不均匀性；且出结晶器坯壳温度有所增加，降低了高温坯壳强度，增加了断裂的几率。

过热度对铸坯低倍结构有重要影响。低过热度浇铸铸坯中心等轴晶区宽。

（3）拉速的影响。提高拉速，能使结晶器导出的平均热流增加，但也使单位质量的钢液从结晶器中导出的热量减少，致使坯壳减薄。因此选择最佳拉速时，应既保证结晶器出口处的坯壳厚度；又能充分发挥铸机的生产能力，如图 2-23 所示。

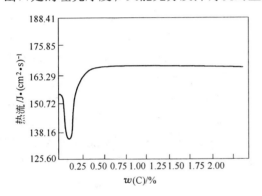

图 2-22 钢中含碳量与热流的关系

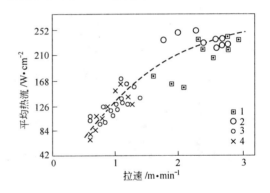

图 2-23 拉速对结晶器平均热流的影响

1—方坯；2—圆坯；3—板坯（弧形）；4—板坯（立弯）

（4）结晶器冷却强度的影响。结晶器铜板温度靠冷却水调节，铜板温度过高，铜开始再结晶使硬度和强度降低，所以结晶器铜壁温度是影响结晶器变形的主要因素。从防止结晶器变形角度来讲，要求结晶器具有一定的冷却强度和合适的进出水温度、冷却均匀。

若结晶器传热速率太高，铜板冷面温度超过水的沸点，处于核态沸腾的冷却状态，这是结晶器弯月面的传热状况。然而，保持高的传热效率，必须保持合适的水流速。水流速低于此值不能把蒸气泡冷凝带走，在铜板冷面形成蒸气屏障，传热系数大大降低，会使弯月面区的铜板温度迅速升高而产生"过热"。因此，为保证结晶器的传热效率，必须保持一定的冷却水流速，这样还能降低铜壁纵向温差产生的热应力，因此保持结晶器冷却强度对结晶器传热是非常重要的。

结晶器冷却水流速的增高可明显地降低结晶器温度，但热流仍保持不变。其原因是结晶器冷面（水冷侧）传热的提高被铸坯-结晶器交界面处坯壳收缩的提高所抵消。但是，在浇铸所谓"收缩敏感型"钢种时，增加冷却强度，可使热流急剧下降。表2-1是一个浇铸高碳弹簧钢的例证：水速增加30%时，热流也减少了大约相同的比例。在浇铸碳素钢的板坯连铸机上也观察到类似的结果，但其下降程度较小。

表 2-1　浇铸高碳弹簧钢时结晶器冷却水流速对热流的影响

水流速/m·s^{-1}	7.6	10.0
结晶器热流/W·cm^{-2}	185	131

注：1. 含碳0.55%，含硅1.7%；
　　2. 断面135mm×135mm，v=1.8m/min。

在浇铸奥氏体不锈钢时，曾观察到结晶器水流速过高而造成表面缺陷（表面凹坑及纵向裂纹）增加的情况。

因此，如果结晶器冷却水超过了一般推荐的范围时，结晶器冷却强度就是一个必须考虑的因素了。在浇铸"收缩敏感"型钢种时要特别采用所谓的"弱冷却"系统。

另外，对结晶器冷却水必须使用软水。要求水中总盐含量不大于400mg/L，硫酸盐不大于150mg/L，氯化物不大于50mg/L，硅酸盐不大于40mg/L，悬浮质点小于50mg/L，质点尺寸不大于0.2mm，碳酸盐硬度不大于2DH，pH值为7~8。

为此，设计结晶器时必须注意以下几点：保证结晶器水缝中水流速在6~12m/s，水缝尺寸应以保证水流速为原则，结晶器水缝厚度一般为4~6mm；应保持结晶器冷却水的压力为0.4~0.6MPa，浇铸过程中进出水温升应小于10℃，结晶器应用软水。

（5）结晶器润滑的影响。结晶器润滑可以减小拉坯阻力，并可由于润滑剂充满气隙而改善传热。通常敞开浇铸时用油（如菜籽油）做润滑剂，油在高温下裂化分解为碳氢化合物，它充满气隙对传热有利。用保护渣进行润滑时，保护渣粉加在结晶器内的钢液面上，形成液渣层，结晶器振动时，在弯月面处液渣被带入气隙中，坯壳表面形成均匀的渣膜，既起到润滑作用，又由于其填充气隙而改善了传热。渣膜使结晶器上部传热减少15%左右，但使下部的传热增加20%~25%，而且整个传热比较均匀，这对于获得均匀并有足够厚度的坯壳有着重要作用。

保护渣对结晶器热流的影响与渣膜厚度有关。渣膜厚度（也代表保护渣消耗量）是渣黏度和拉速的函数：

$$e = \sqrt{\frac{\eta v}{g(\rho_m - \rho_s)}} \tag{2-7}$$

式中　e——渣膜厚度，mm；

　　　η——渣黏度，Pa·s；

　　　v——拉速，m/min；

　　　g——重力加速度，cm/s^2；

　　ρ_m，ρ_s——钢和渣的密度，g/cm^3。

（6）结晶器锥度的影响。若结晶器锥度过小，坯壳会过早地脱离结晶器内壁，形成气隙，影响结晶器的冷却效果，致使坯壳过薄，出现鼓肚变形，甚至拉漏。若锥度过大，虽然结晶器导出的热量增加，但拉坯阻力增大，将造成拉坯困难，甚至产生拉裂，并且结晶器下部磨损加快。因此结晶器的锥度必须有一个合适的值。

结晶器的锥度应根据钢种、拉速及铸坯的断面尺寸来选择。结晶器断面尺寸的减少量应不大于从弯月面到结晶器出口处铸坯的线收缩量（Δl）。铸坯的线收缩量（Δl）可根据从弯月面到结晶器出口处坯壳的温度变化 ΔT 和坯壳收缩系数 β 来确定，即：

$$\Delta l = \beta \Delta T \qquad (2-8)$$

式中，β 值对于铁素体为 $16.5 \times 10^{-6}/℃$，对于奥氏体为 $22.0 \times 10^{-6}/℃$。

不同铸坯断面推荐的结晶器倒锥度值：$80mm \times 80mm \sim 110mm \times 110mm$ 方坯为 $(0.3 \sim 0.4)\%/m$；$110mm \times 110mm \sim 140mm \times 140mm$ 方坯为 $(0.4 \sim 0.6)\%/m$；$140mm \times 140mm \sim 200mm \times 200mm$ 方坯为 $(0.6 \sim 0.9)\%/m$。板坯结晶器的宽面倒锥度为 $(0.9 \sim 1.1)\%/m$，窄面倒锥度为 $(0 \sim 0.6)\%/m$。

（7）结晶器长度的影响。钢液在结晶器内冷凝时所释放的热量 50% 以上是在结晶器上部传出的，而结晶器下部主要是起支撑坯壳的作用。

显然短结晶器有利于热量的传输，还可减小拉坯阻力，减少设备费用，延长结晶器的使用寿命，但短结晶器应以不增加铸坯拉漏的危险性为原则。

（8）结晶器材质的影响。结晶器材质要求导热性好，抗热疲劳，强度高，高温下膨胀小，不易变形。纯铜导热性最好，但弹性极限低，易产生永久变形。所以现在多采用强度高的铜合金（如 Cu-Cr、Cu-Ag、Cu-Zr、Cu-Co 等合金）做结晶器。这些合金的导热性虽比纯铜略低，但在高温下长期工作可保持足够的强度和硬度，使结晶器壁的寿命比纯铜高几倍。

（9）结晶器内表面形状的影响。有人曾试验过波浪形表面的结晶器，它可使冷却面积增加 8% ~9%，从而减小气隙，改善传热，但由于加工困难，寿命较低，未能得到推广应用。目前仍多采用平壁表面。

（10）结晶器铜板的厚度。结晶器铜板的厚度对结晶器寿命和板坯表面质量都有重要影响。特别是在弯月面处的铜板厚度影响该处铜板的热面温度，因而对渣圈厚度、振痕深度、结晶器热流都有影响。

结晶器铜板厚度的选用首先受拉速的影响。拉速高，铜板应随之减薄，反之铜板应随之增厚。如伯利恒钢铁公司的 MD 钢厂，当拉速高于 1.4m/min 时，对厚度在 45 ~55mm 范围内的铜板用有限元法进行了分析，结果表明，最佳厚度为 48mm。厚度大于 48mm，在高拉速时，结晶器热面温度将高于 350℃，于是该厂将原来设计的铜板厚度从 55mm 减为 48mm。福山制铁所 5 号板坯连铸机拉速为 2 ~2.5m/min，铜板厚度为 33 ~40mm，这时热面温度低于 350℃，因而坯壳黏结倾向减少。

（11）热顶结晶器。铸坯表面质量很大程度上取决于弯月面处初生坯壳的均匀性，而初生坯壳的均匀性取决于弯月面处的热流密度和传热的均匀性。热流密度大，初生坯壳增长太快，会增加振痕深度，同时使坯壳提早收缩，增加了坯壳厚度的不均匀性。局部产生凹陷，组织粗化，产生明显的裂纹敏感性。为此，可在结晶器弯月面区域镶嵌低导热性材料，以减小热流密度，延缓坯壳收缩。

一般在结晶器热面弯月面区域镶嵌的材料有镍铬化物、碳铬化物和不锈钢（图 2-24）。试验表明，浇铸低碳钢时，拉速为 1.3m/min，弯月面处的热流密度对于普通结晶器为 $2MW/m^2$，对于热顶结晶器为 $0.5MW/m^2$，采用热顶结晶器热流减少了 75%，振痕深度减少了 30%，表面质量得到了改善。

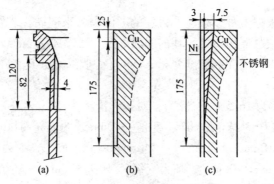

图2-24 板坯结晶器的镶嵌件
(a) 镍铬化物；(b) 碳铬化物；(c) 不锈钢

2.4 铸坯在二冷区的凝固

2.4.1 二冷区的凝固传热

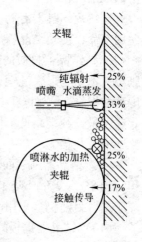

图2-25 铸坯二冷传热
方式示意图

铸坯在二冷区凝固时，中心部分的热量通过坯壳传到表面，而表面接受喷水冷却，使温度降低，这样就在铸坯表面和中心之间形成了较大的温度梯度，为铸坯的冷却传热提供了动力。二冷区铸坯表面热量传递的方式及根据工厂试验数据估算的板坯二冷区各种传热方式的传热比例如图2-25所示，纯辐射为25%、喷雾水滴蒸发为33%、喷淋水加热为25%、辊子与铸坯的接触传导为17%。

不同类型的连铸机或不同的工艺条件下，各种传热方式的传热比例可能有很大的区别。对小方坯连铸机而言，二冷区主要是前两种传热方式，而对板坯和大方坯连铸机则有上述4种传热方式。但占主导地位的还是喷雾水滴与铸坯表面之间的传热。因此要提高二冷区的传热效率，获得最大的凝固速度，就必须尽可能地改善喷雾水滴与铸坯表面之间的热交换。

2.4.2 二冷区凝固传热的影响因素

影响二冷区凝固传热的因素有：

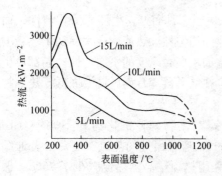

图2-26 表面温度与热流的关系示意图

(1) 铸坯表面温度。由图2-26可知，热流与铸坯表面温度T_s不是线性关系，可分为3种情况：

1) $T_s < 300℃$，热流随T_s增加而增加，此时水滴润湿高温表面，为对流传热；

2) $300℃ < T_s < 800℃$，随温度提高热流下降，在高温表面有蒸气膜，呈核态沸腾状态；

3) $T_s > 800℃$，热流几乎与铸坯表面温度无关，甚至于呈下降趋势，这是因为高温铸坯表面形成了稳定的蒸气膜，阻止了水滴与铸坯接触。

可是，二冷区铸坯表面温度在 1000～1200℃，因此应通过改善喷雾水滴状况来提高传热效率。

（2）水流密度。水流密度是指铸坯在单位时间单位面积上所接受的冷却水量。试验表明，水流密度增加，传热系数增大，从铸坯表面带走的热量也增多。

传热系数 h 与水流密度 W 的关系可由如下经验公式表示：

$$h = AWn \tag{2-9}$$

不同研究者所得的公式由于试验条件不同而有所差异，也有研究者将其表示为：

$$h = AWn(1 - bT_w) \tag{2-10}$$

式中 A，n，b——不同的常数；

T_w——冷却水温度，℃；

W——水流密度，$L/(m^2 \cdot s)$；

h——传热系数，$W/(m^2 \cdot ℃)$。

图 2-27 为水流密度与传热系数（α_k）的关系。试验发现，水流密度大于 $20L/(m^2 \cdot s)$ 时，对热流的影响已不明显。

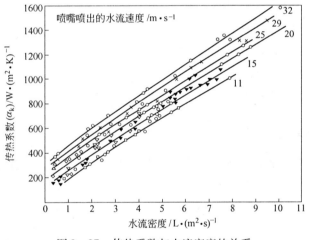

图 2-27 传热系数与水流密度的关系

（3）水滴速度。水滴速度取决于喷水压力和喷嘴直径及水的洁净度。水滴速度增加，穿透蒸气膜到达铸坯表面的水滴数增加，提高了传热效率。

（4）水滴直径。水滴尺寸越小，单位体积水滴个数就越多，雾化就越好，有利于铸坯均匀冷却和提高传热效率。

水滴的平均直径是：采用压力水喷嘴，200～600μm；气-水喷嘴，20～60μm。两种喷嘴对传热系数的影响如图 2-28 所示。水滴越细，传热系数越高。

（5）喷嘴的布置。常见的小方坯和板坯的冷却水喷嘴布置如图 2-29 和图 2-30 所示。

（6）铸坯表面状态。对碳钢表面生成 FeO 的试验表明，用氩气保护加热碳钢，FeO 生成量为 $0.08kg/m^2$；而在空气中加热时，FeO 生成量为 $1.12kg/m^2$，表面有氧化铁的传热系数比无氧化铁的要低13%。使用气-水喷嘴，由于吹入的空气使铁鳞容易剥落，提高了冷却效率。

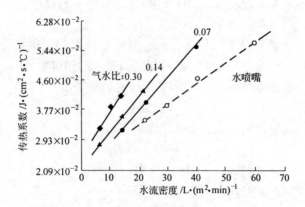

图 2 - 28　两种喷嘴对传热系数的影响

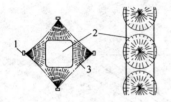

图 2 - 29　小方坯喷嘴布置图

1—喷嘴；2—方坯；3—充满圆锥的喷雾形式

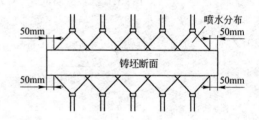

图 2 - 30　板坯在二冷区冷却水喷嘴布置方式

2.4.3　二冷区凝固坯壳的生长

二冷区的喷水冷却加快了铸坯的凝固速度，根据液相穴凝固前沿释放的凝固潜热等于凝固壳的传导传热原理，可得下式：

$$\frac{l_m(T_a - T_b)}{e_m} = rL_f \frac{de_m}{dt} \qquad (2-11)$$

$$e_m = \frac{2l_m(T_a - T_b)}{rL_f}\sqrt{t} \qquad (2-12)$$

$$e_m = K\sqrt{t} \qquad (2-13)$$

式中　l_m——钢的热导率，W/(m·K)；

$\quad e_m$——坯壳厚度，mm；

$\quad r$——钢的密度，kg/m³；

$\quad L_f$——凝固潜热，kJ/kg；

$\quad T_a$——凝固前沿温度，℃；

$\quad T_b$——铸坯表面温度，℃；

$\quad t$——凝固时间，min；

$\quad K$——凝固系数，mm/min$^{1/2}$。

由式 2 - 11 ～式 2 - 13 可知二冷区坯壳的生长服从凝固平方根定律。由于在二冷区冷却水直接喷射到铸坯表面上，冷却强度较大，凝固速度较快，所以坯壳生长厚度取决于二冷水量，如图 2 - 31、图 2 - 32 所示。

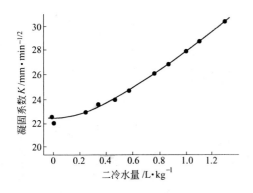

图 2 - 31 板坯的凝固系数与冷却强度的关系
（220mm × 1600mm，拉速为 1.15m/min）

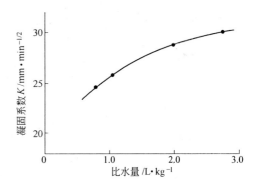

图 2 - 32 小方坯的凝固系数与冷却强度的关系

比水量是通过二冷区单位质量铸坯所接受的水量（L/kg），以此表示冷却强度。比水量的大小主要取决于钢种，一般取 0.5 ~ 1.5L/kg。对于低碳钢或裂纹不敏感钢，比水量取大一些；对于高碳钢、合金钢或裂纹敏感钢，比水量取小一些。

2.4.4　铸坯的液相穴深度

铸坯的液相穴深度又称液芯长度，是指铸坯从结晶器钢液面开始到铸坯中心液相完全凝固点的长度。它是确定二冷区长度和弧形连铸机圆弧半径的一个重要参数。

液相穴深度可根据凝固平方根定律计算如下：

$$\frac{D}{2} = K_{综}\sqrt{t} \tag{2-14}$$

而

$$L_{液} = vt \tag{2-15}$$

故

$$L_{液} = \frac{D^2 v}{4K_{综}^2} \tag{2-16}$$

式中　$L_{液}$——铸坯的液相穴深度，m；

D——铸坯厚度，mm；

v——拉坯速度，m/min；

t——铸坯完全凝固所需要的时间，min；

$K_{综}$——综合凝固系数，mm/min$^{1/2}$。

铸机的综合凝固系数（即平均的凝固系数）是包括结晶器在内的全区域的平均凝固系数。

由式（2 - 16）可知，铸坯的液相穴深度与铸坯厚度、拉坯速度和冷却强度有关。铸坯越厚，拉速越快，液相穴深度就越大。在一定范围内，增加冷却强度有助于缩短液相穴深度，但是冷却强度的变化对液相穴深度的影响幅度小。同时，对一些合金钢来说，过分增加冷却强度是不允许的。

在式（2 - 16）中，当拉坯速度为最大拉速时，所计算出的液相穴深度为连铸机的冶金长度。冶金长度是连铸机重要的结构参数，它决定了连铸机的生产能力。

2.5 连铸坯的结构

2.5.1 连铸坯的凝固结构

2.5.1.1 连铸坯凝固结构组成

一般情况下，连铸坯从表层到中心是由细小等轴晶带、柱状晶带和中心等轴晶带所组成的，如图2-33所示。

（1）细小等轴晶带。表层细小等轴晶带也叫激冷层。它是表层钢液在结晶器弯月面处冷却速度最高的条件下获得较大的过冷度，并在连续向下的运动中形成的。

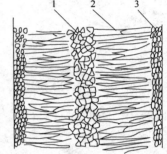

注入结晶器内的钢液，在弯月面处与水冷铜结晶器壁相接触，表层钢液被强烈冷却，温度迅速降到液相线以下，获得了较大的过冷度，使钢液的形核速率大大超过了晶核的长大速率。同时，结晶器壁和过冷熔体中的杂质为形核提供了良好的条件，过冷熔体内几乎同时形成了大量的晶核，在铸坯连续向下的运动中，它们彼此间妨碍各自的长大，因而，铸坯表层得到不同取向的细小等轴晶。

图2-33 连铸坯凝固结构示意图
1—中心等轴晶带；2—柱状晶带；
3—细小等轴晶带

浇铸温度对激冷层的厚度有直接影响。浇铸温度越高，激冷层就越薄；浇铸温度低，激冷层就厚一些。

（2）柱状晶带。激冷层形成过程中的收缩，使坯壳与结晶器壁间产生了气隙，增加了热阻，降低了传热速度，导致凝固前沿钢液中过冷度减小，不再生成新的晶核，而表现为已有晶核的继续长大。此时，钢液的过热热量和结晶潜热主要通过凝固层传出，产生了向结晶器壁的定向传热。在激冷层的内缘，树枝晶的一次轴朝着不同的方向，其中一次轴与模壁垂直的那些晶体，由于通过它的散热路径最短，散热最快，所以它们得以向铸坯中心优先生长，而其余的晶体和这些晶体向其他方向的长大则受到彼此妨碍而被抑制。于是开始形成排列整齐，并有一定方向的柱状晶带。在二冷区，对铸坯的喷水冷却又使柱状晶继续生长，直到与沉积在液相穴的等轴晶相连接为止。

连铸坯的柱状晶有如下特征：连铸坯的柱状晶细长而致密。从纵断面看，柱状晶并不完全垂直于表面，而是向上倾斜一定的角度（约10°），这说明液相穴内在凝固前沿有向上的液体流动。从横断面看，柱状晶的发展是不规则的，在某些部位可能会贯穿铸坯中心，形成穿晶结构。对弧形连铸机而言，柱状晶的生长具有不对称性。由于重力作用，晶体下沉，抑制了外弧侧柱状晶的生长，故内弧侧柱状晶比外弧侧要长，所以铸坯内裂纹常常集中在内弧侧。

浇铸温度高，柱状晶带就宽；二冷区冷却强度加大，将增加温度梯度，也促进柱状晶发展；铸坯断面加大，则减小温度梯度，从而减小柱状晶的宽度。

（3）中心等轴晶带。随着柱状晶的生长，凝固前沿的向前推移，凝固层和凝固前沿的温度梯度逐渐减小，两相区宽度逐渐增大。当铸坯心部钢液温度降至液相线温度以下时，就为心部钢液的结晶提供了过冷条件。而液相穴固液交界面的树枝晶被液体的对流运动而折断，其中下落到液相穴底部的部分可作为心部钢液结晶的核心。由于此时心部传热的单向性已很不明显，并且此时传热的途径长，传热受到限制，晶粒长大缓慢，故形成晶粒比激冷层粗大的等轴晶。

2.5.1.2 "小钢锭"结构

铸坯进入二冷区后，二冷区冷却的不均匀性所导致的柱状晶的不稳定生长，使铸坯纵断面中心的某些区域常常会有规则地出现间隔 5～10cm 的"凝固桥"，并伴随有疏松和缩孔。因其与小钢锭的凝固结构相似，故称为"小钢锭"结构。

"小钢锭"结构的形成过程如图 2-34 所示。由图可知，柱状晶开始时为均匀生长。但由于二冷区喷水冷却的不均匀性，冷却快的局部区域的柱状晶将会优先生长，当某一局部区域两边相对生长的柱状晶相连接或等轴晶的下落被柱状晶所捕集时，就会出现"搭桥"现象，形成"凝固桥"，将液相穴内的钢液分隔开来。这样，"桥"下面残余钢液的凝固收缩将得不到上面钢液的补充，凝固后就会形成明显的疏松或缩孔，并伴随有严重的中心偏析。

实际生产中，可采取二冷区铸坯均匀冷却、低过热度浇铸、电磁搅拌等措施来减轻或避免连铸坯的"小钢锭"结构。

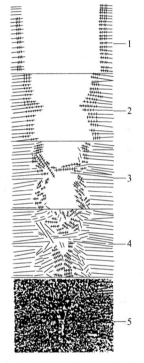

图 2-34 "小钢锭"结构形成示意图
1—柱状晶均匀生长；2—某些柱状晶优先生长；
3—柱状树枝晶搭接成"桥"；4—"小锭"凝固并产生缩孔；5—实际铸坯的宏观结构

2.5.2 连铸坯结构的控制

等轴晶结构较致密，没有明显的薄弱面，强度、塑性及韧性较高，加工性能较好，而且成分和结构比较均匀，钢材性能没有明显的方向性。

柱状晶却不同，因为它的生长方向一致，偏析杂质浓度高，容易造成钢材的带状结构，引起各向异性。在铸坯角部柱状晶的交界面处，因杂质较多，构成了薄弱面，是裂纹易扩展的部位。如果柱状晶充分发展，形成穿晶结构，就会加重中心偏析和中心疏松，对钢的力学性能的影响就更为严重。

因此，除某些特殊钢种，如电磁合金、电工钢、汽轮机叶片等，为改善导磁性能或耐腐蚀性能而要求定向的柱状晶结构外，对于绝大多数钢种都应尽量控制柱状晶的发展，扩大等轴晶带的宽度。

连铸坯中柱状晶带和等轴晶带的相对大小主要取决于浇铸温度。浇铸温度高，柱状晶带就宽，如图 2-35 所示。这是因为高温浇铸时，一方面靠近结晶器壁的过冷度小，形核率低；另一方面一部分晶核会因为钢液温度高而重新熔化，因而不易形成等轴晶。与此相反，低温浇铸时，则容易形成数量较多的结晶核心，而当这些晶核长大形成等轴晶时，可进一步阻止柱状晶的长大。因此接近钢种的液相线温度浇铸是扩大等轴晶带的有效手段。但是钢液过热度控制得很低，易使水口冻结，铸坯中夹杂物增加。为此，通常情况下应保

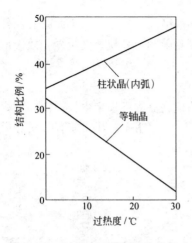

图 2－35　过热度对凝固结构的影响

持钢液在一定的过热度下（20～30℃）浇铸。为扩大等轴晶带可采取以下措施：

（1）加速凝固工艺。采用向结晶器内加入微型冷却剂（如钢带或微型钢块）的方法，可降低钢液的过热度，加速凝固。

（2）喷吹金属粉剂。在结晶器内喷入不同尺寸的金属粉，可吸收过热并提供结晶核心，增加等轴晶带宽度，改善产品性能。

（3）控制二冷区冷却水量。二冷水量大，铸坯表面温度低，横断面温度梯度大，有利于柱状晶生长，柱状晶带就宽。而降低二冷水量可使柱状晶带宽度减小，等轴晶带宽度有所增加。因此减小二冷水量是抑制柱状晶生长的一个积极因素。

（4）加入形核剂。在结晶器内加入固体形核剂，可以增加晶核数量，扩大等轴晶带宽度。

（5）电磁搅拌技术。电磁搅拌技术（EMS）。是在坯壳内钢水产生电磁力实施搅拌，过热液体绕树枝生长前沿流动，使枝晶根部融化，流动的钢水将枝晶带走成为晶核。另外由于机械力的作用也可折断正在长大的树枝晶，增加等轴晶晶核数目，增大等轴晶的比例。

2.6　连铸坯冷却过程中的应力

铸坯在凝固、冷却过程中，除了受钢液静压力的作用外，还受到收缩应力、组织应力和机械应力的作用，这些应力是引发铸坯裂纹的根源。

2.6.1　热应力

铸坯在凝固和冷却过程中发生的凝固收缩和固态收缩受到阻碍时（通常表现为线收缩受阻时），将产生收缩应力。由于线收缩量主要与温度有关，故这种应力又称为热应力。

热应力的产生是由于铸坯表面与内部的温度差使线收缩量不等，产生相互的牵制。铸坯冷凝初期，表面温度远低于中心温度，造成表面比中心收缩大，因此表面承受拉应力，中心承受压应力。随着冷却的继续进行，中心部分温度的降低，使中心收缩比表面大，因此表面由承受拉应力转为承受压应力，而中心部分则由开始的承受压应力转为承受拉应力。热应力的分布如图 2 － 36 所示。

热应力的主要影响因素：

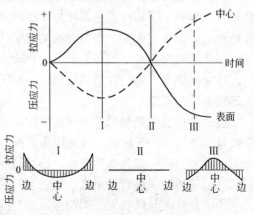

图 2 － 36　热应力变化示意图

（1）铸坯表面与内部的温度差。温度差越大，线收缩量的差别越大，铸坯截面上各层间收缩的相互阻碍也越严重，产生的热应力也就越大。

（2）钢中含碳量。高碳钢的固、液两相区宽，体积收缩量大，线收缩量小，故热应力相对较小；低碳钢的两相区窄，体积收缩量小，而线收缩量大，故热应力相对较大。

（3）钢中合金元素的含量。总的倾向是，凡使钢液凝固区间（固、液两相区）增大的合金元素（如镍、硅、磷）的含量增加，则体积收缩增加，线收缩减少，从而使热应力减小；而使钢液凝固区间缩小的合金元素含量增加时，则线收缩增加，热应力也增加。

2.6.2 组织应力

铸坯在凝固后的降温过程中，内部将发生固相转变。相变的类型与钢的成分和冷却条件有关，对不同含碳量的钢，冷却时发生的固相转变主要是奥氏体分解。随着冷却方式的不同，奥氏体可以转变为珠光体、贝氏体、马氏体。由于它们的密度不同，相变的同时发生了体积的变化，但此时铸坯的外形尺寸已经确定，体积的变化将导致应力的产生。人们把固态钢在冷却过程中，由发生相变而引起的体积膨胀受阻时所产生的应力叫组织应力。

组织应力的产生是因为铸坯冷却时的散热是由内向外进行的，表面温度低而中心温度高，因而铸坯表面与内部组织转变的时间不同，发生体积膨胀的时间也不同，这样就使铸坯截面上各层间的体积膨胀受到了相互的制约，从而产生了组织应力。

组织应力的分布为：当铸坯先凝固的表面发生奥氏体向珠光体（或马氏体）转变时，引起表面层体积增加，而心部的奥氏体未变，将阻碍表面层体积的增大，使表面产生压应力，心部产生拉应力。铸坯继续冷却，当心部奥氏体向珠光体（或马氏体）转变时，表面层已经完成了转变，内部体积的增大使表面受拉应力，而心部受压应力。铸坯表面相变完成后继续冷却时组织应力的分布如图2－37所示。

冷却速度是影响组织应力的主要因素。在发生组织转变的温度范围内，冷却速度越快，铸坯内外温差越大，体积变化受到的阻力就越大，组织应力也越大。

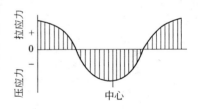

图2－37　铸坯表面相变完成后继续冷却时组织应力分布示意图

2.6.3 机械应力

机械应力是铸坯在下行和弯曲、矫直过程中受到的应力。弯曲应力、矫直应力的大小取决于铸坯的厚度和弯曲（或矫直）时的变形量。铸坯断面大、弯曲（或矫直）点少、连铸机曲率半径小，则弯曲（或矫直）应力大；反之，弯曲（或矫直）应力则小些。另外，设备对弧不准、辊缝不合理、铸坯鼓肚等均会使铸坯受到机械应力的作用。

2.6.4 应力的消除

当铸坯所承受的拉应力超过该部位钢本身的强度极限（特别是高温强度极限）或塑性变形量超过允许的范围时，就会产生裂纹，给钢的质量带来严重的危害。为了减小铸坯所承受的应力，减少裂纹的产生，应注意以下几个方面：

（1）对于某些合金钢、裂纹敏感性强的钢种，连铸时可采用较小的冷却强度，如采用干式冷却或干式冷却与喷水冷却相结合的方式。干式冷却可使铸坯表面、心部温度趋于一致，大大减少热应力的产生。

（2）出拉矫机的铸坯，可根据不同的钢种相应地采用不同的缓冷方式，如空冷、坑冷、退火等，也可直接热送，以消除铸坯（钢锭）的内应力和组织应力，防止裂纹的产生。

（3）机械应力对铸坯的影响集中于两相区，在铸坯承受各种机械应力的作用时，铸坯尚未完全凝固，凝固前沿两相区内的柱状晶晶间还存在少量的低熔点液体，此时柱状晶之间的结合力很小，强度很低，如超过铸坯所能承受的变形量，则必然会使铸坯的凝固前沿产生裂纹。可采用减少变形量的措施：如多点弯曲、多点矫直、铸坯适宜的厚度和准确的对弧，以及二冷区合理的辊缝量等。

此外，为了降低铸坯热裂的倾向性，提高铸坯抵抗热应力的能力，可通过合理调节和控制钢液成分，降低钢中有害元素的含量（如降低钢中硫、磷、气体和夹杂物含量），来提高钢本身的高温强度和塑性；也可采取适当降低浇铸温度和浇铸速度等措施，来增加凝固壳的厚度和均匀性。

连续铸钢设备

连铸机主要由钢包及运载装置、中间包及运载装置、结晶器及结晶器振动装置、二次冷却装置、拉坯矫直装置、引锭装置、切割装置和铸坯运出装置等部分组成。

3.1 钢包、中间包设备

3.1.1 钢包

钢包又称钢水包、大包等，钢包是盛装和运载钢水的浇铸设备。随着冶金技术的进步，钢包的结构和功能已经发生了很大的变化，具有盛装、运载、精炼、浇铸钢水等功能。

3.1.1.1 钢包主要参数

钢包是一个具有圆形截面的桶状容器，其形状与尺寸如图 3-1 所示。钢包各部位尺寸关系及主要系列数据见表 3-1 和表 3-2。钢包的形状应满足：减少钢包的散热损失和便于夹杂物的

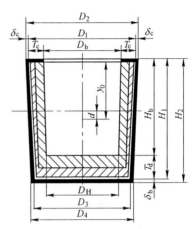

图 3-1 钢包各部位尺寸

上浮，而且易于顺利倒出残钢、残渣以及取出包底凝块。因此钢包的平均内径与高度之比，一般选择 0.9~1.1，包壁应该有 10%~15% 的倒锥度。钢包的容量应与炼钢炉的最大出钢量相匹配。

表 3-1 钢包各部位尺寸关系

$D_b = H_b = 0.667\sqrt[3]{P}$	$D_H = 0.567\sqrt[3]{P}$	$V = 0.673 D_b^3$
$D_1 = 1.14 D_b$	$H_1 = 1.1 D_b$	$\delta_c = 0.01 D_b$
$D_2 = 1.16 D_b$	$H_2 = 1.112 D_b$	$\delta_b = 0.012 D_b$
$D_3 = 0.99 D_b$	$T_c = 0.07 D_b$	$W_1 = 0.533 D_b$
$D_4 = 1.01 D_b$	$T_d = 0.1 D_b$	$W_2 = 0.376 D_b$
$Q = 0.27P + W + W'$	$Q' = 1.535P + W + W'$	$y_0 = 0.539 D_b$
$D = 200 \sim 400$		

注：表中符号：P—正常出钢量；V—总体积；Q—钢包重；Q'—超载 10% 时的总重；W_1—衬重；W_2—壳重；W—铸流控制机械重；W'—腰箍及耳轴重；符号与图 3-1 相对应。表中单位：物质质量为 kg，尺寸为 mm。本表为简易计算。

表 3 - 2 钢包主要系列数据

容量/t	容积/m³	金属部分质量/t	包衬质量/t	总重/t	上部直径/mm	直径与高度之比	锥度/%	耳轴中心距/mm	包壁钢板厚度/mm	包底钢板厚度/mm	钢包高度/mm
5	1.05	1.98	2.21	4.19	1400	1.03	10.0	1700	12	16	1350
10	1.97	3.32	3.34	6.66	1680	1.02	10.0	2000	16	16	1640
25	4.65	6.64	4.89	11.53	2140	0.98	10.0	2600	18	22	2316
50	9.16	15.47	6.75	22.22	2695	1.01	10.0	3150	22	26	2652
90	15.32	18.69	16.40	35.09	3110	0.96	10.0	3620	24	32	3228
130	20.50	29.00	16.50	15.50	3484	0.956	7.5	4150	26	34	3860
200	30.80	40.60	29.00	69.60	3934	0.845	8.2	4050	28	38	4659
260	40.20	47.50	32.00	79.50	4450	0.935	6.5	5100	28	38	4750

3.1.1.2 钢包结构

钢包的结构如图 3 - 2 所示。

（1）外壳。外壳是钢包的主体构架，由钢板焊接而成，在外壳钢板上加工一定数量的排气孔，这样能排放耐火衬中的湿气。

（2）加强箍。在钢包外壳焊有加强箍和加强筋，保证了钢包的坚固性和刚度，防止钢包变形。

（3）耳轴。在钢包的两侧各装一个耳轴，为了保证钢包在吊运、浇铸过程中保持稳定，耳轴位置一般比钢包满载时的重心高 350 ~ 400mm。

（4）溢渣口。为了使出钢时钢包内的炉渣流入已备好的渣包内，设置溢渣口。

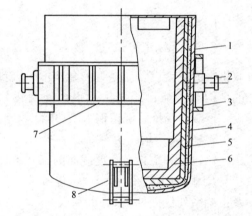

图 3 - 2 钢包结构

1—包壳；2—耳轴；3—支撑座；4—保温层；5—永久层；6—工作层；7—腰箍；8—倾翻吊环

（5）注钢口。在钢包底部一侧设置一个注钢口，又称钢包水口。

（6）透气口。在钢包底部可根据需要设置 1 ~ 2 个透气口，主要用于安装吹氩搅拌用的透气砖。

（7）倾翻装置。倾翻装置可将钢包翻转 180°，完成倒渣和出钢作业。

（8）支座。在钢包底部一般设置 3 个支座，它既可保持钢包的平稳放置，又能保护钢包底部的倾翻装置以及滑动水口机构。

（9）氩气配管。具有透气口的钢包可在钢包外壳设置氩气配管和快速接头，以便于操作人员接插或者拔除氩气输送管路。

（10）钢包耐火材料。钢包内衬一般由保温层、永久层和工作层组成。

3.1.1.3 钢包清理操作

钢包清理操作如下：

（1）上一炉浇铸完毕，尽快将钢包内余钢残渣倒尽。

（2）及时清理包口冷钢残渣。

（3）若包底有冷钢则必须将钢包横卧，用氧气将冷钢进行熔化清除。

（4）检查钢包渣线、包底、包壁、座砖损坏情况，及时进行修补及维护。

（5）快速更换钢包滑动水口，热送钢包。

（6）将钢包吊至烘烤位置进行烘烤或待用。

3.1.2 钢包水口

3.1.2.1 钢包滑动水口

A 滑动水口的组成

滑动水口通常由座砖、上水口砖、上滑板砖、下滑板砖和下水口砖组成，如图3-3所示。对于3层式滑动水口，在上、下滑板之间还有一块中间滑板。滑板砖是滑动水口系统的关键组成部分。

由于滑板砖承受高温度钢水、高压力及冲蚀作用，故对质量要求十分严格。

B 滑动水口的使用

滑动水口安装在钢包或中间包底部，借助机械装置，采用液压或电动使滑板作往复直线或旋转运动。根据上、下滑板孔的相对位置，调节浇铸钢水流量，如图3-4所示。

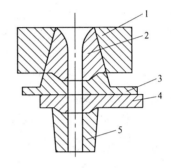

图3-3 滑动水口耐火材料组成
1—座砖；2—上水口砖；3—上滑板砖；
4—下滑板砖；5—下水口砖

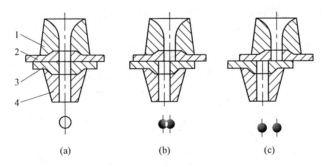

（a）　　　　　（b）　　　　　（c）

图3-4 滑动水口控制原理示意图
（a）全开；（b）半开；（c）全闭
1—上水口；2—上滑板；3—下滑板；4—下水口

目前，国内滑动水口机械较多，尚无统一的系列型号，一般类型的滑动水口机构见图3-5。

C 钢包滑动水口安装操作

a 安装上滑板操作步骤

（1）打开滑动水口机构，使上下水口、上下滑板暴露在外。拆除已损坏的上滑板砖，清理上下滑板槽内的残钢残渣。

（2）检查上水口砖的侵蚀和损坏情况，决定能否继续使用。若能使用，应清除上水口砖接口处多余泥料或冷钢、冷渣。

（3）检查上滑板的板面应平整、光滑，无麻点，无裂纹。

（4）在上滑板的接口处涂上专用泥料。

（5）安装时用木槌均匀敲打，使上滑板与上水口砖贴紧，对正，然后清除水口内挤出的泥料。

（6）关闭滑动水口机构，备用。

b 安装下水口、下滑板操作步骤

（1）确认滑动水口机构完好，能正常操作，调节灵活。

（2）搬运滑板盒，将经过预装烘烤的下滑板盒，从烘房直接搬运出来进行安装，搬运时应轻拿轻放。

（3）检查下滑板、下水口的组装质量，下滑板的滑动面要平整，且不得倾斜，表面无裂纹，下滑板、下水口的接缝应小于1mm。

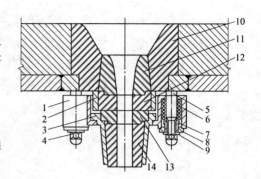

图3-5 滑动水口机构

1—框架；2—上滑板套；3—下滑板套；4—盖形螺母；
5—螺杆柱；6—弹簧；7—压套；8—压盖；
9—垫圈；10—座砖；11—上水口；12—上滑板；
13—下滑板；14—下水口

（4）安装时将检查好的下滑板盒放入框架门内，两边同时关门，要求上下滑板间紧贴密合。

（5）清除水口孔中多余的泥料。

（6）安上液压管。

（7）将曲柄孔、拉杆孔对接，插入销子。

（8）开启滑动水口机构，进行试开试关，确认机构开启关闭已正常后备用。

c 调节上下滑板的间隙操作步骤

（1）上下滑板装配好，两边同时关闭框架门。

（2）从侧面检查，上下滑板必须贴紧密合，可用塞尺进行测量，也可用灯光检查，间隙一般小于0.2mm。检查试验滑板开闭是否正常，若有松紧则调节升降螺母和调整螺栓直至开闭正常，以能够正常开闭又使间隙符合小于0.2mm的要求为标准。

（3）装完后清除水口涂料，接上油泵，使曲柄孔与拉杆孔对接插入销子。

3.1.2.2 钢包长水口

A 长水口的类型

长水口主要包括两类，图3-6为具有吹氩环的长水口和具有透气材料的长水口。具有吹氩环的长水口是氩气通过吹氩环吹向钢包滑动水口下水口与长水口连接处，起密封作用。具有透气材料的长水口的上端部镶有多孔透气材料，一般为弥散型透气材料，氩气通过弥散型透气材料向内吹，起密封保护作用。

长水口保护装置（图3-7）有：

（1）卡口型保护装置。卡口型保护

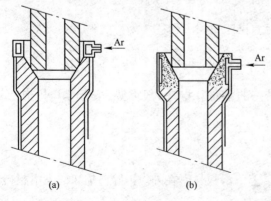

图3-6 长水口的类型

（a）具有吹氩环的长水口；（b）具有透气材料的长水口

装置的长水口与钢包滑动水口下水口的连接方式为卡口式。

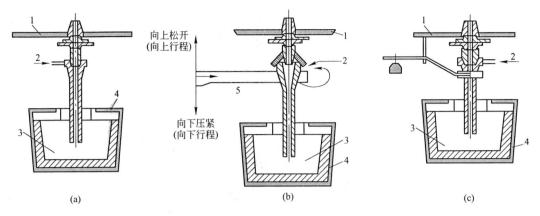

图 3-7 长水口保护装置

（a）卡口型；（b）液压型；（c）叉型

1—钢包；2—氩气；3—钢水；4—中间包；5—浇铸位置

（2）液压型保护装置。液压型长水口保护装置的长水口由液压系统装卸。

（3）叉型保护装置。叉型长水口保护装置的特点是长水口用具有配重的叉型装置固定。

B 长水口的安装操作

（1）出钢后钢液经处理后运至钢包回转台或坐包架上。

（2）长水口的安装主要是用杠杆固定装置。先将长水口放入杠杆机构的托圈内，如图 3-8 所示。将长水口与钢包下水口连接上，长水口安装架另一端挂上配重。

（3）在钢包下水口与长水口的接缝处安置好氩气环或密封环，接上氩气导管。

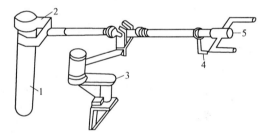

图 3-8 长水口的安装示意图

1—长水口；2—托圈；3—支座；4—配重；5—操作杆

（4）开启钢包水口，向中间包注入钢液，在钢包铸流引流正常以后，开启氩气阀门，向长水口内吹氩气。

3.1.3 钢包烘烤

钢包通过烘烤处理，既能够去除钢包耐火衬中的水分，提高耐火衬的耐冲刷、耐侵蚀性能；又能够提高钢包耐火衬的使用温度，减少耐火衬的破损，减少钢包的钢水温降。

钢包烘烤装置由烘烤烧嘴、烘烤盖板、鼓风机、烘烤介质管道、管道调节阀、计量仪表等零部件组成。主要有立式钢包烘烤装置和卧式钢包烘烤装置两种，如图 3-9 和图 3-10所示。

立式钢包烘烤装置烘烤时，钢包直立落地放置，火焰从钢包中心处向下喷射。烘烤温度均匀，操作比较方便，利于耐火衬水分挥发，耐火衬易烧结成一个整体。但烘烤热量利用欠佳，烘烤时间长，烘烤介质浪费。

卧式烘烤装置烘烤时，钢包横卧翻转放置，火焰从钢包口中心处以水平横向喷射。燃烧充分，热量利用率高，烘烤时间短。但火焰向上窜动，烘烤温度不均匀，钢包翻转时会造成新砌耐火衬松动或局部塌落等。

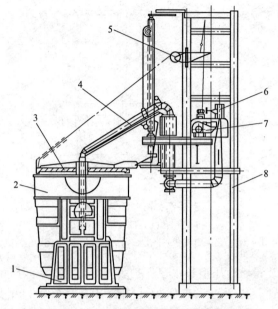

图 3-9　立式钢包烘烤装置结构简图

1—钢包放置支架；2—钢包；3—烘烤盖板；4—烘烤介质管道；
5—烘烤盖板支架及升降、回转机构；6—管道调节阀；7—鼓风机；8—烘烤装置支架

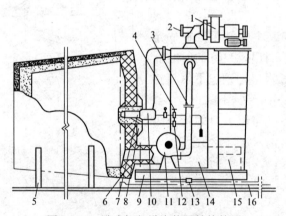

图 3-10　卧式钢包烘烤装置结构简图

1—引风机（喷射排烟器）；2—排烟温度调节闸板（排烟压缩空气阀）；3—主进风调节闸板；4—主燃气（油）阀；
5—钢包放置支架；6—烘烤盖板；7—保焰烧嘴；8—点火电极；9—烘烤盖板移动底座；10—烧嘴；
11—鼓风机；12—保焰燃烧阀；13—推车撬杠支杆；14—换热器；15—电气控制箱；16—轨道及底板

钢包烘烤操作为：

（1）把钢包吊至烘包位置。

（2）点燃明火，并将明火放置于烘烤器的喷口处。

（3）缓慢开启煤气阀门使煤气点燃，随后调节煤气阀使火焰达到所需程度，再开空气进行助燃。

（4）待新钢包按要求进行烘烤完毕后，关闭烘烤器。关闭烘烤器时先关闭空气，随后关闭煤气阀，停止烘烤。

3.1.4 钢包回转台

3.1.4.1 钢包回转台的类型

钢包回转台是现代连铸中应用最普遍的运载和承托钢包进行浇铸的设备，通常设置于钢水接收跨与浇铸跨柱列之间，如图 3-11 所示。所设计的钢包旋转半径，使得浇钢时钢包水口处于中间包上面的规定位置。用钢水接收跨一侧的吊车将钢包放在回转台上，通过回转台回转，使钢包停在中间包上方供给其钢水。浇铸完的空包则通过回转台回转，再运回钢水接收跨。

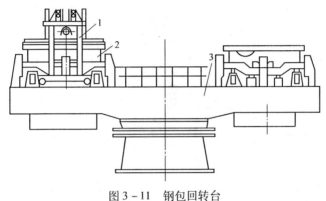

图 3-11 钢包回转台
1—保温盖走行装置；2—钢包；3—回转台

钢包回转台按转臂旋转方式不同，可以分为两大类：一类是两个转臂可各自作单独旋转；另一类是两臂不能单独旋转。按臂的结构形式可分为直臂式和双臂式两种。

因此，钢包回转台有：直臂整体旋转整体升降式（见图 3-12(a)）、直臂整体旋转单独升降式、双臂整体旋转单独升降式（见图 3-12(b)）和双臂单独旋转单独升降式（见图 3-12(c)）等类型；还有一种可承放多个钢包的支撑架，也称为钢包移动车。

回转台主要由转臂推力轴承、塔座、回转装置、升降装置、称量装置、润滑装置以及事故驱动装置等组成。

3.1.4.2 钢包回转台的主要参数

钢包回转台的主要参数有：

（1）承载能力。钢包回转台的承载能力是按转臂两端承载满包钢水的工况进行确定的，例如一个 300t 钢包，满载时总重为 440t，则回转台承载能力为 440t×2。另外，还应考虑承接钢包的一侧，在加载时由垂直冲击引起的动载荷系数。

（2）回转速度。钢包回转台的回转转速不宜过快，否则会造成钢包内的钢水液面波动，严重时会溢出钢包外，引发事故。一般钢包回转台的回转转速为 1r/min。

（3）回转半径。钢包回转台的回转半径是指回转台中心到钢包中心之间的距离。回转半径一般根据钢包的起吊条件确定。

（4）钢包升降行程。钢包在回转台转臂上的升降行程，是为进行钢包长水口的装卸与浇铸操作所需空间服务的，一般钢包都是在升降行程的低位进行浇铸，在高位进行旋转或受包、吊包；钢包在低位浇铸可以降低钢水对中间包的冲击，但不能与中间包装置相碰撞。通常钢包升降行程为 600~800mm。

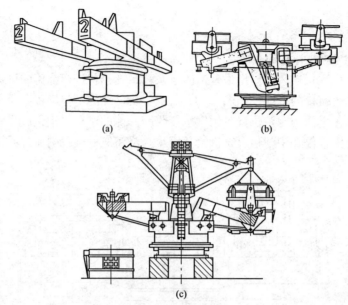

图 3 - 12 钢包回转台类型图

（a）直臂整体旋转整体升降式；（b）双臂整体旋转单独升降式；（c）双臂单独旋转单独升降式

（5）钢包升降速度。钢包回转台转臂的升降速度一般为 1.2 ~ 1.8m/min。

3.1.4.3 钢包回转台检查及使用

钢包回转台检查及使用如下：

（1）回转台可以正反 360°任意旋转，但必须在钢包升到一定高度时，才能开始旋转。

（2）当回转台朝一个方向旋转未完全停止时，不允许反方向操作。

（3）在坐包时，应该小心操作避免对回转台产生过大的冲击。为了避免冲击造成传动大减速机内齿轮的损坏，坐包时电机与减速机之间的抱闸应处于打开状态。

（4）定期检查各润滑点的润滑是否正常，特别是回转环的多点润滑、柱销齿圈啮合点处的气雾脂润滑、球面推力轴承的润滑以及传动大减速机的稀油循环润滑。

（5）不定期检查各钢结构，如叉臂旋转盘、塔座和回转环等，发现有开裂或变形等缺陷时，要及时处理。对主要焊缝应每年进行超声波或射线探伤，对有缺陷的焊缝应进行跟踪检查，密切注意其是否有扩展趋势。

（6）定期检查各紧固件的螺栓有无松动现象，特别是预应力地脚螺栓要每年进行抽检，发现问题及时处理。

（7）定期检查升降液压缸及液压接头是否漏油，动作是否正常，其球面推力轴承是否严重磨损和损坏。

（8）定期检查各传动部位以及各活动部位运作是否灵活正常，检查柱销齿轮的啮合是否良好。

（9）定期试运转事故驱动装置，检查气动马达的运转及气压等情况。

（10）要定期检查气动夹紧装置有无磨损、损坏现象，动作是否灵活、正常。

3.1.5 中间包

中间包是介于盛钢桶和结晶器之间的一个中间容器，中间包首先接受盛钢桶中的钢水，然后钢水通过中间包水口注入结晶器中。因此，中间包的主要作用是：减压、稳流、除夹杂、分流和贮钢及中间包冶金等重要作用。

3.1.5.1 中间包的主要参数

中间包的主要技术参数有中间包容量、中间包高度、中间包长度和宽度、中间包内壁斜度、中间包水口直径及水口间距等。

（1）中间包容量。中间包容量主要根据钢包容量、铸坯断面尺寸、中间包流数、浇铸速度、多炉连浇时更换钢包的时间、钢水在中间包内的停留时间等因素来确定。一般中间包的容量为钢包容量的20%～40%。

（2）中间包高度。中间包高度主要取决于钢水在包内的深度要求，一般中间包内钢水的深度为600～1200mm。在多炉连浇时中间包内的最低钢水液面深度不能小于300mm，以免钢水产生旋涡，并卷入渣液；另外钢水液面至中间包上口之间应留100～200mm的距离。

（3）中间包长度。中间包长度主要取决于中间包的水口位置距离，单流连铸机的中间包长度取决于钢包水口位置与中间包水口位置之间的距离，多流连铸机则与连铸机的流数、水口间距有关。

（4）中间包宽度。中间包宽度可根据中间包应存放的钢水量来确定。在中间包容量、长度确定的前提下，中间包高度越高，中间包宽度就越小；如减小中间包宽度既能缩小钢水在中间包内的散热面积，又能减少中间包内的剩余残钢量，从而提高成材率。

（5）中间包内壁斜度。中间包内壁有一定的斜度，其作用是有利于清理中间包内的残钢、残渣。一般中间包内壁斜度为10%～20%。

（6）中间包水口直径及水口间距。中间包水口直径应根据连铸机的最大拉速所需要的钢流量来确定。如水口直径过大，则浇铸时须经常调整、控制水口开口度，这样会使塞棒塞头承受较大的冲蚀，造成控制失灵发生溢钢事故；如水口直径过小，则会限制拉速，使水口冻结。

水口间距是多流连铸机中间包特有的技术参数，水口间距是指多流连铸机中相邻的各个结晶器之间的中心距离。

3.1.5.2 中间包的构造

中间包的形状应满足使其具有最小的散热面积，良好的保温性能。一般常用的类型按其断面形状可分为圆形、椭圆形、三角形、矩形和T字形等，如图3-13所示。

中间包的形状力求简单，以便于吊装、存放、砌筑、清理等操作。按其水口流数可分单流、多流等，中间包的水口流数一般为1～4流。

中间包的立体结构如图3-14所示。它的外壳用钢板焊成，内衬砌有耐火材料，包的两侧有吊钩和耳轴，便于吊运；耳轴下面还有座垫，以稳定地坐在中间包车上。

中间罐（中间包）由包壳、包盖、内衬、水口及水口控制机构（滑动水口机构、塞棒机构）等装置组成。如图3-15所示。

（1）中间包壳体是由钢板焊接而成的箱型结构件，为了使中间包壳体具有足够的刚度，能在高温、重载的环境条件下经烘烤、浇铸、吊装、翻罐等多次作业不变形，应在中间包壳体外焊接加强箍和加强筋；为了支撑和吊装中间包，在中间包壳体的两侧或四周焊接吊耳或吊环；另外还设置钢水溢流孔、出钢孔，在壳体钢板上钻削许多排气孔。

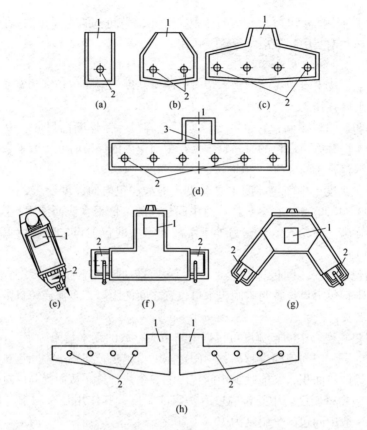

图 3 – 13 中间包断面的各种形状示意图

(a)，(e) 单流；(b)，(f)，(g) 双流；(c) 4 流；(d) 6 流；(h) 8 流

1—钢包铸流位置；2—中间包；3—挡渣墙

（2）中间包盖。中间包盖的作用是保温，防止中间包内的钢水飞溅，减少邻近设备（譬如钢包底部、钢包回转台转臂、长水口机械手装置等）受到罐内钢水高温辐射、烘烤的影响。中间包盖是用钢板焊接而成的，其内衬砌筑耐火材料；或用耐热铸铁铸造而成。在中间包盖上设置钢水注入孔、塞棒孔、中间包烘烤孔、练习测温孔及吊装用吊环。

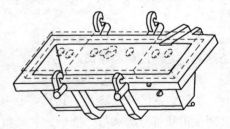

图 3 – 14 中间包立体结构示意图

（3）中间包耐火衬由工作层、永久层和绝热层等组成。

3.1.6 中间包水口

3.1.6.1 中间包塞棒

A 塞棒的类型

（1）袖砖型。袖砖型塞棒由多节袖砖和塞头组成，如图 3 – 16(a) 所示，只起关、开作用，现已淘汰。

（2）普通型。普通型整体塞棒不具有吹气结构，如图 3 – 16(b) 所示，与原袖砖、塞头型塞棒一样，只起关、开作用。

（3）复合型。复合型整体塞棒在整体塞棒头部复合一层耐高温耐侵蚀的材料，如锆碳层，以提高其使用寿命，这种塞棒如图3-16(c)所示。

（4）单孔型。在浇铸添加钛或铝的钢时，在塞棒与水口连接处，或在水口壁上容易沉积夹杂物，使水口堵塞。如果使氩气通过中孔吹向钢水口，可防止水口堵塞，单孔型塞棒如图3-16(d)所示。

（5）多孔型。多孔型整体塞棒如图3-16(e)所示，能更有效地防止水口堵塞。

B 中间包塞棒的结构

塞棒机构的结构如图3-17所示，主要由操纵手柄、扇形齿轮、升降滑竿、上下滑座、横梁、塞棒、支架等零部件组成。

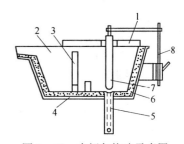

图3-15 中间包构造示意图
1—包盖；2—溢流槽；3—挡渣墙；
4—包壳；5—水口；6—内衬；
7—塞棒；8—塞棒控制机构

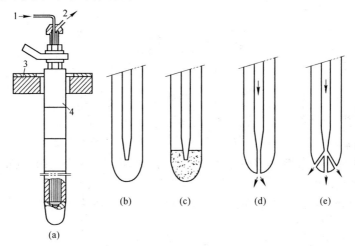

图3-16 塞棒类型示意图
(a) 袖砖型；(b) 普通型；(c) 复合型；(d) 单孔型；(e) 多孔型
1—空气入口；2—空气出口；3—中间包盖；4—塞棒

操纵手柄与扇形齿轮连成一体，通过环形齿条、拨动升降滑竿上升和下降，带动横梁和塞棒芯杆，驱动塞棒作升降运动。

C 中间包塞棒安装操作

（1）清理。清除夹头（横梁）上的粘钢粘渣，检查水口砖孔内及其边缘有无杂物，用压缩空气将水口砖周围吹扫干净。

（2）装配：

1）塞棒在搬运组装过程中，应轻拿轻放，不得碰撞。从烘房内取出塞棒，并用螺帽垫圈将塞棒固定在升降机构夹头上。

2）组装时，塞棒头部螺纹孔中的带丝扣石墨套要装平整，套入螺栓后应紧密接触，不得松动，上完螺栓后，在塞棒头部均匀涂抹一层胶泥，盖上金属圆板，拧紧螺帽，自然放置4~8h。组装在专用地点进行，采用立式组装，塞棒不允许平放。

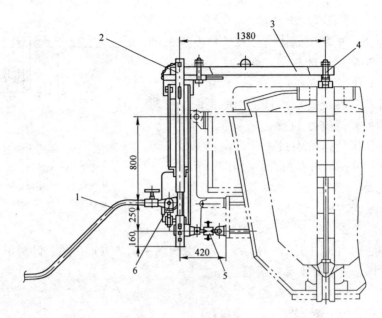

图 3 – 17   中间包塞棒机构简图

1—操纵手柄；2—升降滑竿；3—横梁；4—塞棒芯杆；5—支架调整装置；6—扇形齿轮

3）塞棒吊运使用专用工具，吊至安装位置要对准安装孔，使塞棒上部螺栓与支撑臂靠紧，然后拧紧固定螺帽，接上氩气管。

4）塞棒位置安装是否准确，塞棒上的塞头砖与水口是否密合的检验，可用燃烟法，即用燃烧冒烟的物体，放在水口砖底部，观看上部有无烟冒出或冒出的多少，来判断水口与塞头的密合情况。

塞棒的安装十分重要，在安装塞棒之前应仔细检查塞棒有无缺陷，如裂缝等。组装式的要检查各节袖砖间的黏结剂是否完好，有无裂开及松动的情况。整体塞棒要特别检查金属接杆与塞棒的连接处是否完好。对检查出有问题的塞棒必须更换，待处理好后才能使用。

塞棒安装前可放在水口上，将塞棒竖直，然后将塞棒正反向地旋转，使塞头与水口接触处轻轻地研磨，以使塞头与水口吻合得更好，保证其密封。为使两者密合，避免发生水口漏钢事故，当水口砖出现一圈宽约 3mm 的磨痕时，涂上石墨水再进行旋转研磨，此圈磨痕以完整、光滑、黑亮为好，涂上的石墨填补了塞头与水口砖之间的空隙，减少了两者间的摩擦力，使钢液不容易由此钻出，浇铸时开启塞棒也较轻松。

5）敲紧枕底销。当塞头与水口配合严密后，方可将枕底销敲紧。

3.1.6.2   中间包滑动水口

A   中间包滑动水口的类型

滑动水口的作用是在浇铸过程中用来开放、关闭和控制从盛钢桶或中间包流出的钢水流量。它和塞棒水口浇铸相比，安全可靠，能精确控制钢流，有利于实现自动化。滑动水口机构安装在中间包或盛钢桶底部，工作条件得到改善，另外插入式和旋转式滑动水口在浇铸过程中可更换滑板，使中间包连续使用，有利于实现多炉连浇。滑动水口驱动方式有液压、电动和手动 3 种。国内最常见的为液压驱动。

滑动水口依滑板活动方式不同有插入式
（图3-18）、往复式（图3-19）和旋转式
滑动水口三种形式。它们都是采用三块耐火
材料滑板，上下两块为带流钢孔的固定滑
板，中间加一块活动滑板以控制钢流。插入
式滑动水口是按所需程序，将滑板由一侧推
入两固定滑板之间，而从另一侧推出用过的
活动滑板。往复式滑动水口的带孔滑板通过
液压传动作往复运动，达到控制钢流的目
的。旋转式滑动水口是在一旋转托盘上装有
八块活动滑板以替换使用。调节钢流时，托
盘缓慢转动以实现水口的开关及钢流控制。

滑动水口上下滑板之间用特殊耐热合金
制造的螺旋弹簧压紧，浇铸时弹簧用压缩空气冷却。

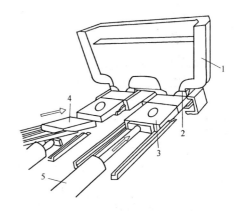

图3-18　插入式滑动水口

1—中间包；2—固定滑板；3—带水口活动滑板；
4—无水口滑动滑板；5—液压缸

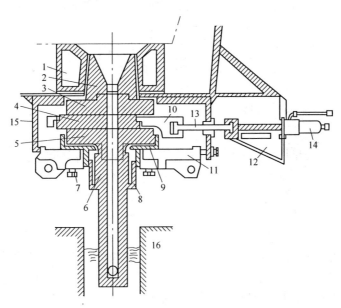

图3-19　三层（往复）式滑动水口

1—座砖；2—上水口；3—上滑板；4—滑动板；5—下滑板；6—浸入式水口；7—螺栓；
8—夹具；9—下滑套；10—滑动框架；11—盖板；12—刻度；13—连杆；
14—油缸；15—水口箱；16—结晶器

B　中间包滑动水口控制机构的安装操作

根据滑动水口控制机构结构不同，安装方法也有所不同。从安装区域来分，可分离线
安装和在线安装两种。离线安装是指液压缸在滑板安装区域即安装在钢包或中间包上，在
连铸平台上仅需接上液压管快速接头；在线安装是指钢包或中间包在浇铸位时，整体安装
上液压缸和液压管，其优点是液压缸使用条件改善，管路不易污染，缺点是安装不是很
方便。

（1）正确选择滑板砖，上、下滑板砖的磨光面经研磨后，要用塞尺测量其配合面之间的间隙，如浇铸镇静钢，其配合间隙应不大于0.15mm。另外要检查上、下滑板砖的质量，不得有缺角、缺棱和肉眼可见的裂纹等缺陷。

（2）所用的耐火泥要调和均匀、干稀适当，呈糊状，泥中不能有结块、石粒、渣块等硬物。

（3）在安装上滑板砖之前，要清理干净固定盒的上滑板槽，上、下水口内及上、下水口砖接触面之间的残钢、残渣。

（4）上滑板砖的一面要涂上足够的耐火泥，然后装配到上水口砖上，两者之间在安装时要求接触严密，并用调整装置进行压紧校平，无明显的倾斜。

（5）在安装下滑板砖之前，应检查、清理滑动盒内的拖板驱动机构，并加油润滑；必须保证拖板驱动机构完好无损、调节灵活。

（6）下滑板砖的一面要涂上耐火泥，然后装配到下水口砖上，两者之间在安装时要求接触严密，并进行压紧校平，使下滑板砖的四周与拖板的上沿距离相等。

（7）在组装滑板砖之前，应在下滑板砖的磨光面上涂石墨油，接着将装有下滑板砖的拖板放入滑动盒的导向槽内，然后关闭滑动盒，锁定固定盒的活扣装置，使滑动盒扣紧在固定盒上，并使上、下滑板砖之间产生预定的工作压力。

（8）将滑动水口机构的驱动液压缸及传动装置安装、连接到位，然后对滑动水口机构进行滑动校核试验，以检验、确认滑动水口机构的动作是否平稳、灵活，有无异声及松紧现象。

（9）最后将上、下水口内挤入的残余耐火泥及垃圾清理干净。

3.1.6.3 浸入式水口

浸入式水口位于中间包与结晶器之间，水口上端与中间包相连，下端插入结晶器钢水中，使用条件恶劣。浸入式水口隔绝了铸流与空气的接触，防止铸流冲击到钢液面引起飞溅，杜绝二次氧化。通过水口形状的选择，可以调整钢液在结晶器内的流动状态，以促进夹杂物的分离，提高钢的质量。

A 浸入式水口的类型

浸入式水口类型及参数的确定主要取决于浇铸断面的大小、形状、铸坯拉速以及钢种等，对于各种连铸机，浸入式水口都处于结晶器断面的中心位置。浸入式水口的对中位置和浸入深度的变化将引起结晶器内钢液流态的变化。一般浸入式水口的浸入深度为（125±25）mm。

浸入式水口位置不对中，会使结晶器内钢液的流动状态不对称，热中心偏离，易使铸坯产生纵裂纹。通常要求对中偏差不大于±1mm。

水口浸入深度过浅，使热中心上移，钢液面活跃，容易引起卷渣；水口浸入深度过深使热中心下移，会引起化渣不良，甚至会破坏铸坯凝固壳引起漏钢。

（1）按浸入式水口与中间包的连接形式可分为以下几种类型，如图3-20所示。

1）外装型浸入式水口。外装型浸入式水口的安装方式为由中间包底向上套装至中间包水口。

2）内装型浸入式水口。内装型浸入式水口的安装方式为由中间包内向包底方向装入座砖内。

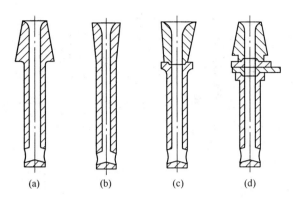

图 3 - 20 浸入式水口与中间包连接形式的类型

（a）外装型；（b）内装型；（c）组合型；（d）滑动水口型

3）组合型浸入式水口。用杠杆或液压压紧装置将浸入式水口固定在中间包水口下端，这类浸入式水口长度较短。

4）滑动水口型浸入式水口。这类浸入式水口相当于滑动水口的下水口。

5）CPS 工艺的浸入式水口。由于结晶器的形状不同，各种类型工艺所采用的浸入式水口也不同。

（2）按浸入式水口内钢水流出的方向可分为以下几种类型，如图 3 - 21 所示。

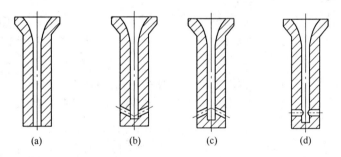

图 3 - 21 浸入式水口钢水流出的方向基本类型

（a）单孔直筒形水口；（b）侧孔向上倾斜状水口；

（c）侧孔向下倾斜呈倒 Y 形水口；（d）侧孔呈水平状水口

目前，使用最多的浸入式水口有单孔直筒形和双侧孔式两种。双侧孔浸入式水口，其侧孔有向上倾斜、向下倾斜和水平状 3 类。

单孔直筒形浸入式水口相当于加长的普通水口，一般仅用于小方坯、矩形坯或小板坯的浇铸。

双侧孔浸入式水口，其向上、下倾斜与水平方向的夹角分别为 $10° \sim 15°$、$15° \sim 35°$。浇铸大方坯和板坯均采用侧孔向下倾角的双侧孔浸入式水口；若浇铸不锈钢应选用侧孔向上倾角的浸入式水口为宜。

B 浸入式水口的结构

通过浸入式水口向钢水吹氩或采用气洗水口是防止水口堵塞的有效途径，因而研制了各种结构的吹氩浸入式水口或采用气洗水口，如图 3 - 22 和图 3 - 23 所示。

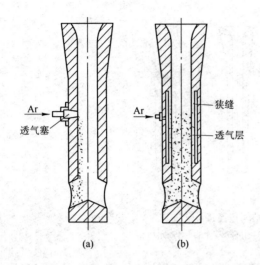
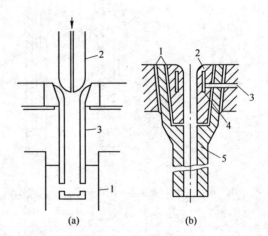

图 3 - 22　浸入式水口的结构　　　　　　图 3 - 23　气洗水口

（a）透气塞型；（b）狭缝型　　　　（a）1—结晶器；2—塞棒；3—浸入式水口；

（b）1—高铝灰泥；2—中间包水口（锆石英）；

3—送气管座砖；4—莫来石多孔环形砖；5—浸入式水口

C　中间包浸入式水口的安装操作

（1）整体式浸入式水口的安装：

1）按钢种选择合适材质，按图纸检查浸入式水口尺寸。特别要注意水口有没有裂纹和缺损存在；带侧孔出口的倾角是否正确；检查与塞头砖头部吻合的球面是否完整并与塞头砖研磨 3 圈。

2）在与水口套筒砖结合的锥面上均匀涂抹泥料，其厚度适中。

3）将水口垂直（不能歪斜）装入水口套筒砖内。对于带侧口的水口砖，要求根据中间包的基本尺寸找准方向，确保该水口浸入结晶器内侧孔方向正确。

4）用木槌将水口砖紧敲入套筒砖内，使水口砖上平面与水口套筒砖上平面位置符合工艺要求。

5）清除水口砖、套筒砖上多余泥料，保证水口内腔清洁、完整。

6）多流连铸机安装整体水口时需校正整体水口下端间距，要与结晶器间距相一致。

（2）分体式浸入式水口安装。按钢种选择合适材质的水口，按图纸检查水口外形尺寸，检查是否受损；水口按要求事先进行烘烤；中间包开浇，拉速、钢液面转入正常后可准备装浸入式水口：

1）将事前准备好的水口托架、平衡锤等拿到结晶器附近。

2）水口停止烘烤，装入托架中。

3）中间包水口关闭，拉速降至起步拉速，钢液面下降到浸入式水口下端要处的位置。

4）迅速套上浸入式水口，打开中间包水口，使钢液面升到正常浇铸位置，控制钢液面在稳定状态。

5）结晶器钢液面上加保护渣，拉速逐渐升至工作拉速。

6）如安装时间间隔稍长，钢液面太低时，可瞬间停车。在套上水口后，中间包开浇再起步升到正常拉速。

7）分体式浸入式水口也可先安装好再开浇，其操作程序除比整体浸入式水口多一个套水口的工序外，其余相同。

D 中间包浸入式水口位置的调整操作

（1）中间包停止烘烤后，检查中间包钢流控制装置，迅速将中间包车开至浇铸位置。

（2）通过中间包车行走机构调整中间包水口的左右位置；通过中间包车上的横移装置调整水口的内、外弧位置。

（3）通过中间包升降装置或其他起重装置调整浸入式水口浸入的深度。

（4）开浇时，浸入式水口处于要求的开浇位置，待开浇正常后将浸入式水口降至浇铸位。

（5）浇铸过程中，在允许的浸入深度范围内，可通过调整浸入式水口的高低来调整浸入深度，以提高浸入式水口寿命。

E 浇铸过程水口堵塞的原因及防止措施

在浇铸过程中，中间包水口和浸入式水口常常发生堵塞现象。轻者要烧氧，重者会使浇铸中断停产。水口堵塞常是使操作者头痛的问题。

水口堵塞有两个方面的原因：一是水口冻死。这是钢水温度低，水口未烘烤好，钢水冷凝所致。适当提高钢水温度，加强中间包的烘烤就可解决。二是水口内壁有附着的沉积物造成水口狭窄乃至堵塞，浇铝镇静钢时尤为严重。

对水口堵塞物的分析发现，堵塞物的主要组成是以 Al_2O_3 为主体的带有玻璃相和金属铁的混合物。Al_2O_3 熔点高达 $2050℃$，在钢水中以固体质点存在。钢水中有大量的悬浮的 Al_2O_3 夹杂物，而水口内壁上又存在一层熔融的玻璃体，当钢水流经水口时，固体的 Al_2O_3 就逐渐沉积在水口壁上。

钢水中的 Al_2O_3 夹杂来源有 4 个方面：一是钢水中铝与水口耐火材料发生反应后的产物；二是空气中的氧与钢中的铝发生反应后的产物；三是钢水的脱氧产物；四是钢水温度降低而生成的产物。可以说，水口堵塞是上述 4 种现象综合作用的结果。

在连铸生产中，为防止出现中间包水口堵塞，采用以下方法：

（1）选择合适的水口材质，如碳钢、低合金钢用石英水口或锆质水口，含铝钢种用铝碳水口。

（2）气洗水口：在浸入式水口周围镶入多孔材料，向水口内壁吹入氩气，在钢水与水口壁之间形成一层氩气膜，阻止 Al_2O_3 沉积。氩气压力为 $0.02 \sim 0.035MPa$，流量为 $2 \sim 12L/min$。

（3）中间包塞棒吹氩：在塞棒中心管吹入氩气，把水口内壁的堵塞物冲走。但吹气压力和流量要合适，如流量太大，氩气泡会使结晶器钢水面翻腾，把保护渣卷入到钢水中而使夹杂物增加。

（4）钙处理：Al_2O_3 夹杂在钢水中呈固态、串簇状，是水口堵塞的根源。用变性处理把串簇状的固体 Al_2O_3 转变成球形呈液态的铝酸钙就可防止堵水口情况发生。为此可向钢包内喷吹 $Si-Ca$ 粉，喂钙丝，或加 $Si-Ca$ 合金。

目前广泛使用的是中间包塞棒吹氩和钙处理法。

3.1.7 中间包烘烤

3.1.7.1 中间包烘烤装置的结构

中间包烘烤装置的结构如图3-24所示。它主要由烘烤烧嘴、转臂、空气管路系统、燃气管路系统、鼓风机及调节控制阀等零部件组成。当中间包未烘烤时，转臂处于上升位置，待中间包进入烘烤工位，转臂做旋转运动，将烧嘴进入中间包盖的烘烤孔，然后点火，依靠火焰的喷射，烘烤中间包的耐火衬，达到规定的温度。

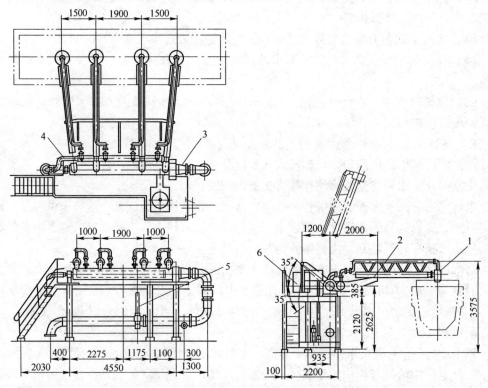

图3-24 中间包烘烤装置简图
1—烘烤烧嘴；2—转臂；3—空气管路系统；4—燃气管路系统；5—回转用电动缸；6—配重

3.1.7.2 中间包烘烤注意问题

总的要求是在开浇前2h，快速将水口、塞棒烘烤到1000~1100℃，中包内衬先小火烘烤30min，再大火烘烤90min以上。铝碳质制品在烘烤过程中，其强度变化规律是：随着烘烤温度的上升，其强度下降，到500~600℃时强度最低，当温度继续上升，其强度又增加，到1300℃左右恢复原状，再升高温度，其强度又下降，所以水口、塞棒应快速烘烤到1000~1100℃。

3.1.8 中间包车

中间包车是中间包的运载设备，在浇铸前将烘烤好的中间包运至结晶器上方并对准浇铸位置，浇铸完毕或发生事故时，将中间包从结晶器上方运走。生产工艺要求中间包小车能迅速更换中间包，停位准确，容易使中间包水口对准结晶器。为方便装卸浸入式水口，中间包应能升降。

3.1.8.1 中间包车的类型

中间包车按中间包水口在中间包车的主梁、轨道的位置，可分为门式和悬吊式两种类型。

（1）门式（门型、半门型）中间包车。门型中间包车的轨道布置在结晶器的两侧，重心处于车框中，安全可靠，如图 3-25 所示。门型中间包车适用于大型连铸机。但由于门式中间包车是骑跨在结晶器上方，使操作人员的操作视野范围受到一定限制。

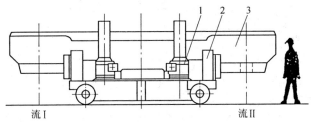

图 3-25　门型中间包车

1—升降机构；2—走行机构；3—中间包

半门型中间包车如图 3-26 所示。它与门型中间包车的最大区别是布置在靠近结晶器内弧侧、浇铸平台上方的钢结构轨道上。

（2）悬吊式（悬臂型、悬挂型）中间包车。悬臂型中间包车，中间包水口伸出车体之外，浇铸时车位于结晶器的外弧侧；其结构是一根轨道在高架梁上，另一根轨道在地面上，如图 3-27 所示。车行走迅速，同时结晶器上面供操作的空间和视线范围大，便于观察结晶器内钢液面，操

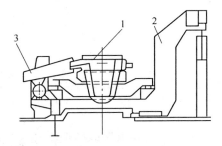

图 3-26　半门型中间包车

1—中间包；2—中间包车；3—溢流槽

作方便；为保证车的稳定性，应在车上设置平衡装置或在外侧车轮上增设护轨。

悬挂型中间包车的特点是两根轨道都在高架梁上，如图 3-28 所示，对浇铸平台的影响最小，操作方便。

悬臂型和悬挂型中间包车只适用于生产小断面铸坯的连铸机。

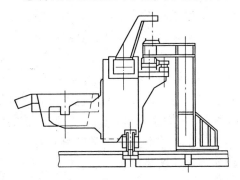

图 3-27　悬臂型中间包车

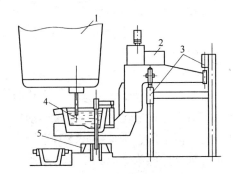

图 3-28　悬挂型中间包车

1—钢包；2—悬挂型中间包车；

3—轨道梁及支架；4—中间包；5—结晶器

3.1.8.2 中间包车的结构

中间包小车的结构如图 3－29 所示，由车架走行机构、升降机构、对中装置及称量装置等组成。

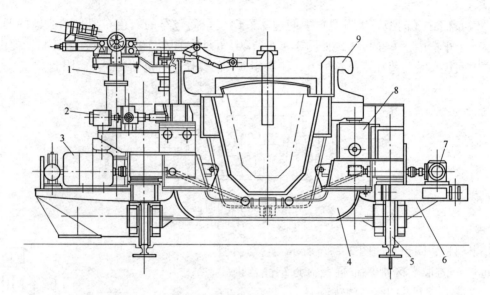

图 3－29　中间包升降传动装置

1—长水口安装装置；2—对中微调驱动装置；3—升降驱动电动机；4—升降框架；

5—走行车轮；6—中间包车车架；7—升降传动伞齿箱；8—称量装置；9—小间包

车架是钢板焊接的鞍形框架，这种结构使得中间包浸入式水口周围具有足够的空间，便于操作人员靠近结晶器进行观察、取样、加保护渣及去除结晶器内钢液面残渣。

车架行走装置由快、慢速两台电动机通过行星差动减速器驱动一侧车轮作双速运转，它设置在车体的底部。通过中间齿轮及横穿包底的中间接轴驱动另一侧车轮。四个车轮中两个为主动车轮。在操作侧的两个车轮为双轮缘，相对一侧车轮无轮缘。

升降装置能使中间包上升、下降。它设置在车体上，支撑和驱动升降平台装置。放置中间包的升降框架由四台丝杆千斤顶支撑，由两台电机通过两根万向接轴驱动。两组电动机驱动系统用锥齿轮箱和连接轴连接起来，具有良好的同步性和自锁性。有的用液压传动来实现中间包的上升、下降。

在拉坯方向，中间包水口安装位置的中心线与结晶器厚度方向上的中心线往往有误差，需要调整；当浇铸板坯厚度变化时，也要调整水口位置。因此，中间包小车升降框架上设有对中微调机构。对中装置驱动电机通过蜗轮蜗杆带动与中间包耳轴支撑座相连的丝杆转动，使中间包水口中心线对准结晶器厚度方向上的中心线。为减少微调中的阻力，中间包耳轴支撑座为球面和滚轮滑座支撑。有的用液压传动来实现对中。

在中间包耳轴支撑座下面设有中间包称量装置，它是通过四个传感器来显示的。在中间包小车上还设有长水口安装装置，将钢包的长水口安装在钢包的滑动水口上，并将其紧紧压住。

3.1.8.3 中间包车的检查及使用

中间包车的检查及应用如下：

（1）坐中间包之前，中间包车应处于下降位。当用吊车往中间包车上放中间包时，不要直接放到位，应在放到离中间包车一定高度时，操作中间包车上升接住中间包。

（2）当中间包车朝一个方向运行未完全停车时，不允许反方向操作。

（3）对稀油润滑的部位，要定期检查油位高度及检验油质清洁度，如低于规定油位应及时补充，发现油质异常应及时更换。对于油润滑部位应定期加油。

（4）各运行部位的滚动轴承要定期检查，发现异常应及时更换或修理。特别是升降装置的止推轴承应定期更换。

（5）定期检查各传动部位连接处螺丝是否松动，如发现异常情况应及时拧紧或更换。

（6）定期检查升降装置的限位行程开关动作是否准确，如发现异常应及时调整或更换。

（7）检查长水口机械手各气动和液压元件及管线是否有泄漏，各活动部位是否有卡阻现象，连接部位有无螺栓松动现象，如发现异常应及时处理，要及时清洗气动过滤器。

3.2 结晶器和结晶器振动装置

由中间包流出的钢水注入结晶器内，经强制水冷使钢水初步凝固成型，结成与结晶器内腔尺寸相同的一定厚度的均匀坯壳。当钢液在结晶器内上升到一定高度后，结晶器开始振动，同时铸坯连续不断地从结晶器下口拉出。

3.2.1 结晶器

结晶器是连铸机主体设备中一个关键的部件，它类似于一个强制水冷的无底钢锭模。它的作用是使钢液逐渐凝固成所需规格、形状的坯壳，且使坯壳不被拉断、漏钢及不产生歪扭和裂纹等缺陷；保证坯壳均匀稳定的成长。

中间包内钢水连续注入结晶器的过程中，结晶器受到钢水静压力、摩擦力、钢水的热量等因素影响，工作条件较差，为了保证坯壳质量、连铸生产顺利进行，结晶器应具备以下基本要求：

（1）结晶器内壁应具有良好的导热性和耐磨性。

（2）结晶器应具有一定的刚度，以满足巨大温差和各种力作用引起的变形，从而保证铸坯精确的断面形状。

（3）结晶器的结构应简单，易于制造、装拆和调试。

（4）结晶器的质量要轻，以减少振动时产生的惯性力，振动平稳可靠。

结晶器按其内壁形状，可分直形及弧形等；按铸坯规格和形状，可分圆坯、矩形坯、正方坯、板坯及异型坯等；按其结构形式，可分整体式、套筒式、水平式及组合式等。

3.2.1.1 结晶器的主要参数

结晶器的主要参数包括：结晶器的断面形状和尺寸，结晶器的长度、锥度及水缝面积等。

（1）结晶器的断面形状和尺寸。它是根据铸坯的公称断面尺寸来确定的，公称断面是指冷坯的实际断面尺寸。由于结晶器内的坯壳在冷却过程中会逐渐收缩，及考虑到矫直变形的影响，所以结晶器的断面尺寸确定应比铸坯的断面尺寸大 2% ~ 3%。结晶器的断面形状确定应与铸坯的断面形状相一致，根据铸坯的断面形状可采用正方坯、板坯、矩形坯、圆坯及异形坯结晶器。

(2) 结晶器的倒锥度。钢液在结晶器内冷却凝固生成坯壳，进而收缩脱离结晶器壁，产生气隙，因而导热性能大大降低，由此造成铸坯的冷却不均匀。为了减小气隙，加速坯壳生长，结晶器的下口要比上口断面略小，称为结晶器倒锥度。可用下式表示：

$$e_1 = \frac{S_下 - S_上}{S_上 L} \times 100\% \qquad (3-1)$$

式中　e_1——结晶器每米长度的倒锥度，% / m；

　　　$S_下$——结晶器下口断面积，mm^2；

　　　$S_上$——结晶器上口断面积，mm^2；

　　　L——结晶器的长度，m。

对于矩形坯或板坯连铸机来说，厚度方向的凝固收缩比宽度方向收缩要小得多。其锥度按下式计算：

$$e_1 = \frac{B_下 - B_上}{B_上 l_m} \times 100\% \qquad (3-2)$$

式中　$B_下$——结晶器下口宽边或窄边长度，mm；

　　　$B_上$——结晶器上口宽边或窄边长度，mm。

倒锥度的选择十分重要，倒锥度过小，坯壳会过早脱离结晶器内壁，严重影响冷却效果，使坯壳在钢水静压力作用下产生鼓肚变形，甚至发生漏钢。倒锥度过大，会增加拉坯阻力，加速结晶器内壁的磨损。

为选择合适的倒锥度，设计结晶器时，要对高温状态下各种钢的收缩系数有全面的实验研究。根据实践，一般套管式结晶器的倒锥度，依据钢种不同，应取 (0.4 ~ 0.9)% / m。对于板坯结晶器，一般都是宽面相互平行或有较小的倒锥度，使窄面有 (0.9 ~ 1.3)% / m 的倒锥度。通常小断面的结晶器上下口尺寸可不改变。

(3) 结晶器的长度。它是保证铸坯出结晶器时，能否具有足够坯壳厚度的重要因素。若坯壳厚度较薄，铸坯就容易出现鼓肚，甚至拉漏，这是不允许的。根据实践，结晶器的长度应保证铸坯出结晶器下口的坯壳厚度大于或等于 10 ~ 25mm。通常，生产小断面铸坯时取下限，而生产大断面时，应取上限。结晶器的长度可按下式计算：

$$L_m = \left(\frac{\delta}{\eta} \right)^2 v \qquad (3-3)$$

式中　L_m——结晶器的有效长度，mm；

　　　δ——结晶器出口处的坯壳厚度，mm；

　　　η——结晶器凝固系数，一般取 20 ~ 24mm / $min^{\frac{1}{2}}$；

　　　v——拉坯速度，mm / min。

考虑到钢液面到结晶器上口应有 80 ~ 120mm 的高度，故结晶器的实际长度应为：

$$L = L_m + (80 ~ 120) mm$$

根据国内的实际情况，结晶器长度一般为 700 ~ 900mm。小方坯及薄板坯连铸机由于拉速高也常取 1000 ~ 1100mm。长度过长的结晶器加工困难并增加拉坯阻力，降低结晶器使用寿命，使铸坯表面出现裂纹甚至被拉漏，一般高拉速，应取较长的结晶器。

（4）结晶器的水缝面积。钢水在结晶器内形成坯壳的过程中，其放出的热量 96% 是通过热传导由冷却水带走的。在单位时间内，单位面积铸坯被带走的热量称为冷却强度。影响结晶器冷却强度的因素，主要是结晶器内壁的导热性能和结晶器内冷却水的流速和流量。必须合理确定结晶器的水缝总面积 A，其公式为：

$$A = \frac{10000}{36} \times \frac{QL}{v} \tag{3-4}$$

式中　Q——结晶器每米周边长耗水量，$m^3/(h \cdot m)$；

　　　L——结晶器周边长度，m；

　　　v——冷却水流速，m/s。

结晶器内冷却水量过大，铸坯会产生裂纹，过小又易造成鼓肚变形或漏钢。结晶器的冷却水缝类型如图 3-30 所示。

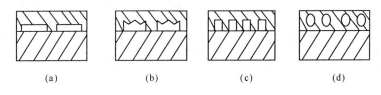

图 3-30　结晶器的冷却水槽类型

（a）一字形；（b）山字形；（c）沟槽式（15mm×5mm）；（d）钻孔式

由于结晶器内壁直接与高温钢水接触，所以内壁材料应具有以下性能：导热性好，足够的强度、耐磨性、塑性及可加工性。

结晶器内壁使用的材质主要有以下几种：

（1）铜：结晶器的内壁材料一般由紫铜、黄铜制作，因为它们具有导热性好，易加工，价格便宜等优点，但耐磨性差，使用寿命较短。

（2）铜合金：结晶器的内壁采用铜合金材料，可以提高结晶器的强度、耐磨性，延长结晶器的使用寿命。

（3）铜板镀层：为了提高结晶器的使用寿命，减少结晶器内壁的磨损，防止铸坯产生星状裂纹，可对结晶器的工作面进行镀铬或镀镍等电镀技术。

3.2.1.2　结晶器的结构

结晶器的结构类型有整体式、套管式和组合式三种。主要由内壁、外壳、冷却水装置及支撑框架等零部件组成。管式广泛用于小方坯连铸机，组合式广泛用于板坯连铸机。

A　整体式结晶器

整体式结晶器的内壁和外壳部分都采用同一材料，即用整块紫铜或铸造黄铜，然后经机械加工而成，并在其内壁周围钻削许多小孔，用以通水冷却钢水和坯壳，如图 3-31 所示。结晶器内壁的形状和大小，取决于铸坯断面的形状和尺寸。整体式由于耗铜量很多、制造成本较高，维修困难而较少应用。

B　套管式结晶器

套管式结晶器的外壳是圆筒形，如图 3-32 所示。用铜管 4 作为结晶器的内壁，外套钢质内水套 2，两者之间形成 7mm 的冷却水缝。内外水套之间利用上下两个法兰把铜管压紧。上法兰与外水套的连接螺栓上装有碟形弹簧，使结晶器在冷态下不会漏水，在受热膨胀时弹簧所产生的压应力不超过铜管的许用应力。结晶器的冷却水工作压力为 0.4 ~ 0.6MPa。冷却水从给水管 8 进入下水室，以 6 ~ 8m/s 的速度流经水缝进入上水室，由排水管排出。水缝上部留有排气装置，排出因过热而产生的少量水蒸气，提高导热效率和安全性能。

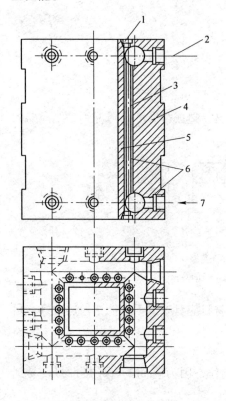

图 3 - 31　整体式结晶器

1—堵头；2—冷却水出口；3—芯杆；
4—结晶器外壳；5—结晶器内壁；
6—冷却水管路；7—冷却水入口

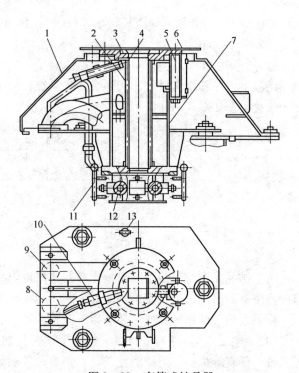

图 3 - 32　套管式结晶器

1—结晶器外罩；2—内水套；3—润滑油盖；4—结晶器铜管；
5—放射源容器；6—盖板；7—外水套；8—给水管；9—排水管；
10—接收装置；11—水环；12—足辊；13—定位销

结晶器的外水套为圆筒形，中部焊有底脚板，将结晶器固定在振动台架上。底脚板上有两处定位销孔和三个螺栓孔，保证安装时，以外弧为基准与二次冷却导辊对中。冷却水管的接口及给、排水和足辊 12 的冷却水管都汇集在底脚板上。当结晶器锚固在振动台上时，这些水管也都同时接通并紧固好。

水套上部装有^{60}Co 或^{137}Cs 放射源容器 5 及信号接收装置 10，自动指示并控制结晶器内钢液面。放射源^{60}Co 或^{137}Cs 棒偏心地插在一个可转动的小铅筒内，小铅筒又偏心地装在一个大铅筒内，不工作时将小铅筒内的^{60}Co 棒转动到大铅筒中心位置，四周都得到较好的屏蔽，是安全存放位置。浇钢时，小铅筒转 180°，使^{60}Co 或^{137}Cs 棒转到最左面靠近钢液位置。对应于放射部位的水套上装了一个隔水室，以减少射线损失。在放射源的对面装一倾斜圆筒，内装计数器接收装置。

这种结晶器结构简单，易于制造和维护，多用于浇铸小方坯或方坯。

如将管式结晶器取消水缝，直接用冷却水喷淋冷却，则为喷淋式管式结晶器。

图 3–33 是喷淋冷却式结晶器的示意图。根据喷淋结晶器铜管的传热规律及为了尽可能减少喷嘴数量，采用了大角度、大流量的专用喷嘴。喷嘴冷却水的分布是沿铜管方向，在弯月面处水量大，下部水量小；沿结晶器横断面，中部水量大，角部水量小，从而达到传热效率高并节省冷却水的目的。

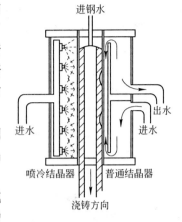

图 3–33 喷淋冷却式
结晶器示意图

生产实践证明，喷淋冷却结晶器安全可靠，可延长铜管的使用寿命，降低漏钢率，提高生产作业率，并使结晶器冷却水耗量大幅度下降。

采用喷淋式冷却技术可使结晶器铜壁均衡地冷却，减小铜壁和铸坯之间的间隙，可使初凝坯壳向外传热速度增加 30% ~ 50%，特别是在结晶器传热量最大的弯月区提高了冷却强度，明显地助长了铸坯坯壳的形成。

C 组合式结晶器

组合式结晶器由 4 块复合壁板组合而成。每块复合壁板都是由铜质内壁和钢质外壳组成的。在与钢壳接触的铜板面上铣出许多沟槽形成中间水缝。复合壁板用双头螺栓连接固定，如图 3–34、图 3–35 所示。冷却水从下部进入，流经水缝后从上部排出。4 块壁板有各自独立的冷却水系统。在 4 块复合壁板内壁相结合的角部，垫上厚 3 ~ 5mm 并带 45° 倒角的铜片，以防止铸坯角裂。

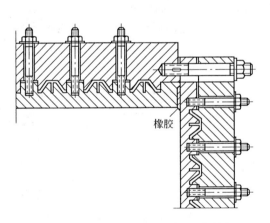

图 3–34 铜板和钢板的螺钉连接形式

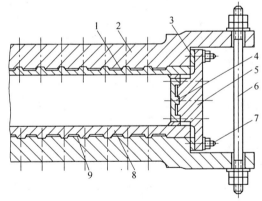

图 3–35 组合式结晶器
1—外弧内壁；2—外弧外壁；3—调节垫块；
4—侧内壁；5—侧外壁；6—双头螺栓；
7—螺栓；8—内弧内壁；9—一字形水缝

组合式结晶器改变结晶器的宽度可以在不浇钢时离线调整，也可以在浇铸过程中进行在线自动调整。可用手动、电动或液压驱动调节结晶器的宽度。当浇铸中进行调宽操作时，首先用液压油缸压缩蝶形弹簧使与螺栓相连的宽面框架和壁板向外弧侧松开，消除结晶器两宽面对窄面的夹紧力，使窄面能够移动。再经过调宽驱动装置，如图 3–36 所示，经螺旋转动带着结晶器窄面壁板前进或后退，实现结晶器宽度的变化。通过调锥驱动装置5的电机驱动偏心轴，使调宽度部分整体地沿着球面座6上下带动窄面1摆动，实现结晶器锥度的调整。调宽完毕后，卸去液压缸顶紧力，蝶形弹簧又重新夹紧。

通常在紧挨结晶器的下口装有足辊或保护栅板，保证以外弧为基准与二冷支导装置的导辊严格对中，从而保护好结晶器下口，避免其过早过快磨损。

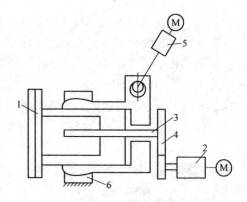

图 3-36 结晶器调宽装置示意图
1—窄面支撑板；2—调宽驱动装置；3—丝杆；
4—齿轮；5—调锥驱动装置；6—球面座

内壁铜板厚度在20～50mm，磨损后可加工修复，但最薄不能小于10mm。对弧形结晶器来说，两块侧面复合板是平的，内外弧复合板做成弧形的。而直形结晶器4面壁板都是平面状的。

影响结晶器使用寿命的因素很多，如材质、横断面大小、形状、振动方式、冷却条件以及钢流偏心冲刷、润滑不良、多次拉漏等。结晶器断面越大，长度越长，寿命越低。结晶器下口导辊与二冷支导装置的对弧精度对使用寿命影响很大。对弧公差一般为0.5mm，对弧应用专用弧形样板以结晶器的外弧为基准进行检查。

3.2.1.3 结晶器宽度及锥度的调整、锁定

A 结晶器锥度调整装置

结晶器在浇铸过程中，由于高温钢水的冲刷，铸坯与结晶器内壁之间的磨损，结晶器的锥度会发生变化，因此要设置结晶器锥度调整装置，可对结晶器的锥度进行在线调整，并用锥度测量仪进行定期测量。这样才能保证连铸坯均匀冷却，获得良好的表面质量和内部质量。

结晶器锥度调整装置（图3-37）主要由电动机、减速器、联轴器、偏心轴、轴承及平移装置等零部件组成。整个装置安装在结晶器支撑框架的专用槽孔内。一般锥度调整范围为3～16mm。

B 结晶器锥度仪的使用

结晶器锥度仪的使用方法，通常应遵循以下操作步骤：

(1) 检查、调整锥度仪的横搁杆长度，以确保能将锥度仪搁置在结晶器的上口处。

(2) 将锥度仪杆身放入结晶器内，并通过其横搁杆使锥度仪搁置在结晶器的上口处。

(3) 使锥度仪的垂直面的3个支点与结晶器内铜板相接触，且保持一个稳定、牢固、轻柔的压力接触。

(4) 调整锥度仪表头的水平状态，使其水平气泡位于中心部位。

(5) 按下锥度仪的电源开关使锥度仪显示锥度数值，一般锥度仪显示的数值在初始的几秒钟内会不断地变换，然后稳定在一个数值上。

(6) 锥度仪显示锥度数值约10min后会自动关闭电源。如果锥度测量尚未完成，这时可再次按下开关电钮，继续进行锥度测量。

(7) 如果锥度仪的电池能量已基本消耗，会在其表头显示器上出现报警信号，此时

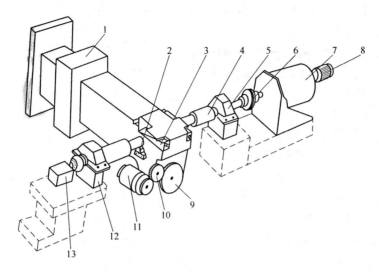

图 3 – 37　结晶器锥度调整装置

1—平移装置；2—下垫块；3—上垫块；4—偏心轴；5—轴承座；6—联轴器；7—减速器；
8—锥度调整用电动机；9，10—开式齿轮传动；11—平移用电动机；12—轴承座；
13—回转角检测器

应立即更换新的电池。

（8）锥度仪是一种精密的检测仪器，在使用过程中应当小心轻放，避免磕碰、摔打，不用时应当妥善存放，切不能将其放置在高温、潮湿的环境中。

（9）每隔半年时间，锥度仪应进行一次测量精度的校验与标定测试。

C　结晶器宽度及锥度的调整、锁定

板坯连铸机组合式结晶器的窄面板调宽和调锥度装置的类型可分在线停机调整和在线不停机调整两种。

结晶器在线调宽、调锥度装置的调整方式都是采用电动粗调、手动精调等操作，通常应遵循以下操作要点：

（1）结晶器在线停机调整、调锥度装置只能在停机后的准备模式状态下进行调宽、调锥度操作，在其他模式状态下不允许操作。

（2）在实施结晶器调宽、调锥度前，必须先将夹紧窄面板的宽面板松开，并检查和清除积在窄面板与宽面板缝隙内的粘渣、垃圾等异物，以避免划伤宽面板铜板的镀层。

（3）根据结晶器所需调整宽度的尺寸，分别启动结晶器左、右两侧的窄面板调宽、调锥度装置驱动电动机，使结晶器两侧的窄面板分别作整体向前或向后移动，结晶器窄面板在整体调宽移动过程中，其原始的锥度保持不变。

（4）以结晶器上口中心线为基准，使用直尺分别测量结晶器左右两侧窄面板上口的宽度尺寸，以检查结晶器的宽度尺寸是否达到要求。

（5）结晶器宽度进行电动粗调操作后，接着进行手动精调的调锥度、调宽调整操作。

（6）使用结晶器锥度仪对结晶器窄面板的锥度进行测量，然后根据设定的锥度值与实际测量数值的差值，通过手动调节手轮进行微调，并使之达到设定的锥度位置状态。

（7）结晶器左右两侧窄面板的锥度状态经手动调整到位后，需对结晶器上口的宽度尺寸作复测和调整。

（8）结晶器窄面板的手动调锥、调宽的操作全部结束后，可将调节手轮拔下、回收。

（9）最后将处于松开状态的结晶器宽面板重新收紧，以夹住窄面板使其锁定。

3.2.1.4　结晶器检查及维护

A　工具准备

（1）足够长的带毫米刻度的钢皮直尺一把。

（2）与结晶器尺寸配套的千分卡尺一把。

（3）普通内、外卡规一副。

（4）锥度仪一套。

（5）塞尺一副。

（6）结晶器对中用的有足够长的弧度板、直板各一块，板度、直线必须经过校验。

（7）低压照明灯一套。

（8）水质分析仪一套。

B　结晶器检查

（1）结晶器内壁检查：

1）用肉眼检查结晶器内表面损坏情况，重点检查镀层（或铜板）的磨损、凹坑、裂纹等缺陷。

2）用卡规、千分卡尺、直尺检查结晶器上、下口断面尺寸。

3）用锥度仪检查结晶器侧面锥度。

4）对组合式结晶器，需用塞尺检查宽面和窄面铜板之间的缝隙。

（2）用弧度板、直板检查结晶器与二冷段的对中。

（3）结晶器冷却水开通后，检查结晶器装置是否有渗、漏水。

（4）检查结晶器进水温度、压力、流量，在浇铸过程中观察结晶器进出水温差。

C　结晶器的维护

（1）使用中应避免各种不当操作对结晶器内壁的损坏。

（2）结晶器水槽应定期进行清理、除污，密封件应定期调换。

（3）定期、定时分析结晶器冷却水水质，保证符合要求。

（4）结晶器检修调换时应对进出水管路进行冲洗。

3.2.2　结晶器振动装置

结晶器振动装置的作用是使其内壁获得良好的润滑，防止初生坯壳与结晶器内壁的黏结；振动参数有利于改善铸坯表面质量，形成表面光滑的铸坯；当发生黏结时，通过振动能强制脱模，消除黏结，防止因坯壳的黏结而造成拉漏事故；当结晶器内的坯壳被拉断时，通过结晶器和铸坯的同步振动可得到压合。

对结晶器振动装置振动运动的基本要求是：

（1）振动装置应当严格按照所需求的振动曲线运动，整个振动框架的 4 个角部位置均应同时上升到达上止点或同时下降到达下止点，在振动时整个振动框架不允许出现前后、左右方向的偏移与晃动现象。

（2）设备的制造、安装和维护方便，便于处理事故，传动系统要有足够的安全性能。

（3）振动装置在振动时应保持平稳、柔和、有弹性，不应产生冲击、抖动、僵硬现象。

3.2.2.1 振动规律

结晶器的振动规律是指振动时，结晶器的运动速度与时间之间的变化规律。结晶器的振动规律有以下四种：

（1）同步振动（图 3-38）。振动装置工作时，结晶器的下降速度与铸坯的拉坯速度相同，即称同步，然后结晶器以三倍的拉坯速度上升。由于结晶器在下降转为上升阶段，加速度很大，会引起较大冲击力，影响振动的平稳性及铸坯质量。

（2）负滑动振动。结晶器的负滑动振动规律。振动装置工作时，结晶器的下降速度稍高于铸坯的拉坯速度，即称负滑动，这样有利于强制脱模及断裂坯壳的压合，然后结晶器以较高的速度上升。由于结晶器在振动

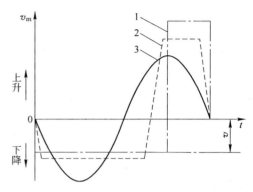

图 3-38 振动特性曲线
1—同步振动；2—负滑动振动；3—正弦振动

时都有一段稳定运动的时间，这样有利于振动的平稳和坯壳的增厚，但需用一套凸轮机构，必须保证振动机构与拉坯机构连锁。

（3）正弦振动。正弦振动的特点是它的运动速度按正弦规律变化，结晶器上下振动的时间和速度相同，在整个振动周期中，结晶器和铸坯间均存在相对运动，是普遍采用的振动方式，它有如下特点：

1）结晶器下降过程中，有一小段负滑动阶段，可防止和消除坯壳与器壁的黏结，有利于脱模。

2）结晶器的运动速度按正弦规律变化，其加速度必然按余弦规律变化，过渡比较平稳，冲击也小。

3）由于加速度较小，可以提高振动频率，采用高频率小振幅振动有利于消除黏结，提高脱模作用，减小铸坯上振痕的深度。

4）正弦振动可以通过偏心轴或曲柄连杆机构来实现，不需要凸轮机构，制造比较容易。

5）由于结晶器和铸坯之间没有严格的速度关系，振动机构和拉坯机构间不需要采用速度连锁系统，因而简化了驱动系统。

（4）非正弦振动。结晶器的非正弦振动规律。振动装置工作时，结晶器的下降速度较大，负滑动时间较短，结晶器的上升振动时间较长，如图 3-39 所示。近几年有的厂家已采用。可采用液压伺服系统和连杆机构改变相位来实现。

非正弦振动具有如下特点：负滑动时间短、正滑动时间长，结晶器向上运动速度与铸坯运动速度差较小。

非正弦振动的效果为：

1）铸坯表面质量变化不大。理论和实践均表明，在一定范围内，结晶器振动的负滑

动时间越短，铸坯表面振痕就越浅。在相同拉速下，非正弦振动的负滑动时间较正弦振动短，但变化较小，因此铸坯表面质量没有大的变化。

2）拉漏率降低。非正弦振动的正滑动时间较改前有明显增加，可增大保护渣消耗改善结晶器润滑，有助于减少黏结漏钢与提高铸机拉速。采用非正弦振动的拉漏率有明显降低。

3）设备运行平稳故障率低。表明非正弦振动所产生的加速度没有引起过大的冲击力，缓冲弹簧刚度的设计适当。

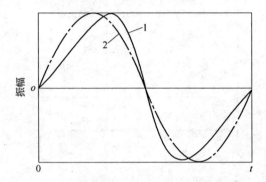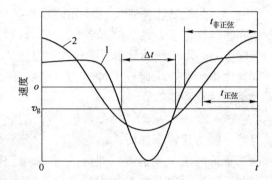

图 3-39　非正弦振动和正弦振动曲线的比较示意图
1—非正弦振动曲线；2—正弦振动速度曲线

3.2.2.2　振动参数

结晶器振动装置的主要参数包括振幅、频率、负滑动时间等。

（1）振幅与频率。结晶器振动装置的振幅和频率是互相关联的，一般频率越高，振幅越小。如频率高，结晶器与坯壳之间的相对滑移量大，这样有利于强制脱模，防止黏结和提高铸坯表面质量。如振幅小，结晶器内钢液面波动小，这样容易控制浇铸技术，使铸坯表面较光滑。

（2）负滑动时间。结晶器振动装置的负滑动是指当结晶器下降振动速度大于拉坯速度时，铸坯作与拉坯方向相反的运动。如图 3-40 所示，t_m 为负滑动时间。负滑动时间对铸坯质量有重要的影响，负滑动时间越长，振痕深度越深，裂纹增加。负滑动时间的长短用负滑动量来表示，正弦振动的负滑动量选 30% ~40% 时效果较好。

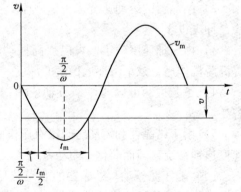

图 3-40　结晶器振动负滑动时间

3.2.2.3　结晶器振动机构

结晶器振动机构是使结晶器按照一定的振动方式进行振动的装置。其作用是使结晶器产生具有一定规律的振动。它必须满足两个基本条件：结晶器要准确地沿着一定的轨迹运动，即沿着弧线或直线进行振动；结晶器按一定的规律振动，即按一定的频率、振幅和负滑动率进行振动。使结晶器实现弧线运动轨迹的方式有长臂式、差动式、四连杆式、四偏心轮式和液压式等。使结晶器按不同振动规律的方式有凸轮式、偏心轮式等。目前常用的主要是偏心轮传动的四连杆或四偏心轮式振动机构。

A 四连杆式振动机构

四连杆式振动机构又名双摇杆式或双短臂式振动机构。它是一种仿弧线的振动机构，常用于板坯或小方坯连铸机。其振动原理如图 3－41 所示。图中 AD、BC 是一端铰接的两根摇杆，另一端由连杆 DC 连接，DC 的位置即为结晶器的位置。DC 在某一瞬时的运动是沿着以 O 为圆心，以 OD 和 OC 为半径的圆弧运动的，OD 的长度就相当于弧形连铸机圆弧半径。这是一个瞬时运动，所以四连杆所实现的圆弧振动只是一个近似的圆弧轨迹，由于结晶器的振幅与连铸机圆弧半径相比是很小的，故结晶器弧形振动的误差不大于 0.1mm，可以忽略不计。在四连杆中，必须使 $AD = BC$，AD 和 BC 的延长线相交于圆弧中心 O 点。

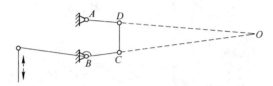

图 3－41 四连杆式振动机构运动原理

图 3－42 是一种短摇臂仿弧振动机构，它的两个摇臂和传动装置都装设在内弧的一侧，适用于小方坯连铸机，因为小方坯铸机的二冷装置比较简单，不经常维修，把振动装置装设在内弧一侧，使整个连铸设备比较紧凑。图 3－42 中电动机 5 通过安全联轴器 4、无级变速器 3、驱动四连杆机构的振动臂 2，使振动台 1 作弧线振动。

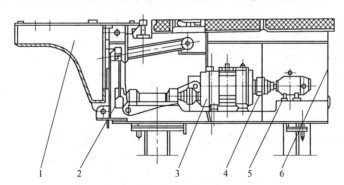

图 3－42 方坯连铸机用的四连杆振动机构

1—振动台；2—四连杆机构；3—无级变速器；4—安全联轴器；5—电动机；6—箱架

图 3－43 是板坯连铸机的四连杆振动机构，其摇臂和传动装置放在外弧侧，方便维修需经常拆装的二冷区扇形段夹辊。拉杆 4 内装有压缩弹簧可以防止拉杆过负荷。偏心轴外面装有偏心套，通过改变偏心轴与套的相对位置来改变偏心距，以调节振幅的大小。由于这种振动机构运动轨迹较准确，结构简单方便维修，所以得到广泛的应用。

B 四偏心轮式振动机构

四偏心轮式振动机构（图 3－44）是 20 世纪 80 年代发展起来的一种振动机构。结晶器的弧线运动是利用两对偏心距不等的偏心轮及连杆机构而产生的。结晶器弧线运动的定中是利用两条板式弹簧 2 来实现的，板簧使振动台只作弧形摆动，不能产生前后左右的位

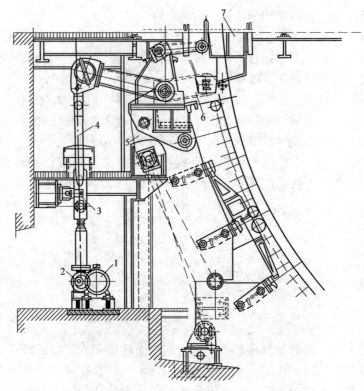

图 3 - 43　装在外弧侧的四连杆振动机构

1—电机及减速机；2—偏心轴；3—导向部件；4—拉杆；5—座架；6—摇杆；7—结晶器鞍座

移。适当选定弹簧长度，可以使运动轨迹的误差不大于 0.2mm。振动台 4 是钢结构件，上面安装着结晶器及其冷却水快速接头。振动台的下部基座上，安装着振动机构的驱动装置及头段二冷夹辊，整个振动台可以整体吊运，快速更换，更换时间不超过 1h。

从图 3 - 44 看出，在振动台下左右两侧，各有一根通轴，轴的两端装有偏心距不同的两个偏心轮及连杆，用以推动振动台，使之作弧线运动。每根通轴的外弧端，装有蜗轮减速机 5，共用一个电机 6 来驱动，使两根通轴作同步转动。通轴中心线的延长线通过铸机的圆弧中心。由于结晶

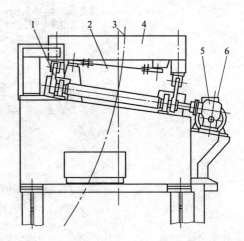

图 3 - 44　四偏心轮式振动机构

1—偏心轮及连杆；2—定中心弹簧板；3—铸坯外弧；
4—振动台；5—蜗轮减速机；6—电动机

器的振幅不大，也可以把通轴水平安装，不会引起明显误差。在偏心轮连杆上端，使用了特制的球面橡胶轴承，振动噪声很小，而寿命很长。

四偏心振动装置具有以下 4 个优点：

（1）可对结晶器振动从四个角部位置上进行支撑，因而结晶器振动平稳而无摆动现象；

（2）振动曲线与浇铸弧形线同属一个圆心，无任何卡阻现象，不影响铸流的顺利前移；

（3）结构稳定，适合于高频小振幅技术的应用；

（4）该振动机构中，除结晶振动台的四角外，不使用短行程轴承，因使用平弹簧组件导向，而无需导辊导向。

3.2.2.4 结晶器振动装置在线振动状况的检测

结晶器振动装置在线振动状况的检测方法有分币检测法、一碗水检测法及百分表检测法等。这些检测方法的主要特点是简单、方便、实用，并且适合于直结晶器垂直振动装置的振动状况检测。

（1）分币检测法。操作方法是在无风状态下将 2 分或 5 分硬币垂直放置在结晶器振动装置上，或放在振动框架的 4 个角部位置或结晶器内、外弧水平面的位置上。硬币放的位置表面应光滑、清洁无油污。如果分币能较长时间随振动装置一起振动而不移动或倒下，则认为该振动装置的振动状态是良好的，能满足振动精度要求。分币检测法能综合检测振动装置的前后、左右、垂直等方向的偏移、晃动、冲击、颤动现象。

（2）一碗水检测法。一碗水检测法的操作方法是将一只装有大半碗水的平底碗放置在结晶器的内弧侧水箱或外弧侧水箱上，观察这碗水中液面的波动及波纹的变化情况，来判定结晶器振动装置振动状况的优、劣水平。如果检测用水碗液面的波动是基本静止的，没有明显的前后、左右等方向晃动，则可认为该振动装置在振动时的偏移与晃动量是基本受控的；如果其液面的波动有明显的晃动，则说明该振动装置的振动状态是比较差的。如果其液面在振动过程中基本保持平静，没有明显的波纹产生，则可认为该振动装置的振动状况是比较好的；如果其液面有明显的向心波纹产生，则可认为该振动装置存在垂直方向上的冲击或颤动，其振动状况是较差的。一碗水检测法能综合检测振动装置的振动状况，观察简易直观，效果明显，检测用的平底碗应稳定地放置在振动装置上。

（3）百分表检测法。百分表检测法的操作按其检测的内容可分侧向偏移与晃动量的检测及垂直方向的振动状态检测等。

1）侧向偏移与晃动量的检测。侧向偏移与晃动量检测的操作方法是将百分表的表座稳定吸附在振动装置吊板或浇铸平台框架等固定物件上，然后将百分表安装在表座上，将其测头垂直贴靠在振动框架前后偏移测量点的加工平面上，或左右偏移测量点的加工平面上，并做好百分表零点位置的调整，接着启动振动装置并测量百分表指针的摆动数值。对于垂直振动的结晶器，振动装置的前后偏移量不大于 ±0.2mm，左右偏移量为不大于 ±0.15mm；如果经百分表的检测，振动框架的侧向偏移量在上述标准范围内，则可认为该振动装置的振动侧向偏移状况是比较好的，能够满足连铸浇铸的振动精度要求，否则可认为该振动装置的振动侧向偏移状况是比较差的。

2）垂直方向的振动状态检测。垂直方向振动状态检测的操作方法是将百分表表座稳定吸附在振动装置吊板或浇铸平台框架等固定物件上，然后将百分表安装在表座上，将其测头垂直贴靠在振动框架四个角部位置振幅、波形测量点加工平面上，并做好百分表零点位置的调整，接着启动振动装置并测量百分表指针的摆动变化数值。如果百分表指针的摆动变化随着振动框架的振动起伏而连续、有节律的进行，则认为这一测量点的垂直振动状态是比较好的；如果百分表指针的摆动变化出现不连续、没有节律的状态，则说明这一测量点的垂直振动状态是比较差的。百分表检测法能精确检测振动装置的侧向偏移与晃动量以及垂直方向振动状况。

3.2.2.5 振动装置的检查及维护

振动装置的检查及维护如下：

（1）振动装置的检查包括：

1）检查振动装置的润滑系统，确保运行正常。

2）解除振动和拉矫机的电气控制连锁，开动振动机构，把振动频率调到与最高工作拉速相配的最高工作频率。

3）观察和倾听振动机构的整个传动过程，确保没有异声。

4）用秒表或手表，检查振频，确保在工艺要求误差范围内（ $\pm 1 \mathrm{min}^{-1}$ ）。

5）用直尺检查振幅，确保在工艺要求的误差范围内（ $\pm 0.5 \mathrm{mm}$ ）。

6）观察振动装置的平衡性，如有异常，应要求钳工做进一步的检查。

7）把振频调为与平均工作拉速相匹配的工作频率，然后进行上述3）~6）项的检查，确保正常。

8）把振频调为与最低工作拉速相匹配的工作频率，再做上述3）~6）项的检查，确保正常。

9）振频不变的铸机可作单一频率的振动检查。

（2）振动装置的维护包括：

1）浇铸结束，必须清除结晶器、振动装置、与振动装置同步振动的结晶器辊等设备周围的保护渣、钢渣等垃圾，保证清洁。

2）浇铸结束，检查集中润滑装置，保证系统正常。特别要注意铜液压管和接头连接是否正常。

3）需人工加油的润滑点，按工艺要求的间隔时间做人工加油。

4）按点检要求，按时检查保养振动装置所附属的防护装置（用于防止钢液飞溅），确保正常。

3.3 结晶器液面控制装置

3.3.1 结晶器内钢液面高度测定与控制的意义

为了保证坯壳出结晶器时有一定的厚度，钢液在结晶器内应保持一定的高度，如钢液面过高，会造成溢钢故障；如钢液面过低，会造成坯壳拉漏故障，所以结晶器内钢液面高度必须测定与控制。

3.3.2 结晶器内钢液面高度测定与控制的方法

连铸机的结晶器液面自动控制方式有手动控制和自动控制。在红外、电磁、涡流、γ射线等几种类型的液面自动控制中，γ射线的控制系统因其可靠性高、安装方便、射源剂量小得到广泛的应用。随着用户对钢材产品质量要求的不断提高，越来越多的钢厂在中间包到结晶器采用浸入式水口、保护渣工艺，以减少钢液的吸氧量。在敞开浇铸、润滑油条件下，结晶器内的钢液面一般控制在距铜管上口100mm处，其位置的适度变化不会对产品质量造成不良后果。在浸入式水口保护渣浇铸条件下，为避免保护渣的3层结构遭到破坏而产生卷渣，浸入式水口的浸入深度应大于70mm，在手动控制液面或中间包车具备升降功能的条件下易于实现。

结晶器内钢液面高度的控制是靠操作人员观察，或通过自动控制系统做出调节拉坯速度和钢水流量判断来实现。其中自动控制系统有$^{60}Co-\gamma$、^{137}Cs射线法、热电偶法3种。$^{60}Co-\gamma$射线法是用^{60}Co作为发射源，放置在结晶器的内弧侧，通过γ射线探测到钢液面高度，由联动装置连续控制中间包水口的开口度及连铸机的拉坯速度，以保持钢液面高度的设定值。此法能使结晶器钢液面高度和拉坯速度恒定，但γ射线对人体有害，需采取严格的防护措施。结晶器放射源的安装如图3-45所示。

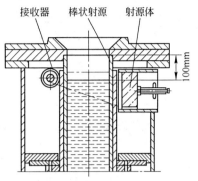

图3-45 结晶器放射源的安装

热电偶法是用装在结晶器上部的热电偶输出信号，通过图像由钢液面指示器自动控制拉坯速度，使结晶器钢液面保持一定高度。

结晶器钢液面高度的自动控制系统，包括钢液面检测装置、控制器及操作执行装置等。

3.3.3 液面控制装置的检查与使用

3.3.3.1 液面控制装置的检查
液面控制装置的检查如下：

（1）用样坯校正最低和最高液位，一般最高液位距结晶器铜管上沿50mm，最低液位距铜管上沿200mm。

（2）校正结束后，用样坯模拟液面波动1~3min，对照计算机趋势图曲线，确认液位显示是否正常，如有异常再检查接收器和连接电缆，做相应处理。

（3）切换手动控制，进行手动操作，机构运行灵活，松开能自动关闭；手操器操作时，旋转旋钮进行开关，机构能随之动作。

（4）切换自动控制，机构缓慢打开至最大位置，短时间保持。查看计算机趋势图，显示塞棒开度为一条斜直线后成水平直线，取消自动，趋势图塞棒曲线显示开度回零。

（5）检查各部位紧固是否良好，机构上下运行有无卡阻。

3.3.3.2 液面控制装置的使用
液面控制装置的使用如下：

（1）烘烤：

1）必要的机构冷却措施；

2）控制线、插盒、插座与热源的隔离；

3）机构打到全开，锁住机构。

（2）开机：

1）中包温度达到开浇要求，手动或打开手操盒，塞棒给流开浇；

2）开浇正常后，缓慢控制结晶器液面与设定液面持平，切换自动控制，正常浇钢。

（3）注意事项：

1）中包液面的扰动、中包渣在塞棒周围结壳、拉矫机是否正常运行以及机构本身的阻力和钢水的流动性、塞棒水口状况都会对液面稳定控制造成影响，且有可能造成断浇；

  2）设定合适的液位波动超出报警范围，用以提示浇铸人员；

  3）发现液位波动超出时，应立即采用取消自动，降低拉速处理，处理正常后，再按上述方法按自动操作；

  4）停机后，应立即把机构和中间包分离，以防机构温度高造成损坏；

  5）自动浇钢状态拉速变化不宜过大，以免影响液面控制的稳定；

  6）停机后，做好插头和插座的防尘。

3.4 铸坯导向、冷却及拉矫装置

  铸坯从结晶器下口拉出时，表面仅凝结成一层坯壳，内部仍为液态钢水。为了顺利拉出铸坯，加快钢液凝固，并将弧形铸坯矫直，需设置铸坯的导向、冷却及拉矫装置。设置它的主要作用是：对带有液芯的初凝铸坯直接喷水、冷却，促使其快速凝固；给铸坯和引锭杆以必需的支撑引导，防止铸坯产生变形，引锭杆跑偏；将弧形铸坯矫直，并在开浇前把引锭杆送入结晶器下口。从结晶器下口到矫直辊的这段距离称为二次冷却区。

  小方坯连铸机由于铸坯断面小，冷却快，在钢水静压力作用下不易产生鼓肚变形，而且铸坯在完全凝固状态下矫直，故二冷支导及拉矫装置的结构都比较简单。

  大方坯和板坯连铸机铸坯断面尺寸大，在钢水静压力作用下，初凝坯壳容易产生鼓肚变形，采用多点液芯拉矫和压缩浇铸，都要求铸坯导向装置上设置密排夹辊，结构较为复杂。

3.4.1 小方坯连铸机导向及拉矫装置

3.4.1.1 铸坯导向装置

  图 3-46 是德马克小方坯连铸机的铸坯导向装置，它只设少量夹辊和导向辊，原因是小方坯浇铸过程中不易产生鼓肚。它的夹辊支架用三段无缝钢管制作，Ⅰa 段和Ⅰ段用螺栓连成一体，由上部和中部两点吊挂，下部承托在基础上。Ⅱ段的两端都支撑在基础上。导向装置上共有 4 对夹辊、5 对侧导辊、12 个导板和 14 个喷水环，都安装在无缝钢管支架上，管内通水冷却，防止受热变形。

  导向夹辊用铸铁制作，下导辊的上表面与铸坯的下表面留有一定的间隙。夹辊仅在铸坯发生较大变形时起作用。夹辊的辊缝可用垫片调节，以适应不同厚度铸坯。12 块导向板与铸坯下表面的间隙为 5mm。

  在图 3-46 的右上方还表示了供水总管、喷水环管及导向装置支架的安装位置。在喷水环管上有四个喷嘴，分别向铸坯四周喷水。供水总管与导向支架间用可调支架联结，当变更铸坯断面时，可调节环管的高度，使四个喷嘴到铸坯表面的距离相等。

3.4.1.2 拉矫装置

  小方坯连铸机是在铸坯全部端面凝固后进行拉矫的，且拉坯阻力小，常采用 4~5 辊拉矫机进行拉矫。

  图 3-47 是德马克公司设计的小方坯五辊拉矫机。它由结构相同的两组二辊钳式机架和一个下辊及底座组成，前后两对为拉辊，中间为矫直辊。第一对拉辊布置在弧线的切点上，其余三个辊子布置在水平线上，三个下辊为从动辊，上辊为主动辊。

  机架和横梁均为箱形结构，内部通水冷却。上横梁上装有上辊及其传动装置，一端和

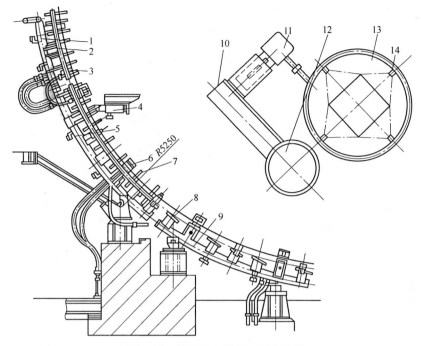

图 3 - 46 铸坯导向装置和喷水装置

1—Ⅰa段；2—供水管；3—侧导辊；4—吊挂；5—Ⅰ段；6—夹辊；7—喷水环管；
8—导板；9—Ⅱ段；10—总管支架；11—供水总管；12—导向支架；13—环管；14—喷嘴

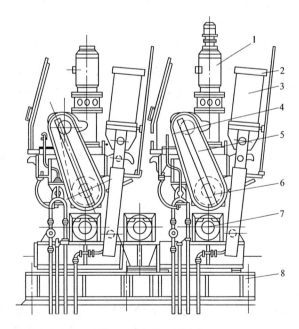

图 3 - 47 拉坯矫直机

1—立式直流电动机；2—压下汽缸；3—制动器；4—齿轮箱；
5—传动链；6—上辊；7—下辊；8—底座

机架立柱铰接，另一端与压下汽缸的活塞杆铰接，由活塞杆带动可以上下摆动，使上辊压
紧铸坯，完成拉坯及矫直。汽缸联结在一个可以摆动的水冷框架上，框架下端铰接在机架

的下横梁上。

上辊由立式直流电动机1，通过圆锥－圆柱齿轮减速机及双排滚子链条驱动，可实行无级调速。在电动机伸出端装有测速发电机或脉冲发生器，用以控制前后拉辊的同步运动，并测量拉坯长度。在减速机的二级轴上装有摩擦盘式电磁制动器，可保证铸坯或引锭链在运行中停在任何位置上。

拉矫机长时间处于高温辐射下工作，有四路通水冷却系统。除了机架、横梁通水冷却外，其他如上下辊子也通水内冷，两端轴承加水套防热，减速箱内设冷却水管。

拉矫机的汽缸由专用的空压机供气，输出压力为1MPa，工作压力为0.4～0.6MPa，调压系统可调整空气压力以满足浇铸不同断面铸坯需要。

图3－48是结构更为简单的罗可普式小方坯连铸机。它的特点是采用了刚性引锭杆，在二冷区的上段不设支撑导向装置，在二冷区的下段也只有简单的导板，从而为铸坯的均匀冷却及处理漏钢事故创造了条件，减少了铸机的维修工作量，有利于铸坯质量的提高。其拉矫机仅有3个辊子，一对拉辊布置在弧线的切点处，另一个上矫直辊在驱动装置的传动下完成压下矫直任务。

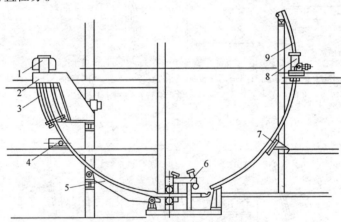

图3－48　罗可普弧形小方坯连铸机
1—结晶器；2—振动装置；3—二冷喷水装置；4—导向辊；5—导向装置；
6—拉矫机；7—引锭杆托架；8—引锭杆悬挂装置；9—刚性引锭杆

3.4.1.3　拉矫装置操作

拉矫装置操作如下：

（1）浇铸前设备检查：

1）检查键盘上各按钮及指示信号灯是否完好。

2）检查液压泵能否正常启动，是否漏油。

3）检查拉矫机拉辊和矫直辊抬起和压下是否正常，信号是否正确。

4）按下引锭杆向上、向下手动按钮，检查拉辊和矫直辊正转和反转情况。

（2）操作程序：

1）抬起拉矫机拉辊和矫直辊。

2）引锭杆由中间辊道送入拉矫机。

3）当引锭杆头进入矫直辊时压下矫直辊，由现场将引锭杆向上送。

4）当引锭杆送进拉辊时压下拉辊。

5）由主控工将拉矫压力改为高压。

6）由浇钢工将引锭杆送入结晶器内并塞好。

7）开浇时启动拉矫机预启动按钮，调节拉速电位计开浇。

8）脱引锭后由主控室将拉矫机拉坯压力改为低压。

9）停浇后抬起拉辊和矫直辊，并停掉拉矫机液压泵。

3.4.2 大方坯连铸机导向及拉矫装置

3.4.2.1 铸坯导向装置

大方坯连铸机二次冷却各区段应有良好的调整性能，以便浇铸不同规格的铸坯。同时对弧要简便准确，便于快速更换。在结晶器以下 1.5～2m 的二次冷却区内，须设置四面装有夹辊的导向装置，防止铸坯的鼓肚变形。

图 3-49 为二冷支导装置第一段结构图。沿铸坯上下水平布置若干对夹辊 1 给铸坯以支撑和导向，若干对侧导辊 2 可防止铸坯偏移。夹辊箱体 4 通过滑块 5 支撑在导轨 6 上；可从侧面整体拉出快速更换。辊式结构的主要优点是它与铸坯间的摩擦力小，但是受工作条件和尺寸限制易出现辊子变形、轴承卡住不转等故障，使得维修不便，工作不够可靠。

图 3-50 是另一种大方坯连铸机第一段导向装置。它是由四根立柱组成的框架结构，内外弧和侧面的夹辊交错布置在框架内，夹辊的通轴贯穿在框架立柱上的轴衬内，轴衬的润滑

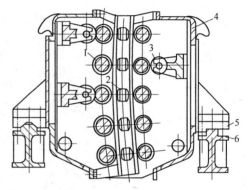

图 3-49　二冷支导装置第一段结构图
1—夹辊；2—侧导辊；3—支撑辊；
4—箱体；5—滑块；6—导轨

油由辊轴的中心孔导入。这种导向装置的刚度很大，可以有效地防止铸坯的鼓肚和脱方。

在二次冷却区的下部，铸坯具有较厚的坯壳，不易产生鼓肚变形，只需在铸坯下部配置少量托辊即可。

3.4.2.2 拉坯矫直装置

大方坯在二冷区内的运行阻力大于小方坯，其拉矫装置应有较大拉力。在铸坯带液芯拉矫时，辊子的压力不能太大，应采用较多的拉矫辊。

图 3-51 是早期生产的四辊拉矫机，用在大方坯和板坯两用弧形连铸机上。拉辊 6、7 布置在弧线以内，主要起拉坯作用。铸坯矫直是由上拉辊 6 和上下矫直辊 10、9 所构成的最简单的三点矫直来完成的。上矫直辊 10 由偏心轴及拉杆 11 通过曲柄连杆机构或液压缸推动使其上下运动。过引锭杆时，上矫直辊 10 停在最高位置，当连铸坯前端在引锭杆牵引下到达矫直辊 10 时，辊子压下，对铸坯进行矫直。

两拉辊布置在弧线以内，是为了下装大节距引锭时能顺利通过。由于拉辊布置在弧线内，上矫直辊直径应略小于下矫直辊。四辊拉矫机机架采用牌坊-钳式结构，具有结构简单、质量轻，对大节距引锭杆易于脱锭等优点。但是要求作用在一对拉辊上的正压力大，要求铸坯进入拉矫机前必须完全凝固，这就限制了拉速的提高。

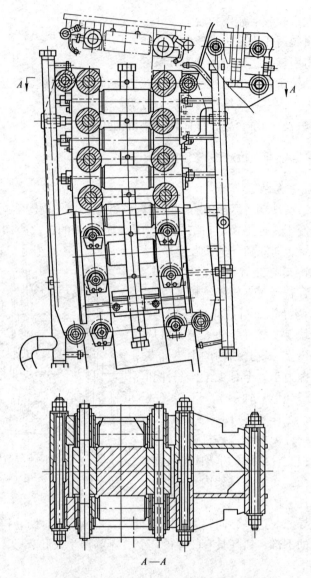

图 3 - 50 大方坯连铸机的铸坯导向装置

图 3 - 52 是康卡斯特公司设计的七辊拉矫机, 用于多流大方坯弧形连铸机上。其左边第一对拉辊布置在弧线区内, 第二对拉辊布置在弧线的切点上, 右边的三个辊子布置在直线段上。为了减小流间距离, 拉矫机的驱动装置放置在拉矫机的顶上, 上辊驱动, 上辊采用液压压下。

3.4.3 板坯连铸机导向及拉矫装置

板坯的宽度和断面尺寸较大, 极易产生鼓肚变形, 在铸坯的导向和拉矫装置上全部安装了密排的夹辊和拉辊。

3.4.3.1 铸坯导向装置

板坯连铸机的导向装置一般分为两个部分。第一部分位于结晶器以下, 二次冷却区的最上端, 称为第一段二冷夹辊 (扇形段 0)。因为刚出结晶器的坯壳较薄, 容易受钢水的

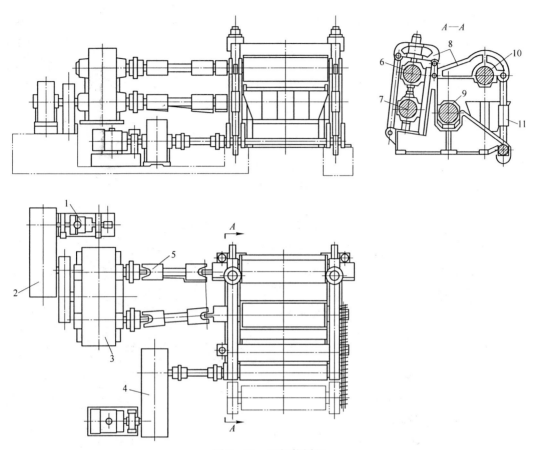

图3-51 四辊拉矫机

1—电动机；2—减速器；3—齿轮座；4—上矫直辊压下驱动系统；5—万向接轴；6—上拉辊；
7—下拉辊；8—牌坊-钳式机架；9—下矫直辊；10—上矫直辊；11—偏心连杆机构

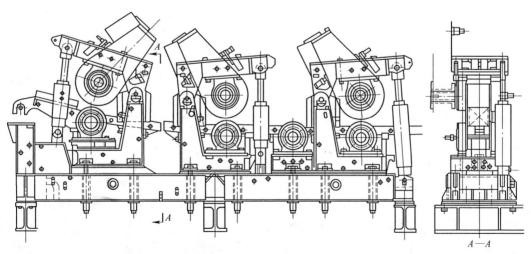

图3-52 七辊拉矫机

静压力作用而变形，所以它的四边都须加以扶持。在第一段之后，坯壳渐厚，窄面可以不装夹辊，一般都是把导向装置的第二部分做成4～10个夹辊的若干扇形段。近年来，某些板坯连铸机上没有专门的拉矫机，而是将拉辊分布在各个扇形段之中，矫直区内的扇形段采用多点矫直和压缩浇铸技术。

A　第一段导向夹辊

某厂超低头板坯连铸机扇形段0是铸坯导向的第一段，对铸坯起导向支撑作用。在此段对铸坯强制冷却，使刚从结晶器出来的初生坯壳得以快速增厚，防止铸坯在钢水静压力作用下鼓肚变形。扇形段0安装在快速更换台内，其对弧可事先在对弧台上进行，以利快速更换离线检修，缩短在线维修时间。

扇形段0由外弧、内弧、左侧、右侧4个框架和辊子装配支撑装置及气－水雾化冷却系统等部分组成，如图3－53所示。

4个框架均为钢板焊接而成。外侧框架不动，内侧框架可根据不同铸坯厚度，通过更换垫板的方式进行调整。4个框架靠键定位，螺栓紧固。左右侧框架为水冷结构。在内外弧框架上固定有12对实心辊子。辊子支撑轴承采用双列向心球面滚子轴承，轴承一端固定，另一端浮动。

扇形段0支撑在结晶器振动装置的支架上，在内外弧框架上分别设置两个支撑座。在左右侧框架上各设有一快速接水板，当扇形段0安放到快速更换台上时，其气－水雾化冷却水管，压缩空气管就自动接通，气－水分别由各自的管路供给，并在喷嘴里混合后喷出，对铸坯和框架进行气－水雾化冷却。喷嘴到铸坯表面的距离为110mm，喷射角度为120°，每个辊子间布置3~4只喷嘴。

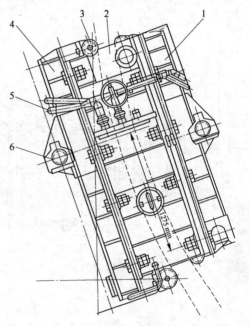

图3-53　扇形段0
1—内弧框架；2—左侧框架；3—辊子装配；
4—外弧框架；5—气－水雾化冷却系统；
6—支撑装置

B　扇形段

板坯连铸机的扇形段为六组统一结构组合机架，如图3－54所示。机架多为整体且可以互换。扇形段1~6包括铸坯导向段和拉矫机，其作用是引导从扇形段0拉出铸坯进一步加以冷却，并将弧形铸坯矫直拉出。每段有6对辊子，1~3段为自由辊，4~6段每段都有1对传动辊。每个扇形段都是以4个板楔销钉锚固的，分别安装在3个弧形基础底座上，这种板楔连接安装可靠，拆卸方便。前底座支撑在两个支座上，下部为固定支座，上部为浮动支座，以适应由热应力引起的伸长。扇形段1、2、4和6分别支撑在快速更换台下面的第一、二、三支座上；而扇形段3和5跨在相邻的两支座上，这样可以减少由支座沉降量的不同而造成连铸机基准弧的误差。

每个扇形段由辊子、调整装置、导向装置、框架缸和边框等组成。带传动辊的扇形段内还有传动和压下装置，如图3－55所示。每个扇形段上还装有机械冷却、喷雾冷却、液压和干油润滑配管等。

辊子分传动辊和自由辊，均为统一结构，可以互换，辊身为整体辊，中间钻孔，通水

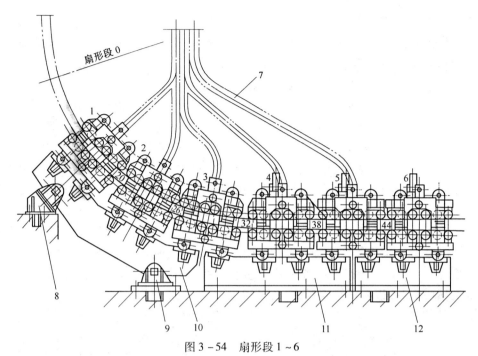

图 3 – 54 扇形段 1 ~ 6

1~6—扇形段；7—更换导轨；8—浮动支座；9—固定支座；10~12—底座

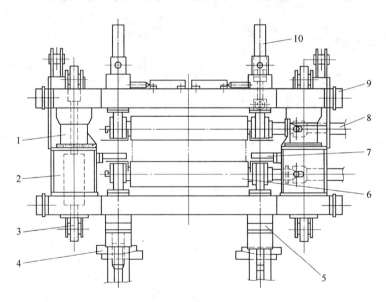

图 3 – 55 扇形段装配图

1—调整装置；2—边框；3—框架缸；4—斜楔；5—固定装置；6—辊子；7—引锭杆导向装置；
8—传动装置；9—导向装置；10—压下装置

冷却。自由辊的两端支撑在双列向心球面滚子轴承上，辊子一端轴承固定，另一端轴承浮动，以适应辊身挠度变化的需要。上传动辊子的每端支撑在两个轴承上，一个是双列向心球面滚子轴承，另一个是单列向心滚子轴承，辊子每端有两个轴承，可使轴承不起调心作用，这样上传动辊由夹紧缸带动作上下垂直升降运动时，轴承不至于产生阻卡现象。辊子轴承座与上下框架用螺栓联结，键定位，用垫片调整辊子高度。

主动辊由电动机、行星减速器通过万向接轴传动。电机轴上装有测速电机和脉冲发生器，以测量铸坯和引锭杆的运行速度和行程。下传动辊的传动机构中安装有制动器，使引锭头部准确地停在结晶器内，并防止引锭杆下滑。

3.4.3.2　有牌坊机架的拉矫机

图 3-56 是板坯连铸机的牌坊机架多辊拉矫机。它由三段组成，分别固定在基础 8 上。图中辊子中心带有圆的是驱动辊。在第一段上有七个驱动辊，第二、三两段的上辊全不驱动，第二段上有三个驱动的下辊，第三段的下辊全部驱动。第一段装在铸机弧线部分，第二、三段装在水平线上。在圆弧的下切点处，安装了一个直径较大的支撑辊 10，用以承受较大的矫直力。多对拉辊上部都有压下液压缸 3，在一、二段的下辊下面，装有限制拉辊压力的液压缸 9，在其轴承座下装有测力传感器，当矫直力达到一定时发出警报，并使液压系统自动卸压。在第一段上还装有一个行程较大的液压缸 11，以便在发生漏钢事故时，把该下辊放到最低位置，便于清除溢出的凝钢。每段机架的上端两侧用连接横梁 2 把各个立柱连接起来，以增强机架的稳固性。在第一、二段的上下拉辊之间，装有定辊缝的垫块 1，用以防止拉辊对尚未完全凝固的铸坯施加超过静压的压力。

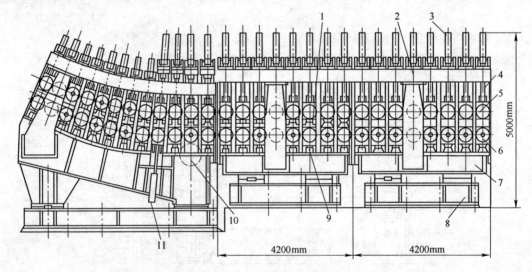

图 3-56　牌坊机架多辊拉矫机
1—辊缝垫块；2—纵向连接梁；3—压下液压缸；4—压杆；5—上拉辊；6—下拉辊；
7—机架；8—地脚板；9—下液压缸；10—支撑辊；11—大行程液压缸

拉矫机主要由传动系统和工作系统两大部分组成。传动系统主要包括电动机、行星减速器及万向接轴等，拉矫辊通过电动机、行星减速器及万向接轴驱动。拉矫机在工作中，拉矫辊有较大的调节距离，采用万向接轴能在较大倾角下平稳地传递扭矩。工作系统主要包括机架、拉矫辊及轴承、压下装置等。拉矫辊一般采用 45 号钢制造，为提高寿命，也可选用热疲劳强度较高的合金钢制造，一般都采用滚动轴承支撑，轴承通过轴承座安装在机架内，其轴承座一端固定，另一端做成自由端，允许辊子沿轴线胀缩。辊子有实心辊和通水内冷的空心辊，上下辊子安装要求严格平行和对中。压下装置通常有电动和液压两种。液压压下结构既简单又可靠。

多辊拉矫机的一部分辊子布置在弧形区，另一部分辊子布置在直线区。其所有上辊均成组或单个采用液压压下或机械压下。在直线段各辊应有足够的、逐次增加的升程，以供因事故等情况下尚未矫直的钢坯通过，在弧形区的拉矫辊中有几个辊子的传动系统中设置有制动器，以保证开浇前引锭杆送入结晶器停住时及时制动。

拉矫机长期在高温条件下连续工作，为保证其工作的可靠性，除机体本身必须具备的强度和刚度条件外，良好的冷却和充分的润滑也十分重要。冷却有两种方法，一是外部喷水冷却，即外冷法，另一种是在机架内部和拉矫辊辊身内通水冷却，即内冷法。润滑有分散和集中两种方式，现代连铸机，特别是大、中型连铸机，都采用集中润滑系统。

拉矫机都设有必要的防护和安全措施，多辊拉矫机则要求这类措施更为完备。例如，为防止轴承受热使坯长时间受辐射过热，要在轴承座和钢坯间装上挡热板；有的挡热板甚至要用镀锌板包起来的石棉板制成。又如，在矫直钢坯过程中，连铸机弧线拐点处下拉辊的矫直反力最大，故在下辊的下边装设支撑辊，以增加其承载能力，同时还可在下支撑辊的轴承座下安装测力传感器，当矫直反力大到一定程度时可报警，使拉矫机停止运转或液压缸自动卸压，防止设备损坏。

3.4.4 二冷区冷却装置

铸坯二次冷却的好坏直接影响铸坯表面和内部质量，尤其是对裂纹敏感的钢种对铸坯的喷水冷却要求更高。总的来说铸坯二次冷却有以下技术要求：

（1）能把冷却水雾化得很细而又有较高的喷射速度，使喷射到铸坯表面的冷却水易于蒸发散热。

（2）喷到铸坯上的射流覆盖面积要大而均匀。

（3）在铸坯表面未被蒸发的冷却水聚集的要少，停留的时间要短。

3.4.4.1 喷嘴类型

冷却装置的主要组成部分是喷嘴。好的喷嘴可使冷却水充分雾化，水滴小又具有一定的喷射速度，能够穿透沿铸坯表面上升的水蒸气而均匀分布于铸坯表面。同时喷嘴结构简单，不易堵塞，耗铜量少。常用喷嘴的类型有压力喷嘴和气－水喷嘴。

A 压力喷嘴

压力喷嘴的原理是依靠水的压力，通过喷嘴将冷却水雾化，并均匀地喷射到铸坯表面，使其凝固。压力喷嘴的结构较简单、雾化程度良好、耗铜少；但雾化喷射面积较小，分布不均，冷却水消耗较大，喷嘴口易被杂质堵塞。

常用的压力喷嘴类型有实心或空心圆锥喷嘴及广角扁平喷嘴（图3-57），冷却水直接喷射到铸坯表面。这种方式使得未蒸发的冷却水容易聚集在夹辊与铸坯形成的楔形沟内，并沿坯角流下，造成铸坯表面积水，使得被积水覆盖的面积得不到很好冷却，温度有较大回升。

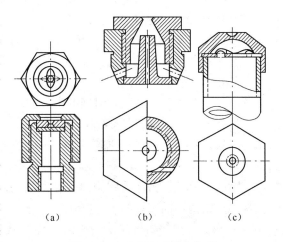

（a） （b） （c）

图3-57 几种喷嘴结构类型

（a）扁喷嘴；（b）圆锥喷嘴；（c）薄片式喷嘴

B 气－水雾化喷嘴

气－水雾化喷嘴是用高压空气和水从不同的方向进入喷嘴内或在喷嘴外汇合，利用高压空气的能量将水雾化成极细小的水滴。这是一种高效冷却喷嘴，有单孔型和双孔型两种，如图3－58所示。

气－水雾化喷嘴雾化水滴的直径小于50μm。在喷淋铸坯时还有20%～30%的水分蒸发，因而冷却效率高，冷却均匀，铸坯表面温度回升较小为50～80℃/m，所以对铸坯质量很有好处，同时还可节约冷却水近50%，但结构比较复杂。由于气－水雾化喷嘴的冷却效率高，喷嘴的数量可以减少，因而近些年来在板坯、大方坯连铸机上得到应用。

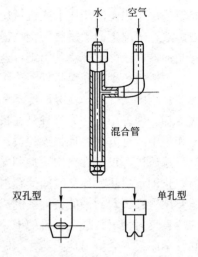

图3－58　气－水喷嘴结构

3.4.4.2　喷嘴特性

为获得良好的冷却效果，合适的喷嘴很重要。选择喷嘴时主要考虑喷嘴的冷态特性：

(1) 流量特性。不同供水压力下喷嘴的水流量。

(2) 水流密度。单位时间内喷嘴垂直喷射到单位面积上的水量。水流密度增加，传热加快。

(3) 水雾直径。水滴直径越小，雾化越好，越有利于铸坯均匀冷却和传热效率的提高。

(4) 水滴速度。水滴速度快，容易穿透气膜，传热效率就高。

(5) 喷射面积。保证一定的锥底面积并且水量在整个面积上分布均匀，保证均匀冷却。

3.4.4.3　喷嘴状况对铸坯质量的影响

喷嘴状况对铸坯质量的影响主要是由状态不好造成铸坯局部冷却不均匀而产生的铸坯缺陷。这些缺陷包括表面裂纹、内部裂纹以及形状缺陷。喷嘴状况不良最常见的有：

(1) 喷嘴尺寸不符合要求。主要与制造质量有关，安装前应严格把关。

(2) 喷嘴堵塞。主要与水质有关。在改善水质的同时，对喷嘴应定期进行检查。

(3) 喷嘴安装位置不准。主要与喷淋架有关，对扁平形喷嘴还应注意水槽安装位置。

(4) 喷嘴掉落。主要与安装质量有关，安装时喷嘴必须拧紧。

3.4.4.4　喷嘴的布置

二冷区的铸坯坯壳厚度随时间的平方根而增加，而冷却强度则随坯壳厚度的增加而降低。当拉坯速度一定时，各冷却段的给水量应与各段和钢液面的平均距离成反比，也就是离结晶器液面越远，给水量也越少。生产中还应根据机型、浇铸断面、钢种、拉速等因素加以调整。

喷嘴的布置应以铸坯受到均匀冷却为原则，喷嘴的数量沿铸坯长度方向由多到少。喷嘴的选用按机型不同布置如下：

(1) 小方坯连铸机普遍采用压力喷嘴。其足辊部位多采用扁平喷嘴；喷淋段则采用实心圆锥形喷嘴；二冷区后段可用空心圆锥喷嘴。其喷嘴布置如图3－59所示。

(2) 大方坯连铸机可用单孔气－水雾化喷嘴冷却，但必须用多喷嘴喷淋。

（3）大板坯连铸机多采用双孔气－水雾化喷嘴单喷嘴布置，如图3－60所示。

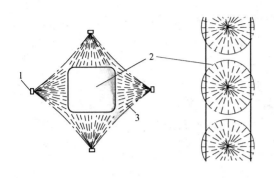 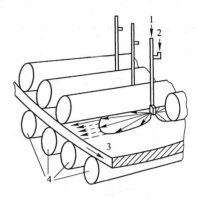

图3－59 小方坯喷嘴布置图　　　　　图3－60 双孔气－水雾化喷嘴单喷嘴布置

1—喷嘴；2—方坯；3—充满圆锥的喷雾类型　　　1—水；2—空气；3—板坯；4—夹辊

板坯连铸机若采用压力喷嘴，其布置如图3－61所示。

对于某些裂纹敏感的合金钢或者热送铸坯，还可采用干式冷却；即二冷区不喷水，仅靠支撑辊及空气冷却铸坯。夹辊采用小辊径密排列以防铸坯鼓肚变形。

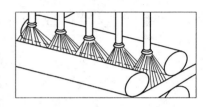

图3－61 二冷区多喷嘴系统

3.4.4.5 喷嘴检查

喷嘴检查如下：

（1）喷嘴安装前的检查：

1）旧喷嘴要保证外形完整无损。

2）旧喷嘴要定期清除结垢，保证外形尺寸和喷淋效果。有时需在微酸溶液中清洗后经清水漂洗才能使用。

3）新喷嘴要用卡尺、塞尺或专门量具等对部分喷嘴外形尺寸进行抽查，保证符合图纸尺寸。特别要注意喷嘴喷射口和喷射角大小的检查。

4）在喷淋试验台上抽查部分喷嘴，确保喷嘴的冷态特性（流量、水密度分布、水雾直径、速度、喷射面积等）。

（2）喷嘴安装后的检查：

1）检查喷嘴是否安装牢固和密封。

2）检查喷嘴本身安装的角度是否正确，确保喷嘴的喷射面积不落到二冷辊上。

3）检查喷嘴射流方向是否与铸坯表面垂直。

4）检查喷嘴与喷嘴之间的尺寸是否符合工艺要求。

5）检查喷嘴与铸坯之间的距离是否正确。

6）检查喷嘴型号是否与该二冷区要求的型号一致。

7）上述检查可以在线（机上）检查，也可离线（在扇形段调试台上）检查。

（3）检查二冷供水系统，保证冷、热水池水位。对水质进行抽查，开启水泵，确保水泵正常运转等（按点检条例进行检查）。

（4）开启水泵，调节二冷各项控制阀门（根据浇铸要求模拟手动或自动），确保压力和流量正常。

（5）在通水的情况下，检查二冷控制室、机上、机旁喷淋管路系统的渗漏情况。

（6）在通水的情况下，检查铸机排水状态是否正常。

3.5　铸坯切割装置

随着多炉连浇技术的广泛采用，连续浇铸出的铸坯长度很长，会给后道工序带来一系列的问题，如运输、存放、轧制时的加热等。为此可根据成品的规格及后道工序的要求，将连铸坯切成定尺长度，因而，在连铸机的末端设置切割装置。

3.5.1　火焰切割机

火焰切割机是用氧气和各种燃气的燃烧火焰来切割铸坯。火焰切割的主要特点是：投资少，切割设备的外形尺寸较小，切缝比较平整，并不受铸坯温度和断面大小的限制，特别是大断面的铸坯其优越性越明显，适合多流连铸机。但切割时间长，切缝宽，切口处的金属损耗严重，污染严重；切割时产生的烟雾和熔渣污染环境，需要繁重的清渣工作；金属损失大，约为铸坯重的 1% ~ 1.5%；在切割时产生氧化铁、废气和热量，需必要的运渣设备和除尘设施；当切割短定尺时需要增加二次切割；消耗大量的氧和燃气。

火焰切割原则上可以用于切割各种断面和温度的铸坯，但是就经济性而言，铸坯越厚，相应成本费用越低。因此，目前火焰切割广泛用于切割大断面铸坯。通常对坯厚在200mm 以上的铸坯，几乎都采用火焰切割法切割。

生产中多用煤气。切割不锈钢或某些高合金铸坯时，还需向火焰中喷入铁粉、铝粉或镁粉等材料，使之氧化形成高温，以利于切割。

3.5.1.1　火焰切割机的结构

火焰切割机由切割机构、同步机构、返回机构、定尺机构，端面检测器及供电、供乙炔的管道系统等部分组成。如图 3 - 62 所示，火焰切割装置一般做成小车形式，故也称为切割小车。在切割铸坯时，同步机构夹住铸坯，铸坯带动切割小车同步运行并切割铸坯。切割完毕后，夹持器松开，返回机构使小车快速返回。切割速度随铸坯温度及厚度变化而调整。

A　切割机构

切割机构是火焰切割装置的关键部分。它主要由切割枪和传动机构两部分组成。切割枪能沿整个铸坯宽度方向和垂直方向移动。

切割枪切割时先把铸坯预热到熔点，再用高速氧气流把熔化的金属吹去，形成切缝。切割枪是火焰切割装置的主体部件。它直接影响切缝质量、切割速度和操作的稳定与可靠性。切割枪由枪体和切割嘴两部分组成，如图 3 - 63 所示。

切割嘴依预热氧及预热燃气混合位置的不同可以分为以下三种类型（图 3 - 64）：

（1）枪内混合式。预热氧气和燃气在切割枪内混合，喷出后燃烧。

（2）嘴内混合式。预热氧气和燃气在喷嘴内混合，喷出后燃烧。

（3）嘴外混合式。预热氧气和燃气在喷嘴外混合燃烧。

前两种切割枪的火焰内有短的白色焰心，只有充分接近铸坯时才能切割。外混式切割

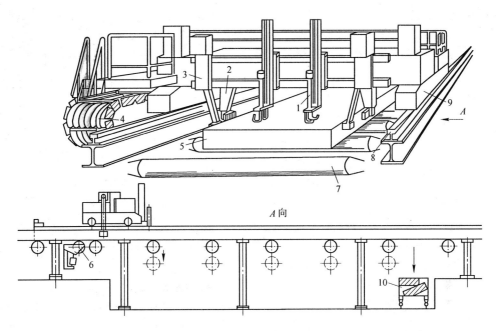

图 3 - 62 火焰切割装置

1—切割枪；2—同步机构；3—端面检测器；4—软管盘；5—铸坯；
6—定尺机构；7—辊道；8—轨道；9—切割小车；10—切头收集车

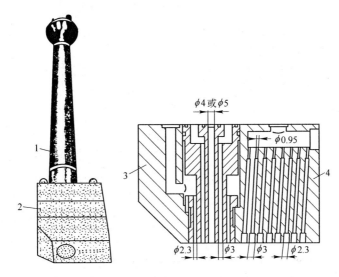

图 3 - 63 外混式切割枪

1—枪体；2—枪头；3—切割喷嘴部分；4—预热喷嘴部分

枪其火焰的焰心为白色长线状，一般切割嘴距铸坯 50mm 左右便可切割。这种切割枪长时间使用时割嘴不会过热；切缝小而且切缝表面平整，金属损耗少；因预热氧和燃气喷出后在空气中混合燃烧，不会产生回火、灭火，工作安全可靠，并且长时间使用切割嘴也不会产生过热。常用于切割 100 ~ 1200mm 厚的铸坯。

根据铸坯宽度的大小，可采用单枪切割或双枪切割。铸坯宽度小于 600mm 时可用单枪切割，大于 600mm 的板坯须用并排的两个切割枪，以缩短切割时间，切割过程中要求两根割枪运动轨迹严格保持在一条直线上，否则切缝不齐。

切割时，切割枪应作与铸坯运动方向垂直的横向运动。为了实现这种横移运动，可采用齿条传动、螺旋传动、链传动或液压传动等。当切割方坯时，可用如图 3-65 所示的摆动切割枪，切割从角部开始，使角部先得到预热，易于切入铸坯。

B   同步机构

同步机构是指切割小车与连铸坯同步运行的机构。切割小车在与铸坯无相对运动的条件下切断铸坯。机械夹坯同步机构是一种简单可靠的同步机构，应用广泛。

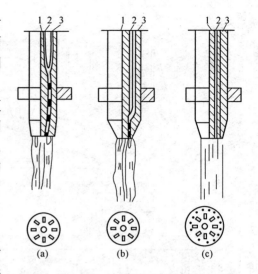

图 3-64   切割嘴的三种类型
（a）枪内混合式；（b）内混式；（c）外混式
1—切割枪；2—预热氧；3—丙烷

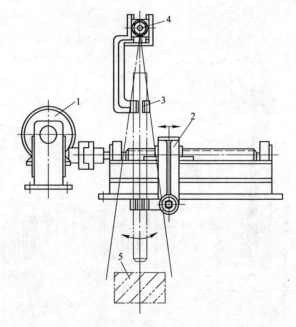

图 3-65   摆动切割传动图
1—电动机及蜗轮蜗杆减速器；2—切割枪下支传动；3—切割枪及枪夹；
4—切割枪上支点；5—铸坯

a   夹钳式同步机构

图 3-66 是一种可调的夹钳同步机构，它适用于板坯连铸机上。当运行的连铸坯碰到自动定尺装置后，行程开关发出信号，电磁阀控制汽缸 2 动作，推动夹头 3，夹住铸坯 4，使小车与铸坯同步运行，同时开始切割。铸坯切断后，松开夹头，小车返回原位。在夹头上镶有耐热铸铁块，磨损后可予更换。夹头架 3 的两钳距离，可用螺旋传动装置 1 来调

节，以适应宽度不同的板坯。

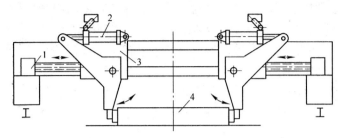

图 3-66 可调夹头式同步机构

1—螺旋传动；2—汽缸；3—夹头架；4—铸坯

b 钩式同步机构

在一机多流或铸坯断面变化较频繁的连铸机中，如铸坯的定尺长度不太大时，可采用钩式同步机构，如图 3-67 所示。在切割小车上有一个用电磁铁 2 控制的钩式挡板 1，需要切坯时放下挡板，连铸坯 5 的端部顶着挡板并带动切割小车同步运行进行切坯。铸坯切断后，抬起挡板，小车快速返回原始位置，钩杆的长度是可调的，以适应不同定尺长度的需要。这

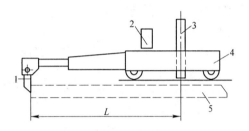

图 3-67 钩式同步机构

1—钩式挡板；2—电磁铁；3—切割枪；
4—切割小车；5—铸坯

种机构简单轻便，不占用流间面积，对铸坯断面的改变和流数变化适应性强；所切定尺长度也比较准确。但当铸坯的断面不太平整时，工作可靠性差，若铸坯未被切断，则将无法继续进行切割操作。

c 坐骑式同步机构

这种同步机构的特点是在切坯时使切割小车直接骑坐在连铸坯上，实现两者的同步。火焰切割机如图 3-68 所示。

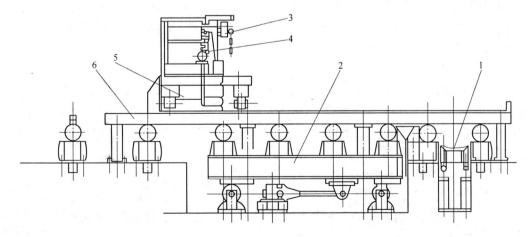

图 3-68 火焰切割机

1—切头输出装置；2—窜动辊道；3—切割嘴小车；4—切割嘴小车升降机构；
5—切割车；6—切割机座

切割车上装有车位信号发生器，发出脉冲表示切割车所处位置，还装有切割枪小车横梁引导装置和横梁升降装置。交流电动机通过传动轴同时传动两套蜗杆、丝杆提升装置，使切割小车横梁升降。横梁上装有两台切割枪小车，切割枪高度测量装置及同步压杆。当达到规定的切割长度时，车位信号发生器发出脉冲信号，横梁下降，使同步压杆压在铸坯上，并将切割车驱动轮抬起，此时切割车与铸坯同步运行。同时高度测量装置发出切割枪下降到位信号，两切割枪小车开始快速相向移动。当板坯侧面检测器测出边缘位置后，发出信号开启预热燃气，进而开启切割氧气进行切割，这时切割枪小车也从快速转为切割速度。

铸坯切断后，横梁回升，切割枪升起，同步压杆离开铸坯，切割车驱动轮仍落到轨道上，这时可开动驱动装置快速返回原位，准备下一次切割。切割区的窜动辊道可避免切割火焰切坏辊道，当切割枪接近辊道时，辊道可以快速避开。

C 返回机构

切割小车的返回机构一般采用普通小车运行机构，配备有自动变速装置，以便在接近原位时自动减速。小车到达终点位置后由缓冲汽缸缓冲停车，再由汽缸把小车推到原始位置进行定位。某些小型连铸机则常用重锤式返回机构，靠重锤的质量经钢绳滑轮组把小车拉回到原始位置。

由于所浇铸坯宽度不同及拉出的铸坯中心线与连铸机的中心线可能不一致等，在切割小车上必须安装侧面检测器，如图 3 - 69 所示，使切割枪能准确地从侧面开始切割。在进入切割之前，侧面检测器和切割枪一起向铸坯侧面靠拢，当检测器触头与铸坯的侧面接触后，切割枪立即下降，夹头也夹紧铸坯，随即开始切割。与此同时，侧面检测器退回到距侧面 200mm 处自动停止。

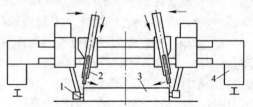

图 3 - 69 端面检测器的配置
1—检测器触头；2—切割枪；3—铸坯；4—切割小车

铸坯侧面检测器可确保切割枪自动地从铸坯侧面开始切割，切断铸坯后还将控制切割枪的切割行程终点。这不但节省了空行程时间，而且也缩短了切割周期，同时还能有效地防止因误操作造成设备的损坏。

D 自动定尺装置

为把铸坯切割成规定的定尺长度，在切割小车中装有自动定尺装置。定尺机构是由过程控制计算机进行控制的。图 3 - 70 是用于板坯连铸机的定尺机构。汽缸推动测量辊，使之顶在铸坯下面，靠摩擦力使之转动。利用脉冲发生器发出脉冲信号，换算出铸坯长度，达到规定长度时，计数器发出脉冲信号，开始切割铸坯。

3.5.1.2 火焰切割机的检查

火焰切割机的检查如下：

(1) 在手动操作时，应先开预热火焰，后开切割氧气；关闭时，应先关切割氧气，后关预热火焰。

(2) 由人工定期往蜗杆、滑板、导轨、轨道、丝杆、齿条、齿轮上涂抹干油，向走行轮注油孔注入干油。

（3）经常检查各冷却水管线有无渗漏现象，检查切割枪、大梁和夹臂的冷却情况。

（4）检查各传动结构有无卡阻现象，各关节部位是否灵活。

（5）经常检查边部检测器位置是否准确。

（6）定期清理能源管道及各类阀的过滤网。

（7）如果火焰分散、不集中，应检查切割枪的割嘴是否有堵塞；如果割缝过大，应更换割嘴；如果割缝不在一条线上，应调整两枪的位置。

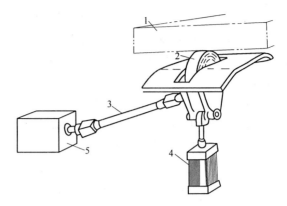

图 3-70　自动定尺装置简图
1—铸坯；2—测量辊；3—万向联轴器；
4—汽缸；5—脉冲发生器

（8）经常检查能源管道是否有泄漏现象，减压阀压力是否正常，定期检查橡胶管道是否有老化现象。

（9）检查压缩空气管路有无泄漏现象，汽缸有无内外泄漏。

3.5.1.3　火焰切割机的使用

火焰切割机的使用如下：

（1）切割前应打开切割中间包车机架上和割枪内的冷却水阀门，使冷却水覆盖火焰切割机本体上的汽缸和割枪。

（2）当铸坯拉出拉矫机，到达切割位置时，用专用点火枪点火，在整个浇铸过程中，点火枪的燃气不间断，以保证切割时火焰连续燃烧不熄。

（3）切割铸坯时，当切割中间包车完成切割行程，铸坯割断时，割枪须及时熄灭，切割中间包车须及时返回，以有效控制随后切割时的定尺长度。

切割时注意事项为：

（1）正常使用切割装置。使用火焰切割或机械切割如果不当，轻者不能正常切割和剪切，重者会损坏设备甚至危及人身安全。因此，要严格遵守操作规程，注意安全操作。

（2）处理办法。发现不能进行正常切割时，应立即先组织人工割枪切割铸坯，防止铸坯堵塞。待停浇后，立即进行检查，修复处理。

（3）防止办法。对于火焰切割，经常检查割枪是否堵塞，保证割枪燃气畅通，发现有堵塞现象，及时更换割枪；对切割车机架上和割枪内的冷却水阀门也要经常检查，保证冷却效果，延长使用寿命。

3.5.2　机械剪切机

剪切连续铸坯的机械剪切机，按其驱动力有电动和液压两种类型；按其与铸坯同步运动方式有摆动式和平行移动式两种；按剪切机布置方式可分为卧式、立式和45°倾斜式三种；卧式用于立式连铸机，立式、倾斜式用于水平出坯的各类连铸机。

液压剪的主体设备比较简单，但液压站及其控制系统比较复杂。电动剪切机的质量较大，但操纵及维护比较简单。机械剪和液压剪都是用上下平行的刀片做相对运动来完成对运行中铸坯的剪切，只是驱动刀片上下运动的方式不同。

机械剪切的主要特点是：设备较大，但其剪切速度快，剪切时间只需 2~4s，定尺精度高，特别是生产定尺较短的铸坯时，因其无金属损耗且操作方便，在小方坯连铸机上应用较为广泛。

3.5.2.1 电动摆动式剪切机

在弧形连铸机上使用的电动摆动式剪切机如图 3-71 所示。它是下切式剪切机，下部剪刃能绕主轴中心线作回转摆动。

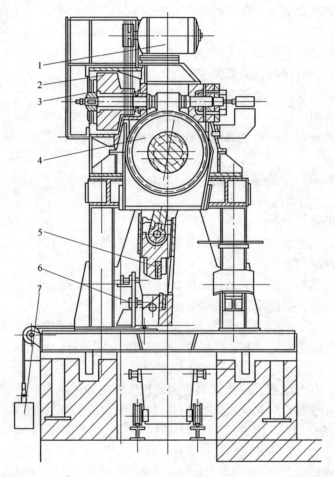

图 3-71 立式电动摆动式剪切机
1—交流电动机；2—飞轮；3—气动制动离合器；4—蜗轮；5—剪刃；
6—水平运动机构；7—平衡锤

（1）传动机构。电动摆动式剪切机的主传动机构是蜗轮副，电机装在蜗轮减速机上面，可使铸机流间距减小到 900mm，适于多流小方坯连铸机。剪切机的双偏心轮使剪机产生剪切运动。蜗轮装在偏心轴上，在蜗轮两侧各有两个对称的偏心轴销，其中一个连接下刀台两边连杆的偏心距为 85mm，另一对连接上刀台两边连杆的偏心距为 25mm，使得下剪刃行程为 170mm，上剪刃行程为 50mm。上剪刃的刀台是在下刀台连杆的导槽中滑动的。剪机采用了槽形剪刃，可减少铸坯切口的变形。

采用蜗轮副传动虽然结构紧凑，但其材质及加工精度要求较高，蜗轮及盘式离合器易磨损。

剪切机通过气动制动离合器来控制剪切动作。

（2）剪切机构。图 3 - 72 为机械飞剪工作原理图，剪切机构由曲柄连杆机构、下刀台通过连杆与偏心轴连接，上、下刀台均由偏心轴带动，在导槽内沿垂直方向运动。当偏心轴处于 0°时，剪刀张开；当其转动 180°时，剪刀进行剪切；当偏心轴继续转动时，上、下刀台分离，直到转动 360°时，使上、下刀台回到原位，完成一次剪切。

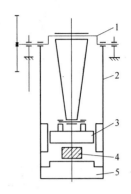

图 3 - 72　剪切机构原理图
1—偏心轴；2—拉杆；3—上刀台；
4—铸坯；5—下刀台

在剪切过程中拉杆摆动一个角度才能与铸坯同步，因而拉杆长度应从摆动角度需要来考虑，但不宜过大。在剪切铸坯时，剪切机构要被铸坯推动一段距离，剪切机构就会摆动一定角度，同时把铸坯抬离轨道，使铸坯产生上弯。铸坯推动剪切机构在水平方向摆动的距离相同的情况下，连杆越短，剪切机构摆动的角度就越大，铸坯的弯曲越大。另外，剪切机构摆动角度的大小与拉速和剪切速度有关。拉速越快，剪切速度越慢，剪切机构摆动角度越大。连杆长度的确定，要综合考虑各种因素，这种剪切机称为摆动式剪切机；剪切可以上切，也可以下切。上切式剪切，剪切机的下刀台固定不动，由上刀台下降完成剪切，因此剪切时对辊道产生很大压力，需要在剪切段安装一段能上下升降的辊道。

（3）同步摆动及复位机构。机械剪的同步摆动是通过上下刀台咬住铸坯后，由铸坯带动实现的。

依靠刀台和拉杆自重使小轴通过滑块与弹簧的压紧或放松，从而实现复位。当剪切机构咬住铸坯时，剪切机构发生摆动，角度越大，弹簧压得越紧。铸坯切断后，剪切机构在自重作用下回摆，弹簧加快复位。

3.5.2.2　剪切机的操作

剪切机的操作具体如下：

（1）连铸坯运行至剪切机时，通过定尺装置发出信号；当连铸坯达到定尺长度时，剪切机的上下刀台咬住连铸坯，使剪切机与连铸坯同步运动。

（2）通过传动系统带动上下刀台移动，使上下刀台合拢，剪断连铸坯。

（3）剪断连铸坯后，由复位机构使上下刀台回复到原来的张开位置，等待下一步剪切，同时出坯辊道接通，连铸坯被输出。

3.5.2.3　液压剪切机

图 3 - 73 是剪切小方坯用下切式平行移动液压剪切机。剪切机装在可移动的小车 3 上，剪切时用液压缸 6 推动，使之随坯移动，移动最大距离为 1.5m。所切铸坯的定尺长度用光电管控制，可在 1.5 ~ 3m 范围内调节。在剪切机小车后面有一段用来承托和输送剪断铸坯的移动辊道 4，和小车 3 连在一起。辊道上有 8 个辊子，其最后 3 个辊子用链条连接，后退时可沿倾斜轨道 8 下降，以免与后面的固定出坯辊道相碰。为了防止剪断后的铸坯冲击辊道，在第二与第三辊子间安装了一个气动缓冲器 5。

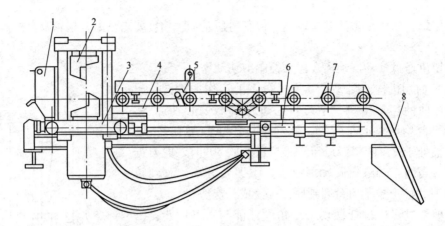

图 3 - 73 平行移动的液压剪切机

1—铸坯进口导板；2—剪切机；3—小车；4—移动辊道；5—缓冲装置；

6—液压缸；7—下降辊道；8—倾斜轨道

3.6 引锭装置

在连铸机开浇之前，引锭杆的头部堵住结晶器的下口，临时形成结晶器的底，不使钢水漏出，钢水和引锭杆的头部凝结在一起。当钢水达到一定的高度时，通过拉辊开始向下拉动引锭杆，此时钢水已在引锭杆的头部凝固，铸坯随着引锭杆渐渐被拉出，经过二冷支导装置进入拉矫机后，引锭杆完成引坯作用，此时脱引锭装置把铸坯和引锭杆头部脱离，拉矫机进入正常的拉坯和矫直工作状态。引锭杆运至存放处，留待下次浇铸时使用。

再浇铸前，引锭头上放些碎废钢，并用石棉绳塞好间隙，使得铸坯和引锭头既连接牢靠又利于脱锭。

引锭装置包括引锭杆（由引锭杆本体和引锭头两部分组成）、引锭杆存放装置、脱引锭装置。

3.6.1 引锭杆

3.6.1.1 大节距引锭杆

由于其节距较长，所以引锭杆本身是弧形的，其外弧半径等于连铸机曲率半径。当铸坯头部 1 经过拉辊 2 以后，上矫直辊 4 下压到正常矫直位置，引锭杆第一段受到杠杆作用，其钩头向上而自动与铸坯脱钩，如图 3 - 74 所示。大节距引锭杆需有加工大半径弧面的专用机床，链的第一节弧形杆要有足够的强度和刚度，以免脱锭时受压变形。

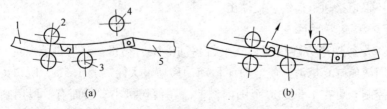

(a)   (b)

图 3 - 74 大节距引锭杆的脱钩

（a）铸坯进入拉矫机；（b）引锭杆脱钩

1—铸坯；2—拉辊；3—下矫直辊；4—上矫直辊；5—引锭链

3.6.1.2 小节距引锭杆

这种引锭杆节距较小，只能向一个方向弯曲。图3-75是板坯连铸机的引锭杆。它由主链节3、辅链节4、引锭杆头连接链1和尾链节5等构成。连接链节可与不同宽度的引锭头相连接，而引锭杆本体的宽度则保持不变。链接可加工成直线形，加工方法简单，得到广泛应用。如图3-76所示，装在出坯辊道下方的液压缸顶头向上冲击，可使钩形引锭头和铸坯迅速分离。在引锭杆上还设有二冷区的辊缝测量装置2，浇钢时可边拉边进行辊缝测量。

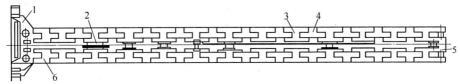

图3-75 小节距引锭杆

1—引锭杆头连接链；2—辊缝测量装置；3—主链节；4—辅链节；5—尾链节；6—连接链节

图3-77是小方坯连铸机用小节距链式引锭杆。为了满足多种断面的需要，需更换引锭头而不换引锭链环。引锭链环为铸钢件，链节用销轴连接。引锭头用耐热的铬钼钢制作，其断面尺寸应略小于结晶器下口尺寸。当引锭头装入结晶器时，其四周约有3~4mm间隙，可用石棉绳及耐火泥塞紧。

3.6.1.3 刚性引锭杆

A 结构

在罗可普小方坯连铸机上使用了一种刚性引锭杆，它是用整条钢棒做成的弧形引锭杆，如图3-78和图3-79所示。这种形式的引锭杆由三段组成，每两段引锭杆用螺栓连接，两段

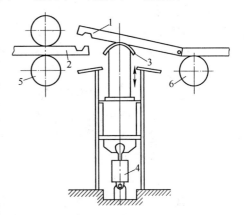

图3-76 液压式脱引锭装置

1—引锭头；2—铸坯；3—顶头；
4—液压缸；5—拉矫辊；6—辊道

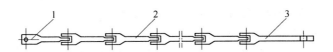

图3-77 小方坯连铸机用的链式引锭杆

1—引锭头；2—引锭杆链环；3—引锭杆尾

引锭杆间不能转动。当它引导铸坯走出拉矫辊时，即与铸坯脱钩，停放在出坯辊道的上方。在浇钢之前，先利用驱动装置把它送入拉辊，再由拉辊将其送至结晶器下口。使用刚性引锭杆时，在二冷区的上段不需要支撑及导向装置，在二冷区下段也只需简单的导板。

这种刚性引锭杆只适用于小方坯连铸机，因为小方坯不存在鼓肚问题，所以在二冷区不需要导向夹辊。

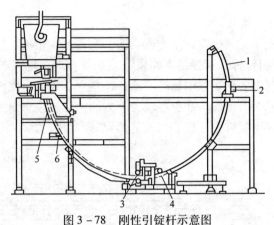

图 3-78　刚性引锭杆示意图

1—引锭杆；2—驱动装置；3—拉辊；4—矫直辊；5—二冷区；6—托坯辊

B　常见故障

在使用过程中发现引锭杆有变形现象。将变形后的引锭杆放在 $R5.25\text{m}$ 对弧样板上，如图 3-80 所示。由图可看出引锭杆变形段是第 2、3 段。同时还发现引锭杆第 2、3 段外弧面有卷边现象，且越往引锭头处卷边现象越严重，根据引锭杆工作环境来看，因引锭杆第 2、3 段离热坯近，长期受热坯的热辐射作用，并且越往引锭头处的引锭杆，离热坯越近，所受的热辐射也越多，引锭杆内部的组织结构发生变化，强度减小，在外力作用下变形，在上下拉矫辊的压力作用下发生卷边。

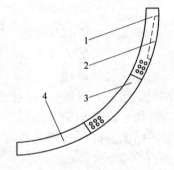

图 3-79　$R5.25\text{m}$ 铸机锭杆的结构示意图

1—引锭杆 1 段；2—齿条；3—引锭杆 2 段；4—引锭杆 3 段

引起引锭杆产生这种变形的原因可能有三个：

（1）拉坯时拉矫力大于引锭杆的屈服极限，使引锭杆变形。

（2）拉矫机矫直辊所在位置不在 $R5.25\text{m}$ 弧上，拉矫辊压下力使引锭杆变形。

（3）引锭杆与铸坯脱离时，脱坯辊压下力使引锭杆变形。

对引起引锭杆变形的三种情况进行分析后，可看出脱坯辊脱坯时其压下力是引锭杆所受三个力中的最大的力，所以脱坯辊脱坯时其压下力是使引锭杆变形的主要原因。从引锭杆 2、3 段外弧有卷边，且越往引锭头处卷边现象越严重，并结合引锭杆所处工作环境可知，引锭杆 2、3 段长期处于铸坯热辐射下，内部组织变化，强度降低，在拉矫辊压力下发生卷边，脱坯辊脱坯时脱坯压下力使引锭杆变形。

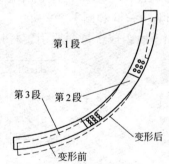

图 3-80　变形后的引锭杆与 $R5.25\text{m}$ 对弧样板对比示意图

C　改进措施

考虑到实心引锭杆散热性差，受热辐射严重时易产生热变形，所以将引锭杆加工成散热效果好的焊接式框架结构，因 16Mn 钢板相对于其他常用钢板具有较好的耐热性、较高的强度及较好的焊接性等优点,所以用16Mn钢板焊制引锭杆。综合考虑引锭杆的强度及保证焊接工艺,采用$\delta = 30mm$厚的钢板焊制。

此结构通风效果好,冷却效果好。因引锭杆是2、3段变形,1段不变形,且引锭杆1段结构由引锭杆存放机构结构决定,若改1段,则要改引锭杆存放机构,投资大,不易实施,故只改造引锭杆2、3段比较合理,考虑到引锭杆用的时间长易变形,弧度变大,因此将引锭杆分段制作,每两段用圆柱销连接,可互相转动,当引锭杆某段变形时,其余各段可在导向段上导向辊的导向下补偿变形,顺利穿引锭。经校核,此引锭杆的抗弯强度、抗压强度均满足要求。

3.6.2 引锭头

引锭头主要是在开浇前将结晶器下口堵住,使钢液不会漏下,并使浇入的钢液有足够的时间在结晶器内凝固成坯头,同时,引锭头牢固地将铸坯坯头与引锭杆本体连接起来,以使铸坯能够连续不断地从结晶器里拉出来。根据引锭装置的作用,引锭头既要与铸坯连接牢固,又要易与铸坯脱开。

3.6.2.1 引锭头结构

引锭头按其结构不同可分为燕尾槽式引锭头和钩头式引锭头。

（1）燕尾槽式引锭头。该引锭头结构如图3-81所示。将引锭装置的头部加工成燕尾槽。这样在开浇时,注入结晶器的钢水会充满槽内外,待冷却后使两者凝结在一起;与铸坯脱开时,操作人员需把销轴拆卸。

（2）钩头式引锭头。该引锭头结构如图3-82所示。将引锭装置的头部加工成钩子形。注入结晶器的钢水凝固后,与引锭头之间成为挂钩式连接;引锭头与铸坯之间会自动脱开。

3.6.2.2 引锭头断面尺寸

引锭头断面一般小于所拉铸坯的断面尺寸,引锭头的尺寸随铸坯断面尺寸变化而变化。厚度一般比结晶器的下口小5mm,宽度比结晶器的下口小10~20mm。

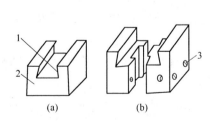

图3-81 燕尾槽式引锭头简图
（a）整体式；（b）可拆式
1—燕尾槽；2—引锭头；3—销孔

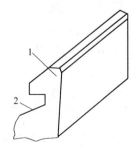

图3-82 钩头式引锭头简图
1—引锭头；2—钩头槽

引锭头伸入结晶器后与器壁间必然存在缝隙,在开浇前必须用石棉绳将这些缝隙塞紧,以防止漏钢。更换新断面时,只换引锭头,而不换引锭杆身。

3.6.2.3 塞引锭头操作

塞引锭头操作具体如下：

（1）在进行结晶器锥度检查、调整前应按规定程序将引锭头送入结晶器。

（2）准备钢筋棍、石棉绳或 V 形块、钢板、铁屑以及硅胶、精制油等塞引锭头所需的工具和材料。

（3）在引锭头和结晶器内壁缝隙之间用直径为 10～14mm 的石棉绳或 V 形块对引锭头与结晶器的间隙进行仔细的填充、密封。石棉绳必须填满、填实并略高于引锭头上表面，并在引锭头的钩槽两侧铺上一层相同材料。

（4）在引锭头上均匀撒放适量铁屑，铺平，厚度约为 20～30mm，并按要求放置钢板。

（5）放入冷却废钢，位于钢流易冲到之处，并注意需与结晶器铜板保持有 10mm 的间距。

（6）对于组合式结晶器需在四个角部均匀涂抹一层硅胶。

（7）开浇前在结晶器内壁四周均匀涂擦一层精制油。

上述工作做完后，应将所有剩余的材料、工具从结晶器盖板上取走，并准备好所需的保护渣。

3.6.2.4 脱引锭头的操作

引锭杆牵着铸坯通过拉矫机后，便完成了引坯任务，此时需要把引锭杆与铸坯分开，将引锭杆送入存放处，铸坯继续行进进入下道切割工序。这一操作就称为脱锭操作。

（1）在脱锭处准备好手动割枪、撬杠、钢丝绳等工具，以备机械脱锭失败时紧急使用。

（2）密切注意铸机开浇后的引锭杆运动，排除任何运动障碍。

（3）一般连铸机的脱锭处设在拉矫机末辊前后，当引锭头到达脱锭处时，启动脱锭装置，使引锭杆与铸坯分离。

1）启动汽缸或油泵，顶动引锭头使引锭头与铸坯分开。

2）启动汽缸或油泵，顶动引锭杆的第一节链，使引锭杆与引锭头分开。

3）采用拉矫机末辊运动脱锭的连铸机，揿动按钮，压下拉矫机末辊，使引锭头与铸坯分开，然后再升起拉矫辊，待铸坯头部通过末辊后压下该拉矫辊（也可使引锭杆与引锭头分开）使引锭杆与铸坯分离。

4）启动引锭运送装置，或启动铸机输送辊道，将引锭杆送入引锭存放装置。有些铸机还将运用吊车将引锭存放装置吊离铸机输送辊道区域。

5）当采用自动脱锭装置时，脱锭、引锭杆回收都可自动操作，只要待引锭头到一定脱锭位置时，脱锭程序即会自动完成。

6）某些小方坯连铸机，待引锭头进入脱锭区域后，人工敲脱引锭杆与引锭头的连接销，即可达到引锭杆与引锭头的分离。也有些小方坯连铸机必须用手动割枪（或用铸坯切割装置），切割引锭头前的铸坯，将铸坯与引锭头分开。

7）所有使引锭头与引锭杆分离的脱锭方法，都需待铸坯切割、冷却后再拆卸引锭头。引锭头经清理、重整后，下一次浇铸送引锭时装在引锭杆上。

3.6.3 引锭杆存放装置

引锭杆存放装置的作用是在引锭杆与铸坯脱离后，及时把引锭杆收存起来，并在下一次浇铸前，通过与铸机拉辊配合，把引锭杆送入结晶器内。引锭杆存放装置应满足的要求为：准备时间短；引锭杆插入结晶器时不跑偏；在检修铸机本体设备时有足够的空间；更换引锭头和宽度调整块时要有良好的作业环境。

引锭杆存放装置与引锭杆的装入方式有关，引锭杆装入结晶器的方式有两种，即上装式和下装式。因此，总体上讲引锭杆的存放装置也分为两大类。

3.6.3.1 下装式存放装置

引锭杆是从结晶器下口装入，通过拉坯辊反向运转输送引锭杆。其设备简单，但浇钢前的准备时间较长。

下装式引锭杆存放装置有：侧移式、升降式、摆动斜桥式、卷取式等。

A 侧移式

引锭杆的侧移装置如图3-83所示。它的主体是一根长轴2，在轴上安装了6个拨杆，用以拨动6个双槽移动架1。为了使移动架在运动中不倾翻，采用了平行四连杆机构。长轴2用汽缸通过连杆驱动，使之摆动。开始浇钢时，双槽移动架的右槽停放在出坯辊道的中心位置，用以接收引锭杆，然后开动汽缸，把引锭杆托起并移动到辊道旁边的台架上。此时移动架右槽正好处于辊道中心部位，为铸坯进行引导。

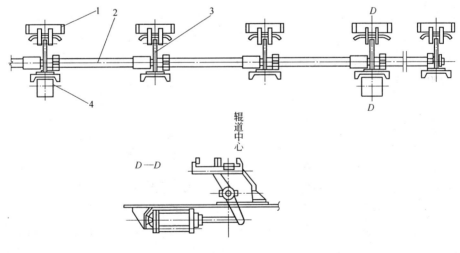

图3-83 引锭杆侧移装置

1—移动架；2—长轴；3—拨杆；4—汽缸

这种形式的存放装置结构简单，各相关设备具有良好的维修条件，对处理事故铸坯和检修辊道均没有影响。缺点是必须等到最后一块铸坯送出辊道后，才能进行下一次的引锭杆插入，因此浇铸准备时间长。

B 升降式

升降式存放装置是在输送辊道上方布置一个升降吊架，浇铸时，把升降吊架放下接收脱锭后的引锭杆，然后升起让铸坯通过，下一次浇铸前，放下吊架使引锭杆落在辊道上。

吊架的升降可以是电动的，也可以是液压的，但必须有足够的提升高度，避免铸坯受到辐射热的烘烤。这种形式由于是布置在辊道上方，对切割机与辊道的检修有影响。

C 摆动斜桥式

摆动斜桥式结构见图3-84。摆动架可绕尾部铰链点摆动，浇铸前摆动架头部落在拉矫机出口处，浇铸开始后，拉矫机把引锭杆推上摆动架。引锭杆通过拉矫机后，由牵引卷扬按拉坯速度继续向上拉，直到脱锭后全部拉上为止。开动提升装置把摆动架头部升起，让铸坯沿辊道通过，浇铸完毕后落下摆动架，引锭杆靠自重进入拉矫机，由拉矫机把引锭杆送入结晶器。

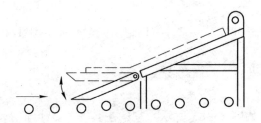

图3-84 摆动斜桥式引锭杆存放装置

摆动斜桥式存放装置由于布置在切割辊道上方，故不占用车间面积，但斜桥下面的一次切割机和切割辊道检修困难。

D 卷取式

这种形式是侧移式的改型。拉矫机送出的引锭杆被卷绕在一个卷筒上，脱锭后，卷筒带着引锭杆整体移出作业线，使铸坯通过（见图3-85）。这种形式占用车间面积小。

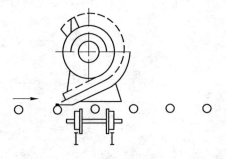

图3-85 卷取式引锭杆存放装置

3.6.3.2 上装式存放装置

为了缩短送引锭杆时间，提高连铸机作业率，有些板坯连铸机采用了把引锭杆从结晶器上口装入的办法，称为上装引锭杆。如图3-86所示，当引锭杆从拉矫机出来后，用卷扬机3将引锭杆上吊到浇铸平台的专用小车2上。待浇铸完毕后，移开中间包小车，把专用小车开到结晶器1的上方，由小车上的传动装置把引锭杆从结晶器的上口装入。为了保护结晶器内壁不被擦伤，在装引锭杆之前，需在结晶器内装入一薄壁铝制套筒。当引锭头出拉矫机后，脱锭装置的顶头上升，顶在引锭头上，使引锭杆与铸坯脱钩。

3.6.4 引锭装置操作

3.6.4.1 下装法送引锭杆操作

下装法送引锭杆操作如下：

（1）检查引锭头外形尺寸，确保尺寸正确并确保引锭头清洁无残钢渣。

（2）将引锭头正确装在引锭杆上（根据不同的引锭存放装置有不同的安装方法，一般在拉矫机出口处的辊道上安装）。

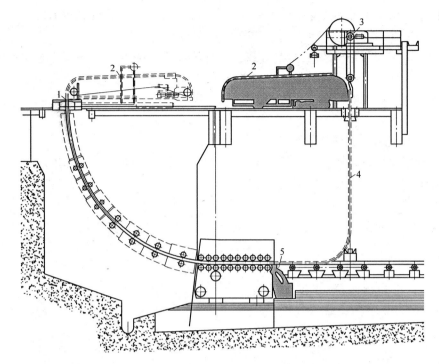

图 3 - 86　上装引锭杆设备

1—结晶器；2—引锭杆小车；3—卷扬机；4—引锭杆；5—引锭杆脱钩装置

（3）开动拉矫机液压系统，升起拉矫机辊。

（4）开动引锭杆存放装置，将引锭杆放置在输送辊道上，用辊道将引锭杆送入拉矫机内（根据设备装置不同，或用存放装置直接送入拉矫机内）。

（5）压下拉矫辊，以送锭方向开动拉矫机，按规定速度送引锭杆。

（6）密切注意引锭头、引锭杆的运动，以发现任何微小的受阻现象。

（7）当引锭头接近结晶器下口时，按规定拉矫机停车，将拉矫机操作转换到浇铸平台操作箱。

（8）在结晶器内放入低压照明灯，操作工观察引锭头位置。

（9）操作工准备好拨动引锭头的撬棒。

（10）操作工指挥以送引锭方向开动拉矫机，按规定的低速将引锭头送入结晶器内。

（11）将引锭头送到超过工艺规定的待浇位置，拉矫机停车。

（12）拉矫机换向到拉坯方向，启动拉矫机，以慢速将引锭头拉到待浇位置（一般在结晶器高度的1/3处）。

（13）送引锭结束，等待塞引锭头操作。

（14）若有自动送锭装置，当引锭杆进入拉矫机内时，所有指示灯或计算机显示设备条件全部正常时，可采用自动送引锭程序。自动送引锭一般待引锭头接近结晶器下口时结束。引锭头在结晶器内定位仍采用手动操作。

3.6.4.2　上装法送引锭杆操作

上装法送引锭杆操作如下：

（1）检查引锭头外形尺寸，确保尺寸正确并确保引锭头清洁无残钢渣。

（2）一般在引锭杆车上将引锭头正确装在引锭杆上。

（3）将引锭杆车开至送锭位置，启动引锭杆输送键，将引锭杆尾部送至结晶器上口。

（4）将引锭杆缓慢送入结晶器内，当引锭杆到达一定位置时，压下拉矫辊。

（5）启动拉矫辊液压系统和传动系统，以规定速度缓慢将引锭头拉至结晶器内待浇位置。

（6）送引锭结束，等待塞引锭头操作。

（7）若指示灯或计算机显示设备全部正常时，可采用自动方式送引锭杆。用自动方式时，引锭头在结晶器内定位为手动。

连铸生产工艺制度

4.1 连铸钢液质量的控制

4.1.1 钢液温度的控制

4.1.1.1 连铸钢液温度控制的意义

连铸钢水具备合适的温度既是保证连铸生产正常的前提，又是获得良好铸坯质量的基础。钢水温度过低，钢液发黏夹杂物不易上浮，不仅影响钢坯质量，而且会在钢包或中间包水口结瘤冻结，导致浇铸中断并恶化铸坯表面质量。钢水温度过高，会使铸坯柱状晶发达，促进中心偏析、疏松和裂纹等缺陷的发展。同时，会加剧钢水自身的二次氧化及对钢包包衬、水口耐火材料的熔损，从而污染钢水。此外，温度过高时，只能采用低速浇铸，这将降低连铸机生产率。

连铸对钢液温度的控制，还包括对钢液到达连铸机时间的控制。到达连铸机时间过早，由于钢液在大包内自然温降，会使本来合格的钢液温度变成不合格的钢液温度；如果到达连铸机时间过晚，连铸机可能没有钢液而断浇，给连铸生产组织带来困难。

4.1.1.2 浇铸温度的确定

浇铸温度是指中间包内的钢水温度，通常一炉钢水需在中间包内测 3 次温度，即开浇后 5min、浇铸中期和浇铸结束前 5min，而这 3 次温度的平均值被视为平均浇铸温度。

浇铸温度的确定可由下式表达：

$$T_{浇铸} = T_L + \Delta T \tag{4-1}$$

式中　$T_{浇铸}$——合适浇铸温度，℃；

　　　T_L——液相线温度，℃；

　　　ΔT——钢液的过热度，℃。

这个公式的实际含义是：对某一钢种，在液相线温度上加上一个合适的过热度，被确定为该钢种在中间包内的浇铸温度，也就是目标浇铸温度。

（1）液相线温度。钢水的液相线温度是确定浇铸温度的基础，它取决于钢水中所含元素的性质和含量。下式可在实际计算中引用：

$$T_L = 1537 - [88w(C) + 8w(Si) + 5w(Mn) + 30w(P) + 25w(S) +$$
$$5.0w(Cu) + 4w(Ni) + 1.5w(Cr) + 2.0w(Mo) + 2.0w(V) + 7] \tag{4-2}$$

（2）钢水过热度的确定。钢水的过热度主要根据浇铸的钢种、钢包和中间包的热状态、中间包的容量和形状、中间包内衬材质、铸坯断面钢水纯净度和铸坯质量等诸因素综合考虑确定。浇铸的质量要求高，铸坯断面大，过热度取低一些，ΔT 数值可参考表4-1选取。

表 4 – 1　中间包钢水过热度选取值

浇铸钢种	板坯、大方坯	小方坯
高碳钢、高锰钢	10℃	15～20℃
合金结构钢	5～15℃	15～20℃
铝镇静钢、低合金钢	15～20℃	25～30℃
不锈钢	15～20℃	20～30℃
硅钢	10℃	15～20℃

（3）浇铸温度的允许偏差。由于浇铸温度与铸坯表面和内部质量均有着密切关系，而能满足两者要求的温度区域又比较窄，因此浇铸温度与目标值之间不能有太大的波动。浇铸温度的波动范围最好控制在 ±5℃ 之内。为此，对钢包的吹氩操作、钢包和中间包的热工状况要严格管理。

4.1.1.3　出钢温度的确定

已经将中间包内的钢水温度定义为连铸的浇铸温度，而且按一定的过热度作为确定浇铸温度的原则，如何保证中间包钢水的温度处于目标范围之内呢，这就需要对从炼钢工序开始直至钢水进入中间包的每一个阶段钢水温度降低的规律进行准确调查，并实施控制。因此，调查钢水过程温降的目的既是为了确定出钢温度，同时也是为了采取措施控制过程温降。

A　钢水过程温降分析

钢水从出钢开始到进入中间包一般需经历 5 个温降过程，即：

$$\Delta T_{过程} = \Delta T_1 + \Delta T_2 + \Delta T_3 + \Delta T_4 + \Delta T_5 \tag{4-3}$$

式中　$\Delta T_{过程}$——出钢开始到中间包内钢水总的温降；

ΔT_1——出钢过程的温降；

ΔT_2——出完钢钢水在运输和静置期间的温降；

ΔT_3——钢包精炼过程的温降；

ΔT_4——钢包精炼结束钢水在静置和运往连铸平台的过程温降；

ΔT_5——钢水从钢包注入中间包的温降。

（1）出钢温降分析与控制。钢水从炼钢炉的出钢口流入钢包的热量损失主要表现为 3 种形式，即：钢流辐射热损失，对流热损失以及钢包吸热热损失。

通常为了降低出钢过程温降，我们应该采取以下措施：

1）尽量降低出钢温度。因为温度越高，温降速率也就越大，想通过提高出钢温度来补偿出钢温降是绝对不可取的。

2）尽可能减少出钢时间。大容量炉子以 5～8min 为宜，但最少不得小于 4min。

3）维护好出钢口，使出钢过程中最大限度地保持钢流的完整性。

4）钢包的预热十分重要。因此，我们必须采用"红包周转"的钢包周转管理和技术，同时要充分利用好烘烤装置，对新包的投运以及不合"红包周转"温度要求的钢包实施严格的烘烤。在线快速烘烤技术也是减少出钢温降十分有效的手段。

5）尽最大可能保持包底干净，将带有包底残钢（"桶底"）的钢包控制到最低程度。

由于钢包容量与出钢温降有关，出钢温降是随钢包容量的增大而减少的。经验数字表明，大容量的钢包出钢温降大约为 20～40℃；中等容量的钢包大约为 30～60℃；小容量的钢包则通常为 40～80℃，甚至更高。

（2）出完钢到钢包精炼开始前的温降分析。钢水在这一阶段的热损失主要表现为钢包包衬吸热的热损失及钢水上表面通过渣层的热损失。通过计算可知，热损失总量的 55%～60% 为钢包包壁的耐火材料吸热，包底占 15%～20%，其余 20%～30% 为钢水渣层的热损失，而钢包外壳的对流散热是很小的。

为了减少这一过程温降可采用如下措施：

1）钢包烘烤、充分预热仍然是第一重要的，因此一定要严格实施钢包使用制度，包括新包的投入和超时周转包的再烘烤。

2）尽量减少钢水在这一阶段的滞留时间，特别是全连铸钢厂不断改进、完善生产调度管理，缩短钢水供应周期及控制好提供钢水的间隔时间。

3）在钢包内加入合适的保温剂。钢水在这一过程的温降通常用温降速率来表示，即单位时间内的温降。经验数字表明，温降速率大约为 1.0～1.5℃/min。

（3）钢包精炼过程的温降分析。钢水在钢包精炼过程中所产生的温降主要取决于精炼的方法及时间。

（4）钢包精炼结束到钢水运至连铸平台温降分析。这一过程的温降大致与上述相同。所不同的是，钢水经过精炼处理后，由于钢包内衬已在此之前充分吸收了钢水的热量，钢水与内衬的温差减少，内衬吸热放慢，因此它对钢水温降的影响与前面阶段相比要小些。钢包精炼时间越长，此阶段温降越小，加上精炼后都要对钢液面加上足够的保温剂，通常降温为 0.5～1.2℃/min。

（5）钢水从钢包注入中间包的温降分析与控制。这一过程的钢水热损失与出钢相似，即主要表现为钢流辐射热损失、对流热损失及中间包吸热的损失。此过程的温降主要与钢流保护状况、中间包形式（冷包、热包）、中间包钢水覆盖及中间包热负荷有关。

减少钢水从钢包注入中间包过程的温降措施有：

1）钢流必须保护，通常采用长水口，这不仅是为了减少温降，同时也是防止钢水两次氧化，保证钢水清洁度的必不可少的手段。

2）尽量减少浇铸时间，严格遵循工序匹配的原则，即炼钢周期与浇铸周期的优化设计，同时要在保证质量的前提下，尽可能采用高拉速技术。

3）应当采用热中间包，因为它同时也是为了保证钢水纯净度的一个非常重要的手段。

4）充分预热中间包内衬。

5）中间包钢液面上添加足够的保温剂。钢水在中间包内的热损失主要为中间包内衬吸热和钢液面的辐射热损。当钢液面不添加覆盖剂进行保温时，表面的辐射散热可达到总热损失的 90%，可见中间包的保温是不可忽视的。另外，不同的保温材料其保温效果也不同，炭化糠壳具有较好的保温效果。

6）提高连浇炉数。中间包内衬的吸热是随着钢水浇铸时间的延长而减少的。

B 出钢温度的确定

当确定了浇铸温度，又了解了过程温降的规律后，出钢温度也就不难确定了，出钢温度可用下式表达：

$$T_{出钢} = T_{浇铸} + \Delta T_{过程} \tag{4-4}$$

式中　$T_{出钢}$——出钢温度；

　　　$T_{浇铸}$——浇铸温度（即中间包钢水目标温度）；

　　$\Delta T_{过程}$——总的过程温降。

可以说，控制好出钢温度是保证目标浇铸温度的首要前提。一般来说，连铸钢水出钢温度比模铸钢水高 20～30℃。然而，具体的出钢温度是由每个钢厂在自身过程温降规律调查的基础上，根据每个钢种所要经过的工艺路线来最后确定的。

4.1.1.4　连铸钢液温度控制原则

连铸钢水由于过程温降大，因此要求出钢温度比模铸要高，为了保证严格的过热度，浇铸温度要求波动范围很窄，这两个特点决定了连铸钢水温度控制难度很大。这也是许多连铸钢厂长期生产不顺、质量低下的重要原因所在。

（1）严格控制出钢温度，使其在较窄的范围内变化。出钢温度是钢水温降全过程的第一个温度点，它对最后一个温度点——中间包钢水温度，即浇铸温度目标的实现，起着非常重要的作用。出钢温度控制的目的实际上表现在两个方面：一要提高终点温度命中率，二要确保从出钢到两次精炼站，钢包钢水温度处于目标范围之内。这就需要在吹炼前知道接受钢水的钢包热工状态，比如，若是周转钢包，则要确定是属于哪个等级的（按浇铸结束后的时间长短来分级）；若是烘烤包，则必须掌握预热情况。还要了解出钢口的状况，如寿命、出钢时间，另外合金的加入量也须事先设定，这样才能修正最终的出钢温度。

（2）最大限度地减少从出钢、钢包中、钢包运送途中以及进入中间包的整个过程中的温降。采用长水口保护浇铸；钢包、中间包加保温剂保温；钢包、中间包加盖；钢包、中间包烘烤到 1100～1200℃。

（3）加强生产调度和钢包周转。从钢水过程温降的因素分析中不难看出，钢包热工状况影响着钢水温降的每一个过程，即影响钢水温降的全过程。首先是钢包的烘烤、预热情况，钢包的预热温度对随浇铸时间的推进而产生钢水温降有着明显的影响。必须对新包严格执行烘烤制度，保证钢包有足够高的内衬温度，坚持"红包周转"。规定钢包内衬在受钢前的最低温度线，凡低于此温度线的，钢包必须重新烘烤，高于此温度线的可用作正常周转包。还可根据温度高低分成两级。而钢包分级通常不是用温度测量装置来确定的，而是根据钢包浇铸结束后的时间长短来确定。钢包快速而稳定的周转是维持正常浇铸和良好钢质量的关键之一。

另外，钢包内衬加绝热层的试验表明，钢水温降的速度可降低 20%～40%，使用钢包包盖，可以大大减少钢包液面的热损失。总之，在钢包这个环节，我们应该注意：

（1）选择合适的钢包内衬及其砌筑结构。

（2）严格钢包烘烤预热，包括采用在线快速烘烤技术。

（3）坚持"红包周转"制度。

（4）钢包加盖。

4.1.1.5　连铸钢水浇铸温度的调整

浇铸温度与铸坯表面和内部质量有密切关系，而能满足两者要求的温度区域比较窄，因此浇铸温度与目标温度值之间不能相差太大，其波动范围最好控制在 ±5℃ 之间。但由于生产上变化因素很多，往往出现钢液温度偏低或偏高现象，所以必须设法在钢包和中间包内调节钢液温度。具体方法是：

（1）降温调节。

1）吹气搅拌。对钢包内钢液采用顶吹或多孔底吹。为增大降温效果，可在吹气前或吹气时向钢包内加小块碎钢，借助小碎钢的熔化吸热降低钢液温度。

2）镇静。适当延长镇静时间，靠自然降温调节钢水温度。

（2）保温调节。

1）钢包上加耐火材料砌成的包盖。钢包加盖不但能对钢水和炉渣保温，还能减少包衬散热，有利于提高包衬温度，缩短烤包时间。

2）加速钢包周转，实现"红包出钢"。

3）在钢包液面上加保温材料进行绝热保温。

（3）升温调节。

1）电弧加热法。主要利用钢包的炉外精炼，如 VHD、VOD、LF 法，来提高钢液温度。

2）化学加热法。化学加热法是利用发热剂与氧气在高温下发生化学反应放出的热量加热钢包内钢水的方法。通常采用铝粉作发热剂，这种加热法适用于低温钢水的应急补救处理。当钢包内钢水温度不能满足连铸工艺要求时，用此法可在很短的时间内将包内钢水加热到所要求的温度。经化学加热处理的钢水，其化学成分和钢中非金属夹杂物含量几乎没有变化。

4.1.2　钢液成分控制

根据连铸工艺和铸坯质量的要求，对连铸钢水成分要严格控制，控制原则是：

（1）成分稳定性。为保证多炉连浇时工艺操作和铸坯性能的均匀一致性，必须把钢水成分控制在较窄范围内，使多炉连浇时各炉次钢水的成分相对稳定，保证铸坯性能均匀一致。

（2）抗裂纹敏感性。连铸坯受到冷却使热应力增加，而且在坯壳形成过程中还受到机械拉力和弯曲及矫直力的作用，一旦在薄弱部位造成应力集中，便会引起表面裂纹或内裂。因此，必须对钢中影响热裂倾向性的元素如铜、锡、铅等元素加以严格限制，尽可能避开各种成分的裂纹敏感区。

（3）钢水可浇性。从连铸的操作角度来评价，钢水的可浇性主要表现在整个浇铸期间水口不堵塞，不冻结。

4.1.2.1　碳含量的控制

如图 4-1 所示，钢中含碳量 $w(C) = 0.10\% \sim 0.12\%$ 对铸坯纵裂纹的敏感性最大。这是由于碳含量 $w(C) = 0.10\% \sim 0.12\%$ 时，钢凝固过程中发生包晶反应，体积突变产生应力，导致裂纹。所以，应对碳含量进行微调，尽量避开此范围。

对于多炉连浇的钢水，要求上下两炉含碳的差别 $w(\Delta C)$ 不超过 0.02%。

4.1.2.2　硅、锰含量的控制

硅、锰成分不仅影响钢的性能，还影响着钢液的可浇性。连铸钢液中的硅、锰含量应控制在较窄的范围，以保证多炉连浇；炉与炉成分波动要求 $w(Si) = \pm 0.05\%$、$w(Mn) =$

±0.10%，其次要求尽量提高 $w(Mn)/w(Si)$ 比以改善钢水流动性。应当指出，严格控制硅、锰等含量，必须经过炉外精炼的成分微调才能达到要求。

4.1.2.3 硫、磷含量的控制

连铸钢液硫含量的多少直接影响到连铸工艺能否正常进行和铸坯的质量好坏，主要表现在对钢的热裂纹敏感性的影响，如图 4-2 所示。

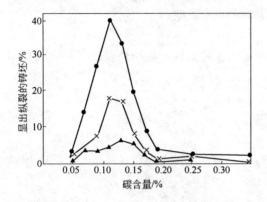
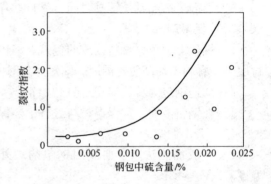

图 4-1 碳含量对铸坯纵裂纹的影响　　　　图 4-2 钢中硫含量与裂纹指数的关系

由图 4-2 可以看出，随着含硫量提高，炉次缺陷率也增加。可见，钢水中硫含量 $w(S) \leqslant 0.025\%$ 是保证产品质量的必要条件。

对于含硫易切削钢，有的钢种含硫 $w(S)$ 达 0.3%，但由于 $w(Mn)/w(S)$ 较高，凝固时不会产生裂纹，因此含硫易切削钢也可连铸。

磷元素在结晶过程中偏析倾向较大，也使钢的晶界脆化，从而使钢的热裂倾向增大。

目前连铸技术发展的趋势是通过铁水预处理以及各种精炼技术，尽量降低钢中硫和磷的含量。通常连铸钢水中 $w(Mn)$、$w(S)$ 含量应在下限控制。对质量要求严格的铸坯，应控制磷、硫总量低于 0.04%。

4.1.2.4 残留元素含量的控制

钢水成分中不是有意加入而是由原料带入，精炼过程中又不能去除而残留在钢中的元素成为残留元素。如铜、锡、砷、铅等。

电炉炼钢时残留元素由废钢带入，由于铜、锡、砷、铅化学稳定性比铁强，精炼时不被去除，连铸和热轧时易产生裂纹。转炉炼钢时随着冷废钢比的提高，也有可能带来某些残留元素。所以可通过精选废钢以及配料程序（用较高纯度的料，如海绵铁、生铁等，配入一定量的精选废钢）的方法控制。

4.1.3 钢液纯净度的控制

钢水的纯净度主要是指钢中气体氮、氢、氧和非金属夹杂物的数量、形态、分布。提高钢水纯净度可改善钢水可浇性，有利于提高铸坯质量。

冶炼过程熔池钢水中氧含量受钢中碳和渣中 TFe 的制约，出钢前钢水中氧含量高于平衡氧含量，且随碳含量的降低而增多；当钢中含碳量在 0.10% 以下时，随碳含量的降低钢中氧含量猛增；通过脱氧去除过剩氧。生成的脱氧产物没有排除干净，残留于钢中成为非金属夹杂物；终点钢水中氧含量越高，夹杂物含量也就越高。

夹杂物的存在不仅影响钢水的可浇性，连铸操作也难以顺行，危及钢质量。钢中夹杂物有内生夹杂物和外来夹杂物。内生夹杂物主要是脱氧产物；外来夹杂物包括在浇铸过程中钢水的二次氧化产物、被冲蚀的耐火材料以及卷入的钢包渣、中间包渣和结晶器浮渣等。内生夹杂颗粒细小是微观夹杂物，外来夹杂多数颗粒粗大是宏观夹杂物。为了确保最终产品质量，要尽量降低钢中非金属夹杂物的含量。

4.1.3.1　钢液脱氧的控制

钢液脱氧的控制具体如下：

（1）硅和锰脱氧。锰和硅是使用最为广泛的两种脱氧剂。按照钢种要求适当提高锰含量（按中上限控制）能提高钢的机械强度并改善钢水的流动性。硅的脱氧能力比锰强，但其脱氧产物（SiO_2）的析出会增加钢液的黏度而恶化钢液的可浇性，因此应按钢种要求控制硅含量（按中下限控制），即控制较高的 $w(Mn)/w(Si)$ 比。仅用硅、锰脱氧时，当 $w(Mn)/w(Si) < 3$ 时，在结晶器钢液面上会产生很黏的浮渣，易发生漏钢。表 4-2 显示了钢水中 $w(Mn)/w(Si)$ 比对脱氧产物颗粒尺寸的影响。由此可知，当 $w(Mn)/w(Si) = 3 \sim 6$ 时，形成的脱氧产物颗粒尺寸较大，且是液态脱氧产物，有利于夹杂物上浮。

表 4-2　$w(Mn)/w(Si)$ 比对脱氧产物颗粒尺寸的影响

$w(Mn)/w(Si)$	1.25	1.98	2.78	3.60	4.18	8.70
最大颗粒半径/μm	7.5	14.5	146	148.5	183.5	19

（2）铝脱氧。铝是强脱氧剂，一般钢种都是把铝作为终脱氧剂。在实际生产中，很少单独用铝脱氧，而是多半与锰铁、硅铁一起使用，主要原因是：

1）铝的密度小，极易浮入渣中，收得率较低。

2）单独用铝作脱氧剂时生成固体 Al_2O_3，降低了钢水流动性，极易堵塞水口。

3）加入 Fe-Si、Fe-Mn 后，提高了铝的脱氧能力，当 $w(Si) < 0.1\%$ 时，硅能显著提高铝的脱氧能力。

此外，通过平衡计算可知，在 [Si] 量相同的情况下，提高 $w(Mn)/w(Si)$ 比，铝的脱氧能力提高。必须指出，钙具有很强的脱氧能力，通常可通过喷吹硅钙粉或加入硅钙包芯线来控制钢中铝含量，减少钢水中 Al_2O_3 夹杂物含量，以避免水口结瘤和堵塞。

当钢中 $0.07 < w(Ca)/w(Al) < 0.1 \sim 0.5$ 时，生成的主要夹杂物为 $CaO \cdot 6Al_2O_3$，水口会产生结瘤现象。

当钢中 $w(Ca)/w(Al) > 0.1 \sim 0.15$ 时，生成夹杂物为 $CaO \cdot 2Al_2O_3$，这将大大改善钢水的流动性，可完全避免水口结瘤。

当钢中 $w(Ca)/w(Al) < 0.07$ 时，增大钙量可使浇铸性能得到改善。

4.1.3.2　出钢要求

随着精炼技术的广泛应用，采用少渣或无渣出钢工艺是改善钢水质量，提高和稳定合金吸收率的有效措施，钢渣进入钢包，渣中 FeO 会氧化钢中合金元素，不仅降低了合金吸收率又影响钢水成分的稳定性。转炉挡渣出钢比不挡渣出钢合金吸收率平均提高：硅为 13.33%；锰为 5.7%；同时又减少了钢中夹杂物含量，提高了钢水纯净度。

4.1.3.3　吹氩搅拌

钢包吹氩可以均匀成分、温度，还有利于气体的排除和非金属夹杂物上浮。对于出钢挡渣操作，钢包中渣层薄，渣中氧化铁含量低，吹氩气搅拌效果明显。

4.1.3.4 炉外精炼

所谓炉外精炼，就是将常规炼钢炉中完成的精炼任务，如去除气体、夹杂物，均匀成分和温度，部分或全部转移到钢包或其他容器中进行。因此，炉外精炼也称二次精炼或钢包冶金，其主要作用就是向连铸提供净化的钢液。

4.1.4 钢液流动性的控制

不同的钢种成分及温度对钢液流动性的影响不同，其一般规律为：

(1) 碳含量越低，则流动性越差。

(2) 钢中含钛、钒、铜、铝及稀土元素等成分时，将使钢液流动性变差。

(3) 钢液中夹杂物含量高时，流动性差。

(4) 温度越高，流动性越好。

4.1.4.1 硅锰含量对钢液流动性的影响

硅、锰含量既影响钢的力学性能，又影响钢液的可浇性。首先要求把钢中硅锰含量控制在较窄范围（波动值 $w(\mathrm{Si}) = \pm 0.05\%$，$w(\mathrm{Mn}) = \pm 0.10\%$），以保证连浇炉次铸坯中硅锰含量的稳定。其次要求适当提高 $w(\mathrm{Mn})/w(\mathrm{Si})$ 比。$w(\mathrm{Mn})/w(\mathrm{Si}) > 3.0$，可得到完全液态的脱氧产物，以改善钢液的流动性。因此，应在钢种成分允许的范围内适当增加 $w(\mathrm{Mn})/w(\mathrm{Si})$ 比，使生成的脱氧产物（$\mathrm{MnO} \cdot \mathrm{SiO_2}$）为液态。

但钢液中硅含量为主的硅钢，硅含量 $w(\mathrm{Si}) > 1\%$，这时钢液的流动性又较好，但因导热性差，拉速要低一些。

4.1.4.2 铝含量对钢液流动性的影响

浇铸含铝钢时，常发生水口堵塞，影响浇铸的顺利进行，甚至使生产中断。通过对中间包水口内堵塞物的分析发现，堵塞物主要是高熔点的氧化物，即以 $\mathrm{Al_2O_3}$ 为主，并混有以 $\mathrm{MgO} \cdot \mathrm{Al_2O_3}$ 尖晶石以及 $\mathrm{CaO} \cdot \mathrm{Al_2O_3}$ 为主的化合物。

钢中的 $\mathrm{Al_2O_3}$ 或以 $\mathrm{Al_2O_3}$ 为主的化合物，熔点高，外形尖角状，增加了钢液的黏度，影响了钢液的可浇性。钢中 $\mathrm{Al_2O_3}$ 夹杂与水口内壁的耐火材料作用生成复杂化合物，并沉积在内壁上造成水口结瘤和堵塞，造成浇铸困难。

其他与钢中氧生成难熔化合物的元素，如铬、钒、钛、稀土等，也将增加钢液的黏度。

4.1.5 中间包冶金

随着对钢质量要求的日益提高，人们对钢的生产流程中钢水精炼的位置提出了新的看法，即把中间包作为钢包和结晶器之间的一个精炼反应器，以进一步提高铸坯质量。

4.1.5.1 中间包的冶金功能

中间包的冶金功能具体如下：

(1) 净化功能。为生产高纯净度的钢，在中间包采用挡渣墙、吹氩、陶瓷过滤器等措施，可大幅度降低钢中非金属夹杂物含量，且在生产上已取得了明显的效果。

(2) 调温功能。为使浇铸过程中中间包前、中、后期钢液温差小于5℃，接近液相线温度浇铸，扩大铸坯等轴晶区，减少中心偏析，可采取向中间包加小块废钢、喷吹铁粉等措施以调节钢液温度。

（3）成分微调。由中间包塞杆中心孔向结晶器喂入铝、钡、硼等包芯线，实现钢中合金成分的微调，既提高了易氧化元素的收得率，又可避免水口堵塞。

（4）精炼功能。在中间包钢液表面加入双层渣吸收钢中上浮的夹杂物，或者在中间包喂钙线改变 Al_2O_3 夹杂形态，防止水口堵塞。

（5）加热功能。在中间包采用感应加热和等离子加热等措施，准确控制钢液浇铸温度。

实现上述功能就能进一步净化进入结晶器的钢液纯净度，为此把中间包当做一个连续精炼反应器，它已成为炼钢生产工艺流程中一个独立的冶金反应器，这在生产上已取得了显著效果。

4.1.5.2 中间包钢液流动形态的控制

中间包内钢水的流动状况直接影响着钢水中夹杂物上浮和铸流在结晶器内的流动状态，铸流还卷入大量空气，使中间包内钢水的流动更为复杂，其流动状况如图4-3所示。

钢包的铸流状态不仅影响中间包内钢水的运动，也影响结晶器内钢水的运动，图4-4是中间包铸流状况对结晶器内钢水流动的影响。

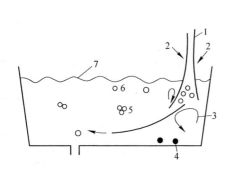

图4-3 中间包内钢水流动示意图
1—铸流；2—卷入的空气；3—涡流；4—夹杂物下沉；
5—夹杂物聚集；6—大颗粒夹杂物上浮；7—表面流

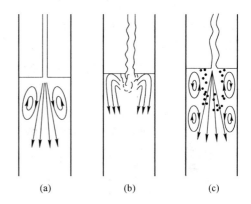

图4-4 中间包铸流对结晶器钢水流动的影响
（a）满流；（b）80%满流；（c）60%满流

当中间包钢水液面降低到临界高度时，水口的上方会出现漩涡，漩涡会使铸流卷入浮渣和空气，并带进结晶器内，搅乱了钢水的正常流动，大大影响钢材质量。图4-5为形成漩涡流情况。

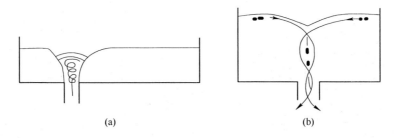

（a）   （b）

图4-5 中间包漩涡形成示意图
（a）漩涡形成；（b）有漩涡时的流动形态

水力学模拟试验表明在浇铸过程中，钢液在中间包内的流动状态基本上可分为以下几种：

（1）击穿流。从钢包注入中间包内的钢液，在中间包内没有停留而直接到达浇铸水口流入结晶器。

（2）活塞流（层状流）。钢液进入中间包依次向前推进。

（3）混返流。钢液进入中间包后立刻与其他部分钢液混合。

（4）死区（停滞区，见图4-6、图4-7）。该区域钢液流动速度很低，与其他区域的钢液的交混慢。

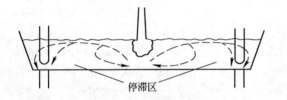

图4-6 中间包内钢液无控制流动   图4-7 中间包砌有挡墙后钢液的流动

击穿流：这股钢流在中间包内没有净化的可能，钢液中夹杂物在中间包内没有上浮的机会。

混返流：钢液中夹杂物上浮的可能性与钢液在中间包内运动的路线与平均停留时间长短有关。

死区：进入这区域的钢液的夹杂物有可能上浮，但是死区的存在相当于缩小了中间包的有效容积，使钢液在中间包内的平均停留时间缩短，对夹杂上浮不利。

因此，设计中间包内形状要尽量避免出现击穿流（钢包浇铸流的位置不能离中间包水口太近），而增加钢液在中间包内的平均停留时间，有利于非金属夹杂物的排除。近10年来，中间包容积有增大的趋势。实验结果指出，夹杂物在中间包内上浮所需最短时间大约是5min，考虑到钢液在中间包内的散热对钢液降温的影响，中间包最大容量为钢液在包内的平均停留时间不大于10min。

为了充分有效地利用中间包容积，促进夹杂物上浮，采取的措施是在中间包加挡墙和坝，如图4-8所示，其作用有以下几个方面：

（1）消除中间包底部区域的死区。

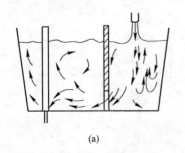 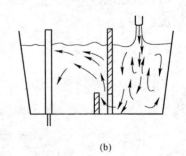

(a)   (b)

图4-8 挡渣墙示意图

（a）隧道型挡渣墙；（b）隧道加坝型挡渣墙

（2）改善钢水流动的轨迹，使流动沿钢渣界面流动。

（3）缩短夹杂物上浮距离。

（4）有利于渣子吸收夹杂物。

挡墙和坝的位置和尺寸，应结合中间包实际采用水模型试验来决定，然后在生产中应用。

4.1.5.3 中间包精炼技术

A 中间包吹氩

在中间包底部通过透气砖吹入氩气或其他惰性气体，其目的为：增强搅拌促进夹杂物上浮；形成液面保护层；改善钢液流动状况。

在中间包底安装多孔透气砖，或在工作层和永久层之间嵌入多孔的管状气体分配器，使氩气泡均匀从底部上浮，促进夹杂物排除。试验结果表明：可消除浇铸初期钢水增氢，钢中氧化物夹杂有所降低，减轻了镀锡板上 Al_2O_3 夹杂引起的缺陷。

如日本住友金属鹿岛厂在 60～80t 中间包底部安装多孔砖，并在多孔砖的上游加砌了挡墙，如图 4-9 所示。从底部上升的氩气泡流，还有控制钢水沿包底流动的作用，试验表明，可显著改善 API - X60 管线钢材的抗氢脆裂敏感性。

B 中间包钢液喂线

在中间包内喂入硅钙、钡硅钙的包芯线，其目

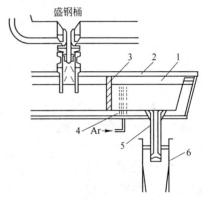

图 4-9 中间包多孔砖吹氩示意图
1—中间包；2—中间包盖；3—隧道式挡墙；
4—多孔透气砖；5—浸入式水口；6—结晶器

的是把高熔点的串簇状的 Al_2O_3 转变为低熔点的球形铝酸钙（如 $12CaO \cdot 7Al_2O_3$），以改善钢液流动性，防止 Al_2O_3 的聚集而使水口堵塞。此法在小方坯连铸中间包上得到了应用。为增加包芯线穿越钢液的停留时间，采用螺旋式喂线技术。螺旋直径为 250mm，螺距为 100mm，用一台辊式开卷机将包芯线送入导管进入中间包，喂线速度可达 20～30m/min。

4.1.5.4 中间包过滤技术

中间包过滤技术具体如下：

（1）过滤器的原理。当钢液通过多孔的过滤器时，强制性地使夹杂物沉淀、滞留、截住在多孔的介质表面，而液体则自由流过，净化了钢液。

（2）过滤器材质。陶瓷泡沫过滤器是一种微孔结构材料，具有很高的疏松度（82%～90%）；过滤器材质有莫来石、氧化铝、稳定氧化铁、氧化钙等。

4.1.5.5 中间包加热技术

A 稳定中间包钢液温度稳定性控制对策

中间包钢液温度控制有以下 3 种方法：

（1）最大能量损失原则，按出钢温度上限出钢→钢包站调温（如加废钢冷却）→中间包目标温度值。

（2）优化能量损失原则，即严格按温度损失决定出钢温度，在钢包站不降温、不加热以达到中间包目标温度值。

（3）最小能量损失原则，按预定温度出钢，在钢包或中间包补充少量能量以达到目标温度值。

第一种对策由于对生产组织有利，是常用的方法，但是出钢温度高造成炉子和钢包耐火材料寿命低，消耗增加，对钢质量不利；第二种对策是按炼钢过程能量优化原则以决定出钢温度，是一种理想的状态，要求准确掌握从出钢到浇铸过程中各工序的温降，这在实际生产中由于各种因素的影响很难达到；第三种对策可以提高炉衬寿命，能准确控制中间包钢水温度，但需要向钢包或中间包提供外加能量，安装加热设备，运行投资费用较高。

B　中间包钢水温度变化分析

（1）开浇期。由于中间包衬吸热，在 15～20min 内钢液温度偏离目标温度 10～20℃。

（2）正常浇铸期。当中间包衬的散热损失与补充到中间包钢液热量损失相等时，钢液温度恢复到目标温度。

（3）换钢包。连浇换钢包期间，中间包钢液温度又有所降低，第二包钢液开浇后，又恢复正常。

（4）浇铸末期。浇铸末期中间包钢液温度逐渐降低，直到浇铸结束。

因此，中间包开浇、换钢包和浇铸结束时，钢液温度处于不稳定状态，都比所要求的目标浇铸温度要低（10～20℃），这样使中间包钢液温度波动较大，带来的不利影响是：

（1）开浇时钢液温度降低过大（10～20℃），会造成水口冻结，为顺利开浇，又要相对提高中间包钢液温度，这样迫使高温出钢。

（2）中间包钢液温度波动，加重了结晶器内坯壳生长的不均匀性，严重时会导致漏钢。

（3）不利于夹杂物上浮。

为此，在开浇初期、换钢包、浇铸末期采用中间包加热，以补偿钢液温度的降低，使钢液温度保持在目标温度附近。这有利于浇铸操作的稳定性，提高了铸坯质量，同时在正常浇铸期间，可通过适当加热以补偿钢液的自然温降。

C　中间包加热方法及效果

生产上使用的主要是感应加热法和等离子加热法。

（1）感应加热法。图 4-10 是 13t 中间包 1000kW 有芯加热的示意图，感应加热器既可加热钢液，也可借助于电磁力搅拌钢水促进夹杂物上浮。此法具有设备结构简单、加热速度快、热效率高、成本低、操作方便等优点。日本千叶厂使用 7t 中间包，采用感应加热，使不锈铸坯皮下夹杂减少 1/4～1/12，铸坯轧制成成品后合格率大幅上升，达到正常浇铸状态的成品水平。

（2）等离子加热。等离子加热的原理是用直流或交流电（中间包加热主要是用直流放电）在两个或多个电极之间放电，使气体（中间包

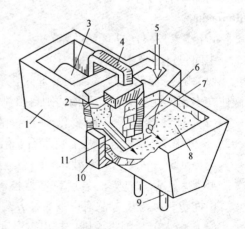

图 4-10　电磁感应加热示意图

1—中间包；2—熔池 A；3—鼓风；
4—风道；5—注入钢水；6—线圈；7—隔墙；
8—熔池 B；9—水口；10—铁芯；11—通道

加热可用氩气或氮气，以氩气为好）电离，离子化程度越高，所产生的温度也越高。电离的气体形成的离子流能发出明亮的弧光，称其为等离子弧，产生等离子弧的装置称为等离子枪或等离子矩。等离子弧具有很高的温度，中心可达3000℃以上，因而可加热钢液。在中间包采用专门的电弧发射器，产生高温等离子体来加热钢液。如图4-11所示，等离子枪可采用直流电源或交流电源，加热效率一般为60%～70%，采用等离子加热的效果是：能控制中间包钢液目标温度在±5℃；可使中间包在热状态下重复使用200次，降低了耐火材料消耗，增加了产量；可促进夹杂物上浮，有利于提高质量；中间包钢液面上有完整的液渣覆盖层，可防止二次氧化，提高钢液纯净度。

4.1.6 保护浇铸

保护浇铸就是对钢水传递全过程的保护，如图4-12所示。

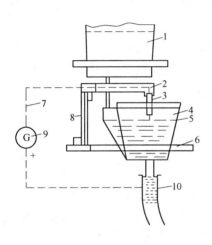
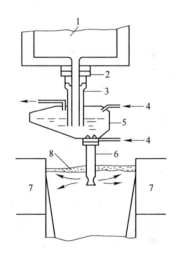

图4-11 等离子枪加热装置　　　　图4-12 无氧化浇铸示意图

1—钢水包；2—水冷壁；3—等离子枪；　　1—钢包；2—滑动水口；3—长水口；

4—中间包；5—熔池液面；6—中间包车；　　4—氩气；5—中间包；6—浸入式水口；

7—电缆；8—支柱；9—电源；10—结晶器　　7—结晶器；8—保护渣

（1）钢包到中间包铸流的保护操作。在正常浇铸过程中，应有专人在操作平台上监护，一旦水口堵塞，立即快速移开保护管；当长水口侵蚀后的长度离开中间包正常浇铸液面时，立即更换；透气环掉块，不能保证与钢包水口咬合严密或保护管出现贯穿性的裂纹及孔洞，立即更换；保护管氩管接头损失，影响通氩时，立即更换。在钢包钢液浇完前2～3min时，应将保护管卸下，以便观察钢包铸流，并将操作机械移至安全位置。

（2）中间包液面控制及保护操作。中间包液面的稳定对连铸坯质量及漏钢事故影响较大。正常浇铸时，液面应控制在400～600mm或距中间包溢流口50～100mm，其控制方法主要是对钢包到中间包的铸流进行控制。

中间包液面的保护主要是通过向中间包加入覆盖渣。在正常浇铸过程中，应视中间包覆盖渣的覆盖情况而增加，当中间包液面不活跃，有"冻结"可能时，应适当降低液面再提升液面，冲开"冻结"渣层，防止中间包液面结冷钢。

（3）中间包到结晶器铸流的保护操作。中间包到结晶器铸流保护目前广泛采用浸入式水口。在正常浇铸过程中，应经常观察浸入式水口的侵蚀情况，严重时做好换中间包操作的准备工作，并及时准确地更换中间包。

（4）结晶器内液面控制及保护操作。为保证连铸机稳定地浇铸，结晶器内钢液面应平稳地控制在距结晶器上口 100mm 处或渣面距结晶器上口 70mm 左右，液面波动在 ±10mm 以内。目前结晶器的液面控制有两种方法：采用结晶器液面调节装置和调整中间包水口的大小。前者是由结晶器液面测量装置输出信号，然后根据此信号自动改变拉矫机的拉坯速度，使结晶器液面保持在比较稳定的位置；后者是根据结晶器液面高低，适当减少或增大中间包水口的铸流，使结晶器液面符合要求。

结晶器钢液面的保护主要是通过加保护渣完成的。在正常浇铸过程中，要随时均匀地添加保护渣，保证钢液面不暴露，渣厚一般控制在 30mm 左右，粉渣厚度控制在 10～15mm，当粉渣结块成团，明显发潮时，不得使用；应随时将结晶器周边的"渣皮条"挑出，挑时不要触及初生坯壳，动作要敏捷，以防卷入钢液，造成事故；采用点、拨方法检查结晶器内渣层情况，尽可能不搅动渣层；若发现保护渣浇铸性、铺展性下降，成团结块或严重黏结浸入式水口时，应进行换渣。换渣时，用捞渣耙将渣层从结晶器两侧捞除，边捞边添加新渣，以避免钢液暴露，如果发现浸入式水口断裂或破裂，应将残体捞出；如果观察液面有卷渣现象时，应降低拉坯速度或停浇；若结晶器内壁产生挂钢现象，应降低拉坯速度及时排除故障或停浇。

4.2　拉速的确定及控制

拉坯速度是正常浇铸操作中的重要控制参数。拉坯速度是指连铸机单位时间每流拉出的铸坯长度（m/min），也可以用每一流单位时间内拉出铸坯的质量来表示（t/min）。

铸机工作稳定后的拉速，又称为工作拉速。稳定的拉速是实现顺利连浇和保证铸坯质量的重要前提。铸坯的液相深度等于冶金长度的拉速，称为最大拉速。它是连铸机设备本身允许达到的最高拉速，是衡量设备最大生产能力的依据。最大拉速为工作拉速的 1.15～1.2 倍。

4.2.1　拉速的确定

4.2.1.1　铸机工作拉速的确定

拉速高，铸机产量高。但操作中拉速过高，出结晶器的坯壳太薄，容易产生拉漏。设计连铸机时，或制订操作规程时都应根据浇铸的钢种、铸坯断面确定工作拉速范围。

确定铸机工作拉速的方法有多种，一般由凝固律决定拉速：

$$v = \left(\frac{\delta}{\eta}\right)^2 / L_{\mathrm{m}} \tag{4-5}$$

式中　L_{m}——结晶器的有效长度，mm；

　　　δ——结晶器出口处的坯壳厚度，mm；

　　　η——结晶器凝固系数，一般取 $20\sim24\mathrm{mm/min^{\frac{1}{2}}}$；

　　　v——拉坯速度，mm/min。

为确保出结晶器下口坯壳的强度，防止坯壳破裂漏钢，出结晶器下口的坯壳必须有足够的厚度。根据经验和以钢液静压力分析，一般情况下小方坯的坯壳厚度必须大于 8～

12mm，板坯的坯壳厚度必须大于 12～15mm。对于高效连铸机，由于整个系统采取了措施，其凝固壳厚度还可取得更小，也就是说大断面铸坯的拉速要慢一些。对于有裂纹倾向性的钢种来讲，为增加坯壳强度，防止漏钢，必须增加坯壳厚度，这样也必须降低工作拉速。

4.2.1.2 铸机最大拉速确定

铸机最大拉速确定具体如下：

（1）当出结晶器下口的坯壳为最小厚度时，称安全厚度（$\delta_{\min}$），此时，对应的拉速为最大拉速，即：

$$v_{\max} = \left(\frac{\delta_{\min}}{\eta}\right)^2 / L_{\mathrm{m}} \qquad (4-6)$$

（2）当完全凝固正好选在矫直点上，此时的液相穴深度为铸机的冶金长度，对应的速度为最大拉速，即：

$$v_{\max} = \frac{4K_{综}^2 L_{冶}}{D^2} \qquad (4-7)$$

式中　$L_{冶}$——铸机冶金长度，m；

　　　D——铸坯厚度，mm；

　　　$v_{\max}$——拉坯速度，m/min；

　　　$K_{综}$——综合凝固系数，mm/min$^{1/2}$。

4.2.2 影响拉速的因素

影响拉速的因素包括以下几个：

（1）钢种的影响。不同钢种凝固系数不同，凝固系数小的钢种在冷却过程中产生的热应力大，只能采用较小的拉速。碳素钢凝固系数最大，合金钢凝固系数最小。因此，断面相同的碳素钢的拉速要比合金钢的拉速大。这是因为一般合金钢的浇铸速度比碳钢低20%～30%。钢种和铸坯断面对拉坯速度的影响见表4-3。

表4-3　钢种和铸坯断面对拉坯速度的影响

铸坯断面 /mm×mm	钢　种					
	铝镇静钢 $K=28$mm/min$^{0.5}$		低合金钢 $K=26$mm/min$^{0.5}$		合金钢 $K=24$mm/min$^{0.5}$	
	冶金长度	拉速	冶金长度	拉速	冶金长度	拉速
100×100	10.8	3.4	9.2	2.5	8.7	2.0
150×150	16.5	2.3	15.8	1.9	16.6	1.7
200×200	22.9	1.8	23.7	1.6	22.6	1.3
200×1000	22.9	1.8	23.7	1.6	22.6	1.3
200×2000	20.4	1.6	20.7	1.4	19.1	1.1
300×500	37.3	1.3	36.6	1.1	35.2	0.9
300×1000	37.3	1.3	36.6	1.1	35.2	0.9
300×2000	34.4	1.2	36.3	1.0	35.3	0.8

（2）铸坯断面形状及尺寸的影响。断面面积相同，断面形状不同的铸坯，冷却的比

表面积不同。圆形断面比方形和矩形的比表面积小，冷却慢，故拉坯速度要小一些；矩形与方形相比，矩形坯在结晶器中凝固时，窄边比宽边凝固快，凝固壳脱离器壁形成气隙的时间早，使凝固速度降低，故矩形坯比方坯的拉速应小一些。另一方面，不同断面形状的铸坯有不同的结晶凝固特点，因此拉速也不同。

（3）拉速对铸坯质量的影响。降低拉坯速度可以阻止或减少铸坯产生内部裂纹和中心偏析的发生，而提高拉速则可防止铸坯表面产生纵裂和横裂，缩短铸坯在结晶器内的停留时间。为了防止矫直裂纹的产生，拉坯速度应使铸坯通过矫直点时铸坯的表面温度避开钢的热脆区，普通碳素钢热脆区是 $800 \sim 900$℃，而低合金钢是 $700 \sim 900$℃。浇铸厚板钢时减慢铸速能促进夹杂物的上浮，但生产冷轧用的铝镇静钢时应提高浇铸速度，加大中间包流出的钢液量，冲洗结晶器内的凝固前沿，防止 Al_2O_3 为凝固捕捉，以提高铸坯的质量。

（4）结晶器导热能力的限制。拉速增加，钢液在结晶器内的停留时间减少，出结晶器的凝固壳变薄，甚至发生漏钢。

（5）铸温及钢中硫磷含量的影响。铸温高时，凝固时间延长，拉速应减小，反之亦然。在连铸生产实践中要根据中间包中钢水温度来调整拉坯速度。

当铸温偏高或钢水中硫、磷含量较高时，都要适当降低拉速；工厂实践中允许铸温偏差在一定范围内，如最佳温度偏差小于 ± 5℃时，可按正常拉速拉坯；若温度偏差在 $\pm(5 \sim 10)$℃时，则拉速应相应降低或提高 10% 左右；若温度偏差大于 ± 10℃时，就不应进行拉坯。当钢中含硫量 $w(S) > 0.025\%$ 或 $w(S) + w(P) > 0.045\%$ 时，拉速应按低限控制。

除了上述因素外，其他如拉坯力的限制、结晶器振动、保护渣性能、二冷强度、结晶器传热能力等对拉速也有一定的影响。

4.2.3 拉速控制和调节

4.2.3.1 拉速控制调节方法

连铸浇铸过程中的拉速控制是先根据钢水浇铸温度、铸机状态、钢种等因素制定一合理拉速，然后通过控制中间包向结晶器供应的钢水量的多少来适应和调节结晶器液面的高度，保证一定的液面高度，从而稳定连铸过程中的拉速。当然，不同的中间包浇铸方法，对拉速的控制调节方法与特点是各不相同的。

（1）滑动水口浇铸法。中间包滑动水口是利用滑板的开口度来控制钢流的。它可自动控制，也可手动控制。这种方法多用于板坯连铸生产，其特点是能精确调节钢液的流量，易于自动控制，工作安全可靠，寿命较长。

（2）定径水口浇铸法。定径水口浇铸法主要用于小方坯连铸机。当中间包加入覆盖剂后，液面达到预定高度（$200 \sim 300$mm）时，可导出水口内的引流砂，水口自动开浇，钢液流进摆槽；若不能自动开浇，需烧氧引流；烧氧时注意不要造成水口内径变形，以免钢液流速改变。出苗的脏钢液通过摆槽流入渣盘中，在主流圆滑饱满时移开摆槽，钢液流入结晶器。

直接起步开浇，就是在大包水口开启之后，中间包定径水口不堵直接下流，中间包浇钢工可根据实际情况进行开浇操作。

（3）塞棒浇铸法。塞棒控制是通过控制塞棒的升降来控制钢流大小的，其结构有组合式和整体式两种。按控制方式分为手动控制和自动控制。组合式塞棒在使用过程中，钢液易从接缝中浸入而引起塞棒断裂和掉塞头事故。因而使用铝碳质整体塞棒效果较好。塞棒控制的优点是开浇时控制方便，常能做到一次开浇成功。此外，悬于水口上方的塞棒能够有效地防止钢水发生漩涡，从而可避免把渣子带入结晶器。但是塞棒方式不便于自动控制且控制精度差。目前技术较成熟的结晶器液面自动控制系统已能精确控制高度，使结晶器液面始终控制在一个稳定的范围内，保持拉速基本稳定。

4.2.3.2 拉速控制调节操作

根据操作规程每一台连铸机都制订了不同钢种、不同断面的拉速表。开浇前连铸机机长和浇钢工确认要浇铸的钢种和铸坯断面。根据钢种、断面和钢流实际温度选择开浇拉速和正常拉速。

A 开浇拉速

开浇后调整中间包水口开度，保持稳定的结晶器钢液面，使拉速保持在开浇拉速。开浇拉速一般为工作拉速的80%，同时还需一定的出苗时间。出苗时间是指从中间包开浇到开始起步拉速的间隔时间。目的是保证钢液有足够的冷凝时间，铸坯头部与引锭头连接牢固，避免起步漏钢。

B 正常拉速

根据铸机操作规定的拉速转快时间（开浇拉速保持时间，一般待引锭头进入二次冷却后），逐步提高拉速，并调整水口开度，保持稳定的钢液面，拉速每次调整 0.1m/min 为一档，每调整一次要保持 1~2min 时间作稳定过渡（小方坯的稳定过渡时间可短一些，板坯则长一点）。

拉速达到规定的工作拉速后，控制中间包水口开度，保证钢液面的稳定。铸机正常浇铸时要求拉速稳定不变。

（1）当钢液温度变化时，工作拉速要适当调整，一般在规定温度范围内，较高温度的钢液选择低限的工作拉速；反之，则选择为高限的工作拉速（连铸机制订的拉速表一般有一定范围）。

目标温度一般规定在液相线之上 15~25℃ 范围内（中间包钢液温度）。当钢液温度超过目标温度时，要采取以下措施：

1）当中间包温度低于下限温度时，要提高拉速 0.1~0.2m/min。

2）当中间包温度高于上限温度 5℃ 之内时，降低拉速 0.1m/min。

3）当中间包温度高于上限温度 6~10℃ 时，降低拉速 0.2m/min。

4）当中间包温度高于上限温度 11~15℃ 时，降低拉速 0.3m/min。对于更高温度的钢液，中间包应作停浇处理。

（2）装有中间包等离子加热装置时，当中间包钢液温度偏低时，可进行加热提温，保持正常拉速。

（3）当钢液流动性差，水口发生黏堵，钢流无法开大，拉速下降到规定下限以下 0.2~0.3m/min 时，中间包水口必须作清洗工作。

（4）当钢液含氧量过高或其他原因造成水口无法控制，拉速高于规定上限 0.3m/min 以上时，中间包水口要做水口失控处理。

C 多流浇铸时的工作拉速

多流浇铸时，由于钢液注入位置的影响，中间包各流水口的流速有一定的差别，因此，各流的拉速也不相同。距离钢液注入点较远的水口流速比距离注入点近的流速要小。在实际生产中，对注入点较远的水口可适当加大孔径，注入点近的水口，可适当缩小或维持正常水口孔径，以保持各流拉速相对均衡和平稳，对减少漏钢事故有一定效果。

D 更换中间包拉速

为实现多炉连浇和不同钢种连铸，在浇铸过程中，需要更换中间包。在更换中间包时拉速控制为：

（1）多炉连浇：随着中间包液面降低，拉速应逐渐降低，中间包钢水浇完后，可继续维持低拉速，此时拉速可保持起步拉速。然后根据铸坯断面大小，逐步恢复到正常工作拉速。如果在更换过程中，铸坯离结晶器下口 300~350mm，即达到引锭头位置，应停止拉坯。

（2）异种钢浇铸：中间包钢水浇完后立即停止拉坯，以便连接件能插入钢液中并在钢液面上撒上 20mm 冷却铁屑然后低速拉至引锭头停放位置，最后按铸机的起步拉速和出苗时间执行并及时平稳地转入工作拉速。

E 封顶拉速

当要停止浇铸时，必须控制封顶拉速。随中间包液面降低，拉速逐渐降低，中间包钢水浇完后，可维持低拉速或停止拉出，以利于进行封顶操作。铸坯拉出结晶体后，可恢复工作拉速或 1.3 倍的工作拉速将尾坯输出，以防止铸坯温度损失太大，造成矫直和切割操作困难。

4.3 冷却制度的控制

冷却制度的控制包括两方面：结晶器冷却制度的控制和二次冷却段冷却制度的控制。前者决定结晶器中初生凝固坯壳的形成厚度和连铸坯的一些表面缺陷；后者决定连铸坯的内部组织和内部缺陷。

4.3.1 结晶器冷却制度

为了保证钢液在短时间内形成坚固外壳，要求结晶器有相应的冷却强度，这就要求结晶器有合适的冷却水量。

4.3.1.1 结晶器冷却水量的确定原则

确定结晶器冷却水量主要考虑防止漏钢（形成一定厚度的坯壳）和减少铸坯表面缺陷。水量过大，铸坯会产生裂纹，也会造成能量浪费；水量过小，冷却能力不够，会使坯壳太薄造成拉漏。

结晶器冷却水水量的大小设定与铸坯断面大小密切相关，断面大需要结晶器带走的热量大，冷却面也大，水量要求也大。小方坯结晶器的冷却水水量一般按每米长度的结晶器周边 2.0~3.0L/min 水量供水。板坯结晶器则分宽边和窄边，宽边每米长度供水 1.5~2.0L/min；窄边每米长度供水 1.3~1.8L/min。

4.3.1.2 对结晶器水质的要求

一般须达到以下技术条件以避免结晶器水槽内铜板表面结垢，影响结晶器传热：

固体不大于 10mg/L；总悬浮物不大于 400mg/L；硫酸盐不大于 150mg/L；氯化物不大于 100mg/L；总硬度（以 $CaCO_3$ 计）不大于 10mg/L；pH 值为 7.5～9.5。

小方坯连铸机结晶器常用工业清水，板坯连铸机结晶器常用软水。

4.3.1.3 结晶器冷却水量的计算

根据热平衡法来确定，即假定结晶器钢液热量全部由冷却水带走，则结晶器钢液凝固放出的热量与冷却水带走的热量相等。

在浇铸过程中，结晶器的冷却水流量通常保持不变。在开浇前 10～20min 开始供水，停浇后 10～20min 停水。结晶器水量可根据下式计算：

$$Q = 0.0036Fv \tag{4-8}$$

式中　Q——结晶器冷却水量，m^3/h；

　　　F——结晶器水缝总面积，mm^2，其中 $F = BD$；

　　　B——结晶器的水缝断面周长，mm；

　　　D——结晶器的水缝断面宽度，取 4～5mm；

　　　v——冷却水在水缝内的流速，方坯取 6～12m/s，板坯取 3.5～5m/s。

4.3.1.4 结晶器冷却水的控制

结晶器冷却水的控制具体如下：

（1）对结晶器冷却条件的特定要求。根据不同断面、不同铸机、不同的钢种，确定结晶器冷却水的特定要求。浇铸过程中要随时监视仪表显示（或通过中央控制室显示屏）以保证结晶器冷却条件。其特定要求如下：

1）水压控制：压力控制在 0.4～0.6MPa 左右。合适的水压可保证水缝内水的流速在 6～12m/s，防止结晶器水缝中产生间断沸腾和影响其传热。如水压低于操作规程时，应停止浇铸。

2）水温控制：进水温度应小于等于 40℃，进出水温差不应超过 10℃。水温过高，易在结晶器水缝内产生污垢，减弱传热。如进水温度和出水温差太大时，应联系及时处理。

3）水量控制：水量的控制可根据结晶器水缝的断面积和水缝内水的流速来确定。如：140mm×140mm 方坯的流量为 72～146m³/h（每流）；220mm×1600mm 板坯的流量宽面为 407.5m³/h，窄面为 46.5m³/h。

4）水质控制：软水。

（2）开浇前，通知水处理站开泵送水，使水量和水压在工艺规定的范围内。

（3）对结晶器和进出水管道作渗漏水检查，发现异常必须停泵停水，待检修后再送水，确保供水正常。

（4）在连铸准备和浇铸过程中，结晶器冷却水一般不作调节，只要控制在规定的水量和水压范围内就可以，否则可在现场或水处理站调节阀门。

（5）浇铸过程中除监视结晶器冷却水水量和水压外，还要监视出水温度和进出水温差。凡在规定值以下一般可不作控制，当温度超标时，必须加大供水量和水压或作降速处理。

（6）经过调节无法控制（降低）水温或水温突然升高时铸机必须作停浇处理。

（7）供水前和供水过程中，必须按规定作水质分析，保证供水条件。

（8）浇铸结束，铸坯全部吊离输送辊道、冷床后，结晶器冷却水作关闭操作，通知水处理站停泵停水。

4.3.2 二次冷却制度

在结晶器内仅凝固了20%左右钢液量,还有约80%钢液尚未凝固。从结晶器拉出来的铸坯凝固成一个薄的外壳,而中心仍然是高温钢液,边运行边凝固,结果形成一个很长的液相穴。为使铸坯继续凝固,从结晶器出口到拉矫机长度内设置一个喷水冷却区,使铸坯完全凝固,同时控制铸坯表面温度以避开高温脆性区安全进入拉矫机。

4.3.2.1 二次冷却的要求

将雾化的水直接喷射到高温铸坯的表面上,加速了热量的传递,使铸坯迅速凝固;铸坯表面纵向和横向温度的分布要尽可能均匀,防止温度突然变化;铸坯一边走,一边凝固,到达铸机最后一对夹辊之前应完全凝固。由于钢液静压力的作用,在二冷区必须防止铸坯鼓肚变形。

4.3.2.2 冷却强度

二次冷却区的冷却强度一般用比水量来表示。比水量的定义是:所消耗的冷却水量与通过二冷区的铸坯质量的比值,单位为 kg(水)/kg(钢)或 L(水)/kg(钢)。比水量与铸机类型、断面尺寸、钢种等因素有关。比水量参数选择比较复杂,考虑因素较多。钢种与比水量的大致关系可见表4-4。

表4-4 钢种与比水量的关系

钢　　种	比水量/L·kg⁻¹
普通钢	1.0~1.2
中高碳钢、合金钢	0.6~0.8
裂纹敏感性强的钢（管线、低合金钢）	0.4~0.6
高速钢	0.1~0.3

4.3.2.3 二次冷却方式

A 水喷雾冷却

所谓水喷雾冷却就是靠水的压力使其雾化的一种冷却方式。喷嘴根据喷出水雾的形状可分为实心圆锥形、空心圆锥形、矩形、扁平形等,如图4-13所示。方坯冷却一般采用实心圆锥形喷嘴,也有的采用空心圆锥形喷嘴。板坯冷却采用矩形或扁平形喷嘴。

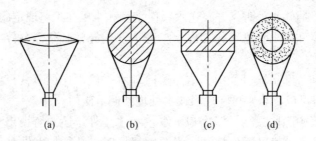

图4-13 几种雾化喷嘴的喷雾形状
(a) 扁平形;(b) 圆锥形 (实心);(c) 矩形;(d) 圆锥形 (空心)

(1) 板坯二冷区喷水系统。根据喷嘴数量的排列区分可分为单喷嘴系统 (图4-14) 和多喷嘴系统 (图4-15)。

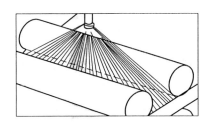

图 4-14 二冷区单喷嘴系统

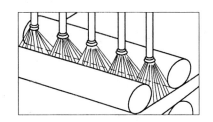

图 4-15 多喷嘴系统

单喷嘴系统是每个辊缝间隙内只设一个大角度扁平喷嘴（有时也设两个），就把全部冷却面覆盖住。多喷嘴系统是每个辊缝间隙内设若干个较小角度实心喷嘴，排成一行，组成一个喷雾面把冷却面覆盖住。现代板坯连铸机都开始由多喷嘴系统向单喷嘴系统过渡，这样就消除了多喷嘴系统堵塞频繁和管线复杂的缺点。

（2）小方坯二冷区喷水系统。小方坯连铸机二冷区喷水布置有环管式和单管式两种，如图 4-16 所示。由于单管式布置维修方便，所以采用此种布置的较多。

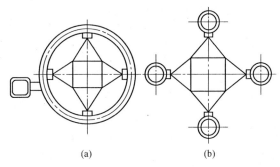

图 4-16 小方坯喷嘴布置

(a) 环管式；(b) 单管式

B 气-水喷雾冷却

气-水冷却就喷嘴数量而言也有单喷嘴和多喷嘴，它的特点是将压缩空气引入喷嘴，与水混合后使喷嘴出口形成高速"气雾"，这种"气雾"中含有大量颗粒小、速度快、动能大的水滴，即喷出雾化很好的、高冲击力的广角射流股，以达到对铸坯很好的冷却效果和均匀程度，多用在板坯及大方坯连铸机上。因此冷却效果大大改善。

用于二冷区的气-水喷雾冷却系统如图 4-17 所示。

气-水喷雾冷却具有以下优点：

（1）喷水量容易控制，能在较宽范围内调节冷却能力。

（2）水的雾化性能好，冷却效率高。

（3）在水或气体流量改变时，喷嘴的喷射角保持

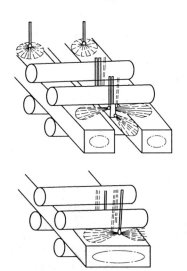

图 4-17 气-水冷却喷雾

不变，从而使冷却面积稳定。

（4）与水喷雾嘴相比，耗水量降低一半左右。

（5）喷嘴不易堵塞，可减少维护检修工作量。

因此，气－水喷雾冷却系统在大板坯和大方坯（特别是合金钢方坯）二冷区的冷却中得到广泛应用。

C 干式冷却

干式冷却是在二冷区不向铸坯表面喷水，而是依靠导辊（其中通水）间接冷却的一种弱冷方式。在一般冷却方式中，导辊对铸坯的冷却作用很小，但在干式冷却时，其导辊为螺旋焊辊，冷却水从辊身与辊套之间流动，间接冷却铸坯这种方式比水冷喷嘴或气－水喷嘴的冷却能力差，使用时相应的要降低拉坯速度。由于铸坯表面温度高，将会增大铸坯的鼓肚量，所以要选用较小的辊距和采用多支点的导辊。

4.3.2.4 二次冷却水的控制方法

目前二次冷却水的控制方法有仪表法和自动控制两大类别。

（1）仪表控制法。早期投产的连铸机多采用仪表控制二冷水量。它是将二冷区分成若干段，每段装设电磁流量计，根据工艺要求（如拉速、钢种、铸坯断面）的每一段的给水量，通过调节器按比例调节。生产中，当工艺参数发生变化时，由人工及时改变调节器的设定值，相应的改变各段的给水量。图4-18所示为二冷水仪表控制系统，这种较低档次的控制方式多用于铸坯品种和尺寸单一的连铸机。

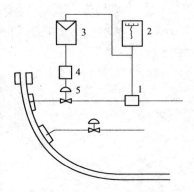

图4-18 二冷水仪表控制系统
1—电磁流量计；2—流量记录仪；
3—PJ调节器；4—伺服放大器；
5—调节阀

（2）自动控制。二次冷却水量自动控制有比例控制法、参数控制法和目标表面温度控制法3种，实际生产中，经常采用比例控制法来控制冷却水量的大小。

比例控制法的基本原理是：通过拉坯矫直机前装的测温计来测量铸坯二冷出口温度（铸坯进入拉矫机前的温度），并将此值送入PLC或计算机，与工艺值相比较，并将该比较值反馈到最后一段的水量控制系统，用以补偿调节该段的水量，从而使铸坯表面温度达到设定值。

4.3.2.5 二次冷却耗水量及分配

二次冷却耗水：

$$Q = WG \qquad (4-9)$$

式中 Q——二冷区水量，m^3/h；

W——二冷区冷却强度，m^3/t；

G——连铸机理论小时产量，t/h。

二冷区冷却水的分配主要是根据钢种、铸坯断面、钢的高温状态的力学性能等并通过实践确定的。实际生产中对二冷区水量的分配有以下几种方案：

（1）等表面温度变负荷给水。铸坯进入二冷区，即加大冷却强度以加快铸坯的凝固速度，使铸坯表面温度迅速降至出拉矫机的温度，即900~1100℃。然后逐段减少给水量，使铸坯表面温度不变。这种方案的优点是上部冷却强度大，铸坯凝固快，收缩也均匀，有利于减少铸坯的内部缺陷及形状缺陷。但是为了保持铸坯表面的温度恒定，必须及时获取表面温度的反馈信息，以便及时调整给水量。这一方案仅靠仪表检测和人工控制是难以实现的。

（2）分段按比例递减给水量。把二冷区分成若干段，各段有自己的给水系统，可分别控制给水量，按照水量由上至下递减的原则进行控制。这种方案的优点是冷却水的利用率高、操作方便，并能有效控制铸坯表面温度的回升，从而防止铸坯鼓肚和内部裂纹。

弧形铸机内外弧的冷却条件有很大区别。当刚出结晶器时，因冷却段接近于垂直布置，因此，内外弧冷却水量分配应该相同。随着与结晶器距离增加，对于内弧来说，那部分没有汽化的水会往下流继续起冷却作用，而外弧的喷淋水没有汽化部分则因重力作用而即刻离开铸坯。随着铸坯趋于水平，差别越来越大。为此内外弧的水量一般作 $1:1 \sim 1:1.5$ 的比例变化。

目前我国多数连铸机采用这一配水方案。图 4 - 19 是板坯连铸机二冷区分段按比例递减给水的实例。

（3）等负荷（等传热系数）给水。在二冷区的各段采用相同的给水量，保持传热系数不变。这种方法配水简单、操作方便。目前国内有部分小方坯连铸机采用这种方案。此方案的缺点是上段冷却强度不够而下段又过大，造成上段凝固时间延长而下段铸坯表面温度又偏低，使大量冷却水未得到有效利用。

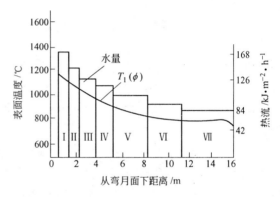

图 4 - 19　二冷区分段冷却示意图

4.3.2.6　拉速、断面与二次冷却水量的关系

比水量是以铸机通过铸坯的质量来考虑的，拉速越快，单位时间通过铸坯的质量就越多，单位时间供水量也应越大。反之，水量则减小。

（1）起步拉坯，拉速为起步拉速，速度较低，二冷供水量小。

（2）正常拉坯，拉速为工作拉速，二冷供水量较大。

（3）最高拉坯，拉速为最高拉速，二冷供水量最大。

（4）尾坯封顶，拉速减慢直至停止拉坯，二冷供水量相应减小。

断面与冷却水量的关系为：

（1）方坯断面较小，其二冷水量小，随断面增大其供水量逐渐增大。

（2）板坯断面较大，其二冷水量也大，随断面增大其供水量逐渐增大。

4.3.2.7　二次冷却与铸机产量和铸坯质量密切相关

在其他工艺条件不变时，二冷强度增加，拉速增大，则铸机生产率提高；同时，二次冷却对铸坯质量也有重要影响，与二次冷却有关的铸坯缺陷有以下 4 种：

（1）内部裂纹。在二冷区，如果各段之间的冷却不均匀，就会导致铸坯表面温度呈现周期性的回升。回温引起坯壳膨胀，当施加到凝固前沿的张应力超过钢的高温允许强度和临界应变时，铸坯表面和中心之间就会出现中间裂纹。而温度周期性变化会导致凝固壳发生反复相变，是铸坯皮下裂纹形成的原因。

（2）表面裂纹。由于二冷不当，矫直时铸坯表面温度低于900℃，刚好位于"脆性区"，再有 AlN、Nb（CN）等质点在晶界析出降低钢的延性，因此在矫直力作用下，就会在振痕波谷处出现表面横裂纹。

（3）铸坯鼓肚。如二次冷却太弱，铸坯表面温度过高。钢的高温强度较低，在钢水静压力作用下，凝固壳就会发生蠕变而产生鼓肚。

（4）铸坯菱变（脱方）。菱变起源于结晶器坯壳生长的不均匀性。二冷区内铸坯4个面的非对称性冷却，造成某两个面比另外两个面冷却得更快。铸坯收缩时在冷面产生了沿对角线的张应力，会加重铸坯扭曲。菱变现象在方坯连铸中尤为明显。

4.4 连铸保护渣

4.4.1 保护渣的类型

连铸工艺普遍应用了浸入式水口加连铸保护渣的保护浇铸技术，这对于改善铸坯质量，推动连铸技术的发展起到了重要作用。

（1）粉状保护渣：是多种粉状物料的机械混合物。粉状保护渣保温性能好，成本低，有一些钢种仍然使用粉状保护渣。在长途运输过程中，由于受到长时间的振动，使不同密度的物料偏析，渣料均匀状态受到破坏，影响使用效果的稳定性。同时，向结晶器添加粉料时，粉尘飞扬，污染环境。

（2）颗粒状保护渣：是在粉状保护渣的基础上，加入适量的结合剂后，再加工成小米粒样的颗粒渣，为了保证保温性能，也可采用空心颗粒渣。这种颗粒状保护渣较好地解决了粉渣在运输、贮存和使用过程中对环境的污染，对于保护渣组分的偏析和分熔等问题也有所改进，成本有所增加，在连铸生产上可根据需要选用。

（3）预熔型保护渣：将配制好的保护渣原料熔化后冷却，再破碎磨细，并配加适量熔速调节剂，制成粉状或颗粒状均可。它具有成渣均匀的优点，但工艺复杂，成本高，使用者甚少。

（4）发热型保护渣：在渣粉中加入发热剂（如铝粉），使其氧化放热，很快形成液渣层，但这种渣成渣速度不易控制，成本高，应用有一定限制，常作为开浇渣使用。

4.4.2 保护渣的功能

保护渣有以下功能：

（1）绝热保温。位于结晶器液面最上层的粉状层，结构松散，具有良好的绝热保温作用。可以防止结晶器中钢水表面结壳，避免添加保护渣形成熔渣后又固结成盖，并可防止浸入式水口周围结渣。保护渣的绝热保温作用在于保持保护渣上层粉状层有一定的厚度。

（2）隔绝空气、防止钢液二次氧化。覆盖于钢液面上的液渣层，隔绝空气与钢液表面的接触，保护钢液表面不受空气的二次氧化。为了更好地起到保护作用，液渣层应均匀覆盖于钢液面上，渣中不应含有使钢氧化的成分，如应限制渣中氧化铁的含量，熔渣的透气性要低，对钢液的润湿性要好。

（3）净化钢渣界面、吸附钢液中夹杂物。上浮至结晶器液面上的氧化物，随着铸流在结晶器中的对流，有可能在弯月面被卷入凝固壳，造成铸坯的皮下或表面夹杂物等缺陷。因此，保护渣的液渣层应具有良好的吸收和溶解夹杂物的能力。为此保护渣的熔渣应有低的黏度，对氧化物夹杂的润湿性好，吸收夹杂物以后自身性能要稳定。目前所用保护渣属硅酸盐，不能溶解钢中的氧化物，同时连铸保护渣只能起钢渣界面净化剂的作用。要提高铸坯的纯净度，主要还是靠提高钢液的清洁度和防止浇铸过程中钢液的二次氧化。保护渣只能吸收到达钢渣界面的氧化物夹杂。

（4）润滑坯壳并改善凝固传热。充填于气隙中的渣膜对凝固坯壳能起到良好的润滑作用，减少拉坯阻力，从而可防止坯壳与结晶器壁的黏结。此外熔渣进入坯壳与结晶器壁之间，使气隙不再存在，热阻减少，凝固坯壳向结晶器壁的传热得到改善，使坯壳均匀生长，有利于减少铸坯裂纹的形成。

4.4.3 保护渣的结构

图4-20是保护渣熔化过程的结构示意图，由4层结构组成，即液渣层、半熔融层、烧结层、原渣层。也有将烧结层与半熔融层归为一层的，认为是3层结构。无论粉渣，还是颗粒渣都是由这4层或3层组成的。

添加到结晶器高温钢液面上低熔点（1050～1100℃）的渣粉，靠钢液提供热量，在钢液面上形成一定厚度的液渣覆盖层（10～15mm），减缓了钢水沿保护渣厚度方向的传热；在液渣层上面的保护渣受到钢液传过来的热量，温度可达800～900℃，但已软化烧结在一起，形成一层烧结层；在烧结层上面是固态粉状或粒状的原渣层（也称粉渣层）。粉渣层的温度大约在400～500℃，粒度小于100目（0.147mm），与烧结层共同起到了隔热保温作用。

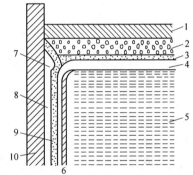

图4-20 保护渣熔化过程的结构示意图
1—原渣层；2—烧结层；3—半熔融层；
4—液渣层；5—钢液；6—凝固坯壳；
7—渣圈；8—玻璃质渣膜；
9—结晶质渣膜；10—结晶器

在拉坯过程中，由于结晶器上下振动和凝固坯壳向下运动的作用，钢液面的液渣层不断通过钢水与铜壁的界面而挤入坯壳与铜壁之间，在铜壁表面形成一层固体渣膜，而在凝壳表面形成一层液体渣膜，这层液体渣膜在结晶器壁与坯壳表面起润滑作用。同时，渣膜充填了坯壳与铜壁之间的气隙，减少了热阻，改善了结晶器的传热。随着拉坯的进行，钢液面上液渣不断被消耗掉，而烧结层下降到钢液面熔化成液渣层，粉渣层变成烧结层，再往结晶器添加新的渣粉，使其保持为3层结构，如此循环，保护渣粉不断消耗。

要形成3层结构，关键是要控制保护渣粉的熔化速度，也就是说，加入到钢液面的渣粉不要一下子都熔化成液体，而是逐步熔化。为此，一般都是在保护渣中加入碳粒子作为熔化的调节剂。碳粒子控制熔速的快慢取决于加入碳粒子的种类和数量。

生产中液渣层的厚度可以直接测定，其方法很简单，用铝-铜-钢三种金属丝同时插入结晶器钢液面以下停留约2～3s，取出后即测量出液渣层厚度，如图4-21所示。板坯结晶器较宽，其边缘与中心浸入式水口周边温度有些差异，可以在不同位置测量液渣层的厚度，以便控制保护渣处于正常层状结构。

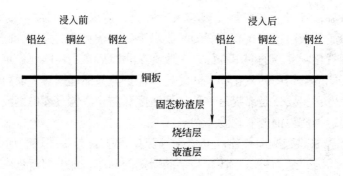

图 4 – 21 三丝法测定保护渣各层厚度

4.4.4 保护渣的理化性能

保护渣有以下理化性能:

(1) 熔化特性。熔化特性包括熔化温度、熔化速度和熔化的均匀性等。

1) 熔化温度。保护渣是由多组元组成的混合物,没有固定的熔点,熔化过程有一定的温度范围;通常将熔渣具有一定流动性时的温度称为熔点。保护渣的液渣形成的渣膜起润滑作用,因此保护渣的熔化温度应低于坯壳温度,一般在 1050～1100℃。

保护渣的熔化温度主要取决于保护渣成分。目前使用的保护渣的成分都选择三元相图的低熔点区。

2) 熔化速度。保护渣的熔化速度关系到液渣层的厚度及保护渣的消耗量。熔化速度过快,粉渣层不易保持,影响保温,液渣会结壳,很可能造成铸坯夹渣;熔化速度过慢,液渣层过薄。同时速度过慢或过快均会导致液渣层厚薄不均匀,从而使坯壳生长不均匀。

调节保护渣的融化速度的有效方法是在保护渣中加入碳质材料。因为碳是耐高温材料,细化的碳质材料吸附在渣料颗粒周围,阻止了渣料接触、融合,使熔化速度延缓,并能阻止保护渣迅速烧结。

配入的碳质材料有炭黑和石墨碳。

3) 熔化均匀性。保护渣加入后,能够铺展到整个结晶器液面上,形成的液渣沿四周均匀地流入结晶器壁与坯壳之间。由于保护渣是机械混合物,各组元的熔化速度有差异,因此对保护渣基料的化学成分要选择适当,最好选用接近液渣矿相共晶线的成分;同时粒度要细,并进行充分的研磨和搅拌。

(2) 黏度。黏度是反映保护渣形成液渣后,流动性能好坏的重要参数,其值大小直接影响结晶器与坯壳缝隙中渣膜的厚度及均匀性;黏度过大或过小会使渣膜厚薄不匀,润滑传热效果不良。因此要选择合适的保护渣黏度。通常在 1300℃时,黏度小于 0.14Pa·s。目前国内所用保护渣在 1250～1400℃时,黏度多在 0.1～1Pa·s 的范围。

保护渣的黏度主要取决于保护渣的成分及渣液的温度,一般可通过调节渣碱度来控制渣子的黏度。

(3) 吸收夹杂物的能力。保护渣应具有良好的吸收夹杂物的能力,特别是在浇铸铝镇静钢时,溶解吸收 Al_2O_3 的能力更为重要。

(4) 结晶特性。结晶特性代表保护渣液渣在冷凝过程中析出晶体的能力,通常用结晶温度和结晶率表示。结晶温度即保护渣液渣冷却过程中开始析出晶体的温度。

（5）保护渣的水分。保护渣的水分包括吸附水和结晶水。保护渣的基料中有苏打、固体水玻璃等材料。这些材料吸附水的能力极强，颗粒越细，吸附的水分也容易增多。吸附了水分的保护渣很容易结团，质量性能变坏，影响铸坯质量，也给连铸操作带来困难，因此要求保护渣的水分要小于0.6%。

配制保护渣的原料需要烘烤，温度不低于110℃，以去除吸附水，对用于钢种质量要求高的保护渣，原料烘烤温度应达200～500℃以脱除结晶水，有的矿物要加热到600℃以上才能脱除材料中的结晶水。烘烤后的原料应及时配料混匀，配制好的保护渣粉要及时封装以备使用。

4.4.5 保护渣的配制

要实现保护渣的功能，关键是配制成分合适的保护渣。现在普遍应用于连铸的保护渣渣料是以 $CaO - SiO_2 - Al_2O_3$ 三元化合物组成的渣系为基础的，并含有适量的 NaO、CaF_2、K_2O 等化合物。

（1）基础渣料。含 CaO、SiO_2、Al_2O_3 基本渣料。按 $CaO - SiO_2 - Al_2O_3$ 三元相图，这3种化合物的成分为：$w(CaO) = 10\% \sim 38\%$，$w(SiO_2) = 40\% \sim 60\%$，$w(Al_2O_3) < 10\%$，熔点高于1300℃以上。

（2）助熔剂。为了调整保护渣加入助熔剂。应用最多的有固体水玻璃萤石 CaF_2、Na_2O、K_2O 等。加入量的多少视其渣子的熔点而定。

（3）调节剂。碳粒子为熔速调节剂。加入量为5%～7%。根据钢种的要求，通过实验把保护渣合适的各化合物含量确定下来。

4.4.6 保护渣的操作要点

实际生产中为获得良好的保护渣性能和保护渣的实际操作有密切联系。

（1）"黑"面操作。所谓"黑"面操作，就是连续地加入足够的保护渣到结晶器的钢液面上，以保持保护渣面总是黑色的，一般熔融层厚度为8～15mm，粉渣层厚度为15～20mm，不易经常搅拌保护渣层，这样做只会使粉渣层和液渣层混合，对保温和化渣不利。

（2）开浇时的保护渣操作。连铸刚开浇时，结晶器内钢液面裸露，散热较快。加入保护渣后，又要吸收大量的热量，钢液面可能凝壳，这时要用渣棍轻轻将渣面搅动，探明无结壳时，即可以按正常方式加入保护渣。对于板坯或使用带有侧孔的浸入式水口的大方坯，应在钢水淹没水口侧孔时方可加入保护渣，对于使用直孔型浸入式水口的方坯，应在钢水淹没浸入式水口端部后再加入保护渣。

（3）"卷渣"和粘连的处理。所谓卷渣从机理上分析，可能有两种情况：一是液面波动比较大，当液面下降时，靠结晶器壁处会出现渣条，渣条一般向结晶器中心倒，若操作工来不及将渣条捞出来，液面又很快升起，就有可能将渣条卷入，使坯壳表面不均匀冷却，有漏钢危险；二是保护渣熔融厚度过厚，靠近结晶器壁处熔渣很快凝固，集中了比较厚的固体层，较厚的固渣层粘在铸坯表面上，影响铸坯质量或减慢传热速度，影响坯壳厚度，也有漏钢危险。

（4）手动加保护渣的操作要点。目前我国连铸大都采用手动方式加保护渣，也就是操作工用一个推渣的耙子和钩子，不断地向结晶器内补加保护渣，不加保护渣的厚度要求液渣加粉渣不大于 50mm，以 35～40mm 为宜。一般是观察保护渣表面，发现表面出现熔融的红斑时，即可推入一定量的保护渣，使液面一直保持黑色，推入的量以遮没红斑为宜，做到勤加少加。

（5）自动加保护渣的操作要点。自动添加保护渣的方法很多，有机械方式，如气动和螺旋推杆方式；有重力方式，即靠保护渣自身重量和较好的球状流入结晶器内。要点是：控制好添加保护渣的速度，调节好阀门的开启度，不要使保护渣的厚度过厚或过薄。

4.4.7 保护渣的选择

使用保护渣能改善铸坯质量已被实践所证实。但这些效果必须是根据钢种、断面尺寸和操作条件的不同来选择适当保护渣的特性才能获得的。不同钢种、不同断面、不同拉速对保护渣物性的要求也不一样。例如从钢种的碳含量考虑，浇铸 $w(C) > 0.40\%$ 的高碳钢种，板坯容易发生黏结，这与弯月面初生坯壳线收缩量较小、润滑不良有关，适当降低保护渣碱度，降低保护渣凝固温度，玻璃质膜厚度增大，有利于润滑，适于浇铸高碳钢。

中、低碳钢的板坯初生坯壳发生包晶反应，线收缩量很大，容易产生表面纵裂纹，尤其是在高拉速情况下更为严重。适当提高保护渣的凝固温度和结晶温度，这种保护渣固态渣膜中的结晶质膜厚，利于控制热流，适于浇铸中、低碳钢种。

对于超低碳钢，倘若保护渣中配入碳质材料的种类和数量不当，铸坯表面会增碳，因而浇铸超低碳钢的保护渣，应配入易氧化的活性炭质材料，并严格控制其配加量，也可以配入适量的氧化锰。它是氧化剂，能够抑制富碳层的形成，并降低其碳含量，还可以起到助熔剂的作用，促进液渣的形成，保持液渣层厚度，用无碳保护渣就更好了。

浇铸不锈钢用保护渣，应具有能净化钢中铬、钛合金氧化物等夹杂物的能力，在吸收溶解这些夹杂物后仍能保持保护渣性能稳定的保护渣。

对连铸薄板用低碳铝镇静钢板坯来说，由于这类钢含 Al_2O_3 系夹杂物较多，故易造成夹杂物缺陷。为此，必须使用那种碱度稍高，黏度稍低，原始氧化铝含量较低，吸收氧化铝系夹杂物能力高的保护渣。

从防止水口侵蚀和保持渣子稳定性的观点来看，一般渣子的碱度以 1.0～1.2 左右为宜。另外还得考虑到应尽量减少因溶解 Al_2O_3 而造成的渣子物性的变动。比如由 Al_2O_3 的富集使渣子黏度增加。

另外，对于方坯连铸来说，由于它断面小、热容量小，故液面上的熔渣易于凝固。因此，应当选择软化点、黏度比板坯用渣要低的易于熔化的渣子为宜。

对于厚板用的连铸板坯来说，由于这类钢的裂纹敏感性强，当渣子组成和渣膜厚度不均匀时，很容易出现纵裂缺陷。另外还发现，纵裂与渣中硫含量也有关系。随着硫含量的增加，纵裂也随之增多。尤其重要的是，为了减少纵裂缺陷，保护渣必须具有均匀熔化的性能。

从环境保护的观点看，粉末状渣已经逐渐开始被颗粒状渣所代替，而且还发现颗粒状渣与粉末状渣相比有均匀熔化性好的优点。

4.5 电磁搅拌

4.5.1 电磁搅拌的特点和选择

连铸过程采用电磁搅拌的主要作用是提高连铸坯的质量，例如去除夹杂物、消除皮下气泡、减轻中心偏析、提高连铸坯的等轴晶率。因此，在浇铸断面较大的铸坯如大方坯、大板坯以及浇铸质量要求较高或易出现质量问题的钢种时，电磁搅拌技术便成为首选。

4.5.1.1 电磁搅拌的特点

电磁搅拌具有以下特点：

（1）通过电磁感应实现能量无接触转换，不和钢水接触就可将电磁能转换成钢水的动能，也有部分转变为热能。

（2）电磁搅拌器的磁场可以人为控制，因而电磁力也可人为控制，也就是钢水流动方向和形态也可以控制。钢水可以是旋转运动、直线运动或螺旋运动。可根据连铸钢钢种质量的要求，调节参数获得不同的搅拌效果。

（3）电磁搅拌是改善连铸坯质量、扩大连铸品种的一种有效手段。

4.5.1.2 电磁搅拌的原理

如图 4 - 22 所示，当磁场以一定速度切割钢液时，钢液中产生感应电流，载流钢液与磁场相互作用产生电磁力，从而驱动钢液运动。

4.5.1.3 电磁搅拌选择

一般来说，在连铸机不同的位置采用不同类型的搅拌器，对改善铸坯质量都会有一定效果。但在实际应用中有一个最佳选择和最佳冶金效果问题，以下参数可作为选择搅拌器的基本要素：

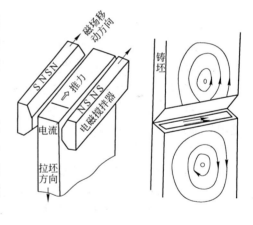

图 4 - 22　电磁搅拌原理示意图

（1）钢种。合金钢含有较多的合金元素。为得到相同的搅拌钢水流速，搅拌不锈钢的磁感强度比碳钢要高一些；不锈钢的柱状晶比碳钢发达，折断不锈钢的枝晶就需要较大的电磁力。

（2）产品质量。应根据产品质量确定电磁搅拌要解决的连铸坯主要缺陷类型。如中厚板主要是中心疏松、偏析；薄板主要是皮下气孔和夹杂物。

（3）铸坯断面。铸坯断面大小决定了拉速和液相穴长度，因而就影响到搅拌器安装位置。

（4）搅拌方式。根据产品质量，以确定搅拌器安装位置，是单一搅拌方式还是组合搅拌方式。

（5）搅拌器参数。应根据钢种和工艺参数（如钢水过热度、拉速）来确定搅拌器类型、功率、电源频率、运行方式等。

4.5.2 电磁搅拌的分类

电磁搅拌有以下分类方法：

（1）从原理上分类。电磁搅拌装置的感应方式从原理上分类有两种：一是基于异步电机原理的旋转搅拌，见图4-23（a），二是基于同步电机原理的直线搅拌，见图4-23（b），而两类搅拌方式叠加可得到螺旋搅拌，见图4-23（c）。螺旋搅拌既能使钢液作水平方向旋转，也可作上下垂直运动，无疑搅拌效果最好，但机构复杂；目前生产中小方坯多使用旋转搅拌，板坯直线搅拌和螺旋搅拌都使用。

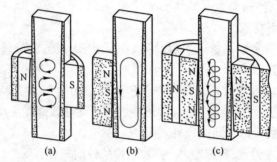

图4-23 电磁搅拌的形式
（a）旋转搅拌；（b）直线搅拌；（c）螺旋搅拌

（2）从生产实际分类。目前处于实用阶段的有以下几种类型：

1）按使用电源来分，有直流传导式和交流感应式。

2）按激发的磁场形态来分，有恒定磁场型，即磁场在空间恒定，不随时间变化；旋转磁场型，即磁场在空间绕轴以一定速度做旋转运动；行波磁场型，即磁场在空间以一定速度向一个方向作直线运动；螺旋磁场型，即磁场在空间以一定速度绕轴做螺旋运动。

目前，正在开发多功能组合式电磁搅拌器，即一台搅拌器具有旋转、行波或螺旋磁场等多种功能。

3）按使用电源相数来分，有两相电磁搅拌器、三相电磁搅拌器。

4）按搅拌器在连铸机安装位置来分一般有3处：即结晶器电磁搅拌（M-EMS）二冷区电磁搅拌（S-EMS）和凝固末端电磁搅拌（F-EMS），如图4-24所示。

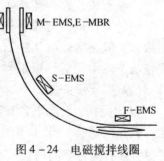

图4-24 电磁搅拌线圈
安装位置

4.5.3 结晶器电磁搅拌

结晶器电磁搅拌具体如下：

（1）结晶器电磁搅拌器特点。M-EMS搅拌器安装在结晶器铜壁与外壳之间，为了防止旋转钢流将结晶器表面浮渣卷入钢中，线圈安装位置应适当偏下；有些结晶器还在电磁搅拌器的搅拌线圈上安装一个能使钢流向相反方向转动的制动线圈。为保证足够的电磁力穿透结晶器壁，使用低频电流，采用不锈钢或铝等非铁磁性物质做结晶器水套；结晶器一般采用旋转搅拌的方式。

由于结晶器铜板的高导电性，故需使用高频（50Hz）电源；由于集肤效应，磁场在铜层厚度由外向里穿透能力只有几毫米，小于铜壁的厚度，也就是磁场被结晶器铜壁屏蔽不能渗入钢水内，无法搅拌钢水。为此采用低电源频率（2～10Hz），使磁场穿过铜壁搅拌钢水。

（2）结晶器电磁搅拌作用：

1）钢水运动可清洗凝固壳表层区及皮下的气泡和夹杂物，改善了铸坯表面和皮下质量。

2）钢水运动有利于过热度的降低，这样可适当提高钢水过热度，有利于去除夹杂物，提高铸坯清洁度。

3）钢水运动可把树枝晶打碎，增加等轴晶核心，改善铸坯内部结构。

4）结晶器钢-渣界面经常更新，有利于保护渣吸收上浮的夹杂物。

4.5.4 二次冷却区电磁搅拌

二次冷却区电磁搅拌如下：

（1）二次冷却区电磁搅拌的位置。S-EMS搅拌器安装在二次冷却区的位置大约是相当于凝固壳厚度为铸坯厚度的1/4～1/3液芯长度区域，即装在二冷区铸坯柱状晶"搭桥"之前，其搅拌效果最好。一般情况下小方坯搅拌器安放在结晶器下口1.3～4m处，采用旋转搅拌方式较多；大方坯和板坯可装在离结晶器下口9～10m处，采用直线搅拌或旋转搅拌方式。当采用旋转搅拌时，为了防止在钢中产生负偏析白亮带，可采用正转—停止—反转的间歇式搅拌技术。

（2）二次冷却区电磁搅拌的作用。S-EMS主要用来打碎液芯穴内树枝晶搭桥，消除铸坯中心疏松和缩孔；碎枝晶片作为等轴晶核心，扩大了铸坯中心等轴晶区，消除了中心偏析；可以促使铸坯液相穴内夹杂物上浮，减轻内弧夹杂物集聚。使夹杂物在横断面上分布均匀，从而使铸坯内部质量得到改善。

4.5.5 凝固末端电磁搅拌

F-EMS安装在连铸坯凝固末端，可根据液芯长度计算出具体的安装位置。

铸坯液相穴末端部区域已是凝固末期；钢水过热度消失，已处于糊状区；由于偏析作用，糊状区液体富集溶质浓度较高，易形成较严重的中心偏析。为此，在液相穴长度的3/4处安装搅拌器，叫F-EMS。一般采用频率为2～10Hz的低频电源。

搅拌器作用：通过F-EMS搅拌作用，使液相穴末端区域的富集溶质的液体分散在周围区域，可使铸坯获得中心宽大的等轴晶带，消除或减少中心疏松和中心偏析。对于高碳钢效果尤其明显。

5

连续生产操作

5.1 开浇前的检查

5.1.1 机长和浇钢工的检查与准备工作

5.1.1.1 设备检查

机长和浇钢工在浇铸前检查的设备有：钢包回转台或其他钢包支撑设备、钢包铸流保护的机械手、中间包、中间包小车、结晶器、结晶器振动装置、二次冷却装置。

（1）钢包回转台或其他钢包支撑设备。对于采用回转台式的钢包支撑设备，浇铸前应左旋和右旋（720°），检查旋转是否正常，停位是否准确，限位开关和灯是否好用，有关电和机械系统是否正常。如果采用其他形式的钢包支撑设备，浇铸前应检查其设备是否能正常工作。

（2）钢包铸流保护的机械手。机械手是钢包到中间包铸流保护浇铸的一种常见形式。浇铸前应检查旋壁及操纵杆使用是否灵活，检查托圈、叉头，要求无残钢、残渣，转动良好；检查小车运行是否正常，小车轨道上有无残钢异物，放置是否平稳且到位适中；准备好平衡重锤、吹氩软管及快速接头。

（3）中间包。检查其外壳是否变形开裂、有无焊钢，确保包内清洁无损。当中间包采用塞棒式控制铸流时，要求机械操作灵活，塞棒尺寸符合要求，塞头与水口关闭严密，塞棒落位准确。当中间包采用滑板控制铸流时，要求控制系统灵活，开启时上下滑板流钢眼同心，关闭时下滑板能封住上滑板流钢眼。采用伸入式水口浇铸时，使用前检查伸入式水口内外表面是否干净，有无裂纹缺角，是否上紧、上牢固，尺寸和形状是否符合要求，伸出部分是否和中间包底垂直及侧孔是否装正。采用挡渣墙的中间包，其挡渣墙的形状及安装位置应准确，同时安装牢固。当中间包采用敞口式水口浇铸时，要用石棉绳堵住中间包水口下端，并使石棉绳的一部分悬在中间包外面，水口上部用预热过的路矿砂充填孔及周围封口，完成堵中间包水口操作。最后，根据中间包的砌筑情况进行烘烤。一般冷中间包只烘烤水口，其烘烤温度应大于800℃，热中间包烘烤包衬，其烘烤温度应大于1100℃。

（4）中间包小车。检查小车升降、横移是否正常，小车上的挡溅板是否完好，小车轨道上有无障碍物。当中间包采用定径水口浇铸时，小车上的摆动流槽应摆动正常，槽内无残钢、残渣和异物。

（5）结晶器。检查结晶器上口的盖板及与结晶器配合情况，要求盖板大小配套，放置平整，无残钢、残渣，与结晶器口平齐，其盖板与结晶器接口处间隙用石棉绳堵好并用耐火泥料堵严、抹平。检查结晶器内壁铜板表面，要求表面平整光滑，无残钢、残渣、污垢，表面损伤（刮痕、伤痕）小于1mm；如果有残钢、残渣、污垢必须除尽，铜板表面轻微划伤用砂纸打磨，表面损伤大于1mm时，则应更换结晶器后再浇铸。检查结晶器的进出水管及接头，不应有漏水、弯折或堵塞现象。试结晶器冷却水压和水温，一般冷却水压为0.6MPa左右，进水温度小于或等于40℃，且无漏水渗水现象，结晶器断水报警器工作正常。定期检查结晶器尺寸和倒锥度。

（6）结晶器振动装置。结晶器振动不应有抖动或卡住现象，振动频率和振幅符合工艺要求。对于振动频率与拉坯速度同步的连铸机，要求振动频率随拉坯速度的变化而变化。

（7）二次冷却装置。检查结晶器与二次冷却装置的对弧情况，要求对弧误差不大于0.5mm；检查二冷夹辊的开口度，使之满足工艺要求。采用液压调节夹辊时，液压压力正常，夹辊调节正常；检查二冷辊子，要求无弯曲变形、裂纹、无黏附物，转动灵活；检查二冷水供给系统，要求喷嘴均无堵塞，接头牢固，水量在规定范围内可调，喷嘴喷出冷却水形状及雾化情况满足要求。当采用冷却格栅时，要吹扫格栅内的残渣，观察格栅磨板有无断裂和烧伤情况，若有则及时处理。

5.1.1.2 工器具和原材料的准备

工器具和原材料的准备如下：

（1）准备好无水或无潮湿物的渣罐和溢流槽，能盛接钢包和中间包的残钢、残渣。

（2）若采用保护管保护钢包铸流，则准备在干燥炉内干燥好的保护管若干根。

（3）准备一定数量的中间包覆盖渣、结晶器保护渣或润滑油，其品种、质量符合钢种和工艺操作要求。

（4）采用冷中间包浇铸时，准备好一定数量的水口引发剂，以防开浇时由于温度低而堵水口。

（5）准备好浇钢及事故处理工具。如中间包塞棒压把、捞渣耙、推渣棒、取样勺、取样模、测温枪、铝条、氧气管、氧－乙炔割枪等。

5.1.1.3 送堵引锭

接到送引锭指令后，浇钢工通过连铸机平台上的操作板与引锭工保持联系，注意观察引锭上升情况，防止引锭头跳偏而损坏设备。当引锭头送到距结晶器下口500mm左右时，浇钢工目视引锭头进行点动送引锭操作，将引锭头送至距结晶器上口规定的距离后停止，然后用干燥、清洁的石棉绳或纸绳嵌紧引锭头和结晶器铜壁之间的间隙，并在引锭头上均匀铺撒20～30mm厚的干净、干燥、无油、无杂物钢屑，最后放置冷却方钢块。

5.1.2 主控室操作工的检查与准备工作

对主控室内各种仪表、故障显示、对讲机以及电传打字机认真检查，确保操作正常；配合浇钢工做好结晶器振动频率的检查、试结晶器冷却水和试二冷水的工作；按下抽蒸汽风机的"启动"按钮，启动风机，并通知机长检查风机有无异常响动；准备好所有记录纸张。当浇钢计划下达后，立即通过对讲机向各有关岗位发出通知。

5.1.3 引锭工的检查与准备工作

引锭工的检查与准备工作包括：

（1）设备检查。

1）引锭头和引锭杆本体：浇钢前对引锭头和引锭杆本体上的杂物、冷钢要清理干净；引锭头和引锭杆本体的形状和规格必须满足要求，与浇铸连铸坯断面相适应，不可有损伤和变形；引锭杆本体与链节联结良好。

2）引锭头烘烤器：处于良好状态。

3）拉矫机：上、下辊运转正常，上下辊距与结晶器断面厚度相符。

4）操作台：检查操作台上的各种操作元件、灯光显示是否正常，控制设备动作是否正常。

5）引锭杆移出设备：运行正常。

6）脱锭装置：运行正常。

（2）送引锭准备。

1）引锭头在送之前必须加热至200℃左右，以免通过二冷段时被弄湿，从而引起浇铸时爆炸。

2）通过引锭杆移出设备将引锭杆移出到送引锭装置。

3）接通所有参与上引锭杆的驱动装置。

（3）送引锭操作。

1）与浇钢工联系清楚，当浇钢工将工作平台操作板上的按钮选择到"送引锭"时，引锭工方可开始操作。

2）启动操作台上"送引锭"按钮，则自动送引锭方式开始工作。其程序是：引锭杆移出装置启动，将引锭头送入拉矫机，拉矫机启动并快速压下压紧引锭杆，同时跟踪系统投入，待引锭头到某辊时停止移出装置，当引锭头运行到结晶器下方规定距离时，自动停止送锭。

5.1.4 切割工的检查

切割工的检查工作包括：

（1）火焰切割。

1）检查操作台上各种灯光显示及按钮是否正常。

2）检查切割小车的运行和返回机构是否正常。

3）根据浇铸坯的厚度及钢种，调整、检查切割嘴的工作数据，同时检查接头是否漏气。

4）接通切割枪闭路水和切割机体冷却水，并调整观察至正常工作参数。

5）接通氧气和可燃气并点着火，检查火焰的风线。

6）预选切头长度和按钢种要求预选连铸坯定尺切割长度。

7）检查备用的事故切割枪是否好用。

（2）机械切割。

1）检查操作台上各种灯光显示及按钮是否正常。

2）检查各机构的传动系统是否处于正常工作状态。

5.2 开浇操作

连铸机开浇操作是指钢液到达浇铸平台直至钢液注入结晶器，拉坯速度转入正常这一段时间内的操作。开浇操作是连铸操作中比较重要的操作，对于稳定连铸操作，提高生产率，减少事故的发生都有现实意义。

5.2.1 开浇操作要点

开浇操作要做到快而稳。所谓"快"是钢包、中间包就位要快，钢包开浇要快，减少钢液温度损失；"稳"是中间包开浇要稳，拉矫机启动要稳，防止开浇时结晶器拉漏。下面将围绕快而稳谈谈开浇操作要点。

（1）浇铸平台测温。测量浇铸平台钢包内钢液温度是保持连铸机不浇铸"过高"和"过低"的钢液，为控制中间包开浇时间、出苗时间等提供操作参数，为连铸拒浇提供依据。浇铸平台测温时，要认真操作，测温枪插入钢包内钢液的深度要保持在 300 ~ 400mm，测温地方要在钢包中部，以防测温不准确而影响开浇操作的正常进行。

（2）钢包开浇。采用滑动水口控制钢包铸流时，其开浇有两种情况：一是自然引流，即打开滑动水口时，钢液自动从水口中流出。二是不能自然引流，采用人工引流，即用氧气将水口烧开。钢包开浇过程要注意三点：1）为了缩短引流时间，在进行自然引流时，要做好人工引流准备；一旦自然引流不成功，立即进行人工引流。2）打开水口后要检查滑动水口关闭情况，进行所谓试滑操作，如果发现水口关不死或打不开要及时处理。3）钢包开浇后采用全开滑动水口浇铸。

（3）中间包钢液控制。中间包钢液控制是：钢包开浇后，尽量使中间包钢液快速升高，达到中间包开浇的钢液高度。这有利于减少中间包钢液温度的损失，保证中间包顺利开浇。

对于不正常的情况，中间包钢液面控制有所不同。如浇铸平台测量钢液温度较低、钢包引流时间长和设备事故使钢液等待时间过长时，中间包钢液面较低时就进行中间包开浇。

（4）中间包开浇。中间包开浇是指打开中间包水口，使钢液注入结晶器这段过程的操作。中间包开浇的主要目的是使钢液平稳注入结晶器，保证出苗时间和拉批顺利进行。在正常情况下，中间包开浇操作尽量做到平稳，即钢液平稳注入引锭头钩槽，在结晶器内根据出苗时间的长短慢慢上升。中间包开浇不能过猛。开浇过猛，钢液易冲动堵引锭头材料和冲熔引锭头，造成开浇拉漏和脱引锭困难；开浇过猛易造成结晶器挂钢和出苗时间不能保证。

在掌握中间包开浇要稳的基础上，对于采用滑动水口或塞棒控制中间包铸流的，还要进行"试滑"或"试棒"操作，检查控制系统是否灵活，防止开浇后铸流控制不好而影响操作。

对于不正常情况，要想保证开浇成功，其中间包水口的控制就更重要。对于钢液温度低或水口烘烤不良的情况，中间包开浇时可将水口开得大些，增加水口处钢液的冲击力，防止钢液结冷钢，同时出苗时间可缩短，拉坯速度增快。如果钢液温度较高，中间包开浇时，水口要控制小些，增加出苗时间。

（5）出苗时间的控制。出苗时间是指从钢液注入结晶器到拉矫机开始拉坯这段时间。出苗时间是保证连铸在结晶器内凝固成足够厚度的坯壳所需要的时间。坯壳的凝固厚度与钢液温度、钢种、连铸坯断面等因素有关。当浇铸的连铸坯断面较大或浇铸的钢液温度较高时，采用出苗时间的上限控制；当浇铸的连铸坯断面较小或浇铸的钢液温度较低时，采用出苗时间的下限控制。出苗时间一般在 30～90s 之间。

（6）开浇过程的拉坯速度控制。连铸机的起步拉坯速度可采用预先选定某一速度（0.3m/min）或不预先选定从零开始拉速两种方法。一般对于大断面采用不预先选速的操作方法较好。开浇拉坯的速度的控制是：升速要平稳，升速过程要慢。

当温度不正常时，如钢液温度较低时，连铸机的起步拉速和升速过程都可以相应提高，在保证不拉漏的前提下，尽量提高拉坯速度。

5.2.2　开浇过程操作

开浇过程操作步骤如下：

（1）各岗位最后检查各自的准备工作和各种仪表情况，确认准备工作做好了。

（2）钢液到达浇铸平台后，浇钢工进行测温操作。当测温符合要求时，指挥吊车将钢包稳定地放置在钢包回转台或其他支撑设备上。

（3）将准备好的中间包及小车开到浇铸位置，对中落位。如采用冷中间包浇铸时，立即将引发剂（镁铝环或硅钙引发剂）放入中间包内钢液冲击区和水口处。

（4）利用钢包回转台或其他支撑设备，使钢包处于浇铸位置。

（5）结晶器接通冷却水。

（6）钢包开浇。如采用钢包铸流保护浇铸，当钢包开浇正常后，打掉水口钢瘤，关闭钢包水口，迅速将预先准备好的保护管套入水口，确保保护管与钢包水口在一条中心线上，人工压住操作杆；打开钢包水口，确认铸流正常后，将平衡重锤挂上，立即接上吹氩管并打开吹氩阀门。

（7）当中间包液面达到 1/2 高度时，向中间包加入覆盖渣，如采用钢包铸流保护浇铸时，钢液面淹没保护管下口就可加入覆盖渣，加入数量视具体情况而定，一般要求均匀覆盖中间包钢液面，厚度为 10～30mm。

（8）当中间包钢液面达到开浇要求后，打开塞棒或滑动水口，或拉开悬在中间包水口外面的石棉绳，中间包开浇。一旦中间包开浇，主控室操作工以 5s 为单位向机长报出时间，以确认出苗时间；浇钢工用捞渣耙压住水口侧孔的钢流，严防结晶器挂钢，或接通结晶器润滑油。

（9）当结晶器钢液面淹没伸入式水口侧孔时，迅速向结晶器内推入保护渣，其加入数量以完全覆盖钢液表面为原则。

（10）当到了出苗时间，结晶器钢液面距上口 100mm 时，启动拉矫机开始拉坯。注意结晶器是否振动，同时接通抽蒸汽风机，按从上到下顺序逐步打开各段的二次冷却水。一旦开始拉坯，主控室操作工以 10s 为单位重新向机长报告时间，以便机长对开浇过程的拉坯速度进行控制。

（11）拉坯后，引锭工要严密监视引锭杆的运行情况，发现异常，及时处理。

5.3　正常浇铸操作

正常浇铸操作是指浇铸机开浇、拉坯速度转入正常以后，到本浇次最后一炉钢包钢液浇完为止这段时间的操作。正常浇铸操作的主要内容是拉坯速度的控制，保护浇铸及液面控制，冷却制度的控制，脱锭操作和切割操作。

5.3.1 拉坯速度的控制

拉坯速度是正常浇铸操作中的重要控制参数。中间包内钢液温度是控制和调节拉坯速度的关键。在正常浇铸过程中，为了保证结晶器出口处有足够的坯壳厚度，减少拉漏事故，拉坯速度必须和中间包内钢液温度密切配合。

当采用多流浇铸时，在浇铸过程中，由于钢液注入位置的影响，中间包各流水口的流速有一定的差别，因而各流的拉坯速度不同，距钢液注入点较远的水口流速比距钢液注入点近的水口流速小。在实际生产中，对距钢液流入点较远的水口，可适当加大水口孔径；而距注入点较近的水口，可适当缩小或维持正常水口孔径，以保持各流的拉坯速度相对平衡和均衡。

5.3.2 液面控制

液面控制包括：

（1）中间包液面控制及保护操作。中间包液面的稳定对连铸坯质量及漏钢事故影响较大。正常浇铸时，液面应控制在 400～600mm 或距中间包溢流口 50～100mm，其控制方法主要是对钢包到中间包的铸流进行控制。

（2）结晶器内液面控制。为保证连铸机的稳定浇铸，结晶器内钢液面应平稳地控制在距结晶器上口 100mm 处或渣面距结晶器上口 70mm 左右，液面波动在 ±10mm 以内。目前结晶器的液面控制有两种方法：采用结晶器液面调节装置和调整中间包水口的大小。前者是由结晶器液面测量装置输出信号，然后根据此信号自动改变拉矫机的拉坯速度，使结晶器液面保持在比较稳定的位置；后者是根据结晶器液面高低，适当减少或增大中间包水口铸流，使结晶器液面符合要求。

5.3.3 冷却制度的控制

在正常浇铸过程中，冷却制度的控制包括两方面：结晶器冷却制度的控制和二次冷却段冷却制度的控制。前者决定结晶器中初生凝固坯壳的形成厚度和连铸坯的一些表面缺陷；后者决定连铸坯的内部组织和内部缺陷。

（1）结晶器冷却制度的控制：

1）水压控制：压力控制在 0.4～0.6MPa 左右。合适的水压可保证水缝内水的流速在 6～12m/s，防止结晶器水缝中产生间断沸腾和影响其传热。如水压低于操作规程时，应停止浇铸。

2）水温控制：进水温度应小于等于 40℃，进出水温差不应超过 10℃。水温过高，易在结晶器水缝内产生污垢，减弱传热。如进水温度和出水温度的温差太大时，应联系及时处理。

3）水量控制：水量的控制可根据结晶器水缝的断面积和水缝内水的流速来确定。如：140mm×140mm 方坯的流量为 72～146m³/h（每流）；220mm×1600mm 板坯的流量宽面为 407.5m³/h，窄面为 46.5m³/h。

4）水质控制：软水。

（2）二次冷却段冷却制度的控制：

1）水温控制：最高供水温度为40℃。

2）水压控制：0.7~0.9MPa。

3）水量控制：因钢种、连铸坯断面尺寸和拉坯速度等因素不同，水量也不同，一般为0.5~1.5L/kg钢。同时水量控制要掌握以下几个原则：

①二次冷却段各段水量分配随连铸坯凝固厚度的增加而减少。

②对连铸板坯来说，宽面的水量比窄面的水量大；宽面中心线区域的水量比边缘区域的水量大。

③连铸坯正反面水量的分配，不同的连铸机是不同的。立式、立弯式连铸机正反面水量相等；弧形、超低头连铸机内弧水量为外弧水量的1/3~1/2；水平连铸机上面水量为下面水量的1/3。

④水量误差大于15%时，应采取措施。

5.3.4 脱锭操作

脱锭操作是指浇铸过程中，引锭杆带着连铸坯通过拉矫机后，使引锭杆与连铸坯脱开的操作。

脱锭操作过程是：

（1）脱锭前将拉坯速度降到规定以下。

（2）注意连铸坯的运行情况，达到脱锭位置时，及时开始脱锭。

（3）脱锭时，首先选择自动脱锭，并认真监视随时做好手动脱锭的准备；在自动脱不掉时，立即改手动补救脱锭；如改手动脱锭，仍脱不掉时，要及时停浇。小方批的脱锭往往在切断连铸坯后才完成。

（4）引锭杆脱锭后，启动引锭杆移出装置，将引锭杆存放起来。

5.3.5 切割操作

切割操作是指出拉矫机经脱锭后的连铸坯，按用户或下步工序的要求，将连铸坯切成定尺或倍尺长度的操作。

目前，连铸机上采用的切割方法主要有火焰切割和机械剪切两种。

（1）火焰切割。

1）连铸坯运行至切割位置时，通过定尺装置发生信号；当连铸坯达到定尺长度时，切割小车靠同步机构，使连铸坯与切割装置同步，同时切割枪快速向连铸坯靠拢。

2）切割枪接近连铸坯边缘时，由限位开关控制切割枪，快速转换为始切速度，待切割枪始切运行一定时间后转换为切割速度进行切割。

3）切割完后，切割枪快速返回终端，同步机构打开，切割小车快速返回原处，准备接受再次切割，同时出坯轨道接通，连铸坯被输出。

（2）机械剪切。

1）连铸坯运行至剪切机时，通过定尺装置发出信号；当连铸坯达到定尺长度时，剪切机的上下刀台咬住连铸坯，使剪切机与连铸坯同步运动。

2）通过传动系统带动上下刀台移动，使上下刀台合拢，剪断连铸坯。

3）剪断连铸坯后，由复位机构使上下刀台回复到原来的张开位置，等待下一步剪切，同时出坯轨道接通，连铸坯被输出。

5.4 多炉连浇操作

多炉连浇技术包括同钢种连浇、异钢种连浇、不同断面连浇（即断面调宽技术）等。多炉连浇是提高连铸机的作业率，提高连铸坯产量及连铸比，降低金属损失的重要措施，使连铸机的优点得到了充分的发挥。多炉连浇操作主要有：更换钢包的操作、快速更换中间包的操作、异钢种连浇的操作。

5.4.1 更换钢包操作

钢包内钢液浇铸完毕前，严密注视钢包铸流情况，一旦发现下渣，立刻关闭水口。如采用保护浇铸时，应根据钢包的浇铸时间提前 2~3min 关闭水口，卸下保护管后，再继续将此炉钢液浇完。

更换钢包前，尽量将中间包液面控制高一些，确保换钢包时不降低拉坯速度。

新钢包开浇操作与前述开浇操作相同。如引流所需时间长，拉坯速度可在较小范围内（约20%）变化，不得停机和严防中间包下渣。

5.4.2 快速更换中间包操作

一个中间包实现多炉连浇比较容易，这个过程主要是更换钢包的操作。如果想延长多炉连浇的时间和提高连浇炉数，可在短时间内中断中间包浇铸，快速更换中间包，然后继续浇铸。具体操作如下：

（1）当钢包停浇后，离开中间包浇铸位置，此时适当降低拉坯速度。

（2）当中间包钢液剩余 2/3 时，将预先烘烤好的新中间包，由小车开至结晶器旁待用。

（3）当中间包钢液剩余 1/2 时，进行结晶器换渣操作。

（4）当中间包液面降到 150mm 时（注意不让渣子进入结晶器），立即停止浇铸，快速打走中间包，捞出水口碎片。对于中小断面连铸坯，立即向结晶器内的钢液插入接件。连接件的一半浸入钢液中，另一半留在外面，作为接头之用。

（5）当结晶器内钢液面降至引锭头位置时，停止拉坯，并适当减少二次冷却水量。

（6）新中间包就位、落位。若使用连接体，中间包水口下降时不得与连接体相碰。

（7）新中间包落位时确认良好无误时，钢包到位开浇，然后按开浇操作标准执行。

（8）更换中间包时间不能太长，一般要求中断浇铸时间不超过 2min，以防接痕焊接不良引起漏钢事故。

（9）切割工应将接痕留在连铸坯尾部 200~300mm 处。

（10）换中间包时原则上不能同时换钢包，且不能在钢包钢液开浇初期或临近浇铸终了时换中间包。

5.4.3 异钢种连浇的操作

不同钢种连浇的主要问题是如何使"中间混合区"最小。所谓"中间混合区"就是这段连铸坯的化学成分分界于两个钢种之间。目前解决的方法是：更换中间包时往结晶器中插入一个"固体桥",作为钢液分隔装置。

"固体桥"装置大体上可分为两类,即连铸坯连接件和钢液分隔器。连铸坯连接件的使用见图 5 - 1。固体桥钢液分隔器可以浸没在结晶器的钢液中,并在钢液液面下形成一个桥。在每次操作时,这种分隔器可以用机械迅速地插入。

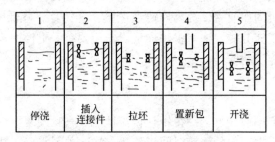

1	2	3	4	5
停浇	插入连接件	拉坯	置新包	开浇

图 5 - 1 连接件的使用示意图

异钢种连浇的操作如下:

(1) 钢包浇完后,关闭水口,离开中间包浇铸位置。

(2) 当中间包钢液剩余 1/2 时,捞出结晶器内旧渣,换上新渣,新渣均匀覆盖厚度为 10mm 左右。

(3) 当中间包液面降到 150mm 时,立即停止浇铸,快速打走中间包,捞出水口碎片,液面控制在离结晶器上口 100~150mm,立即停坯。

(4) 迅速将固体桥插入结晶器内的钢液中。必要时可在液面上均匀撒上 20mm 冷却屑,使液面凝固。

(5) 新中间包迅速到位、落下,同时把结晶器内的液面高度降到引锭头位置停放。

(6) 钢包到位开浇,然后按开浇操作标准执行。

(7) 切割工应控制好定尺,按接痕线前 400mm、后 300mm 为混合区,切割时将上述 700mm 留在坯尾,且不留在优质连铸坯上。

5.5 停浇操作

停浇操作是指钢包钢液浇完,中间包钢液浇完,连铸坯送出连铸机及浇铸完检查和清理的操作。停浇操作的主要内容是钢包浇完操作、降速操作、封顶操作、尾坯输出操作及浇铸完的清理操作和检查。

(1) 停浇操作的要点为:

1) 要尽量避免钢包渣进入中间包。

2) 拉坯速度应随着中间包液面的降低而降低,以防中间包渣进入结晶器,同时增加连铸坯的凝固,为封顶操作做好准备。

3) 为防止最后的中间包钢液带渣进入结晶器,应采用保留一定中间包钢液的方法。

4) 在中间包钢液快要浇完时,要捞净结晶器内保护渣,为封顶做好准备。

5) 为了使尾端连铸坯完全凝固,连铸机的拉坯速度完全控制在"蠕动"或"爬动"速度。为了使结晶器内铸坯在凝固前夹杂物尽量上浮,往往采用轻轻搅拌液态钢液的方法。

6）尾坯在出结晶器之前一定要完全凝固，凝固不完全的尾坯不能拉出结晶器。

7）尾坯输出时，必须采用"尾坯输出"速度，以保证连铸坯在规定温度范围内矫直。

（2）钢包浇完操作要点为：

1）根据钢包内钢液的浇铸时间、连铸坯的浇铸长度或钢包内钢液的质量显示来正确判断钢包内剩余钢液量。如果采用保护管保护浇铸时，应在钢包钢液浇完前 2～3min 拆下保护管。

2）目视铸流，一见下渣就关闭水口。

3）关闭水口后，如果有水口结瘤，用钢管将其打掉，并拆下水口有关控制机构。

4）将钢包送走。

（3）降速操作要点为：

1）当钢包浇完后，一般停止向结晶器内添加新的保护渣，并准备捞渣耙，准备捞渣，同时开始降低拉坯速度。

2）当中间包内液面降至 1/2 左右时，拉坯速度应降到正常拉坯速度的 50% 左右。此时开始捞结晶器内的保护渣，进行捞渣操作时，用捞渣耙沿着钢液表面将粉渣和熔融状态渣全部捞净，同时做好关闭水口的准备。

3）注意观察中间包钢液液面。当中间包钢液面降到可能使中间包渣流入结晶器的时候，立即关闭结晶器水口，同时将拉坯速度降到"蠕动"。

4）升起中间包小车，将小车开离结晶器于中间包放渣位置。

5）再一次捞净结晶器内所残余的保护渣和水口碎片，并准备封顶操作。

（4）封顶操作要点为：

1）用钢管搅拌结晶器内钢液面，搅拌钢液不要猛、要缓慢，以促进连铸坯内夹杂物上浮和尾部连铸坯的快速凝固。

2）缓慢搅拌后，若结晶器内尾部连铸坯表面没有凝固，可采用向尾部连铸坯喷水的方法。喷水要喷淋均匀，不要过多，而且喷水时人要离开结晶器上口一定距离。

3）喷水后，若结晶器内尾坯未完全凝固，应短时停机，继续喷水或撒铁屑。

4）从封顶开始到结束的过程中，应将二次冷却减少，按封顶操作的规定进行配水。

（5）尾坯输出操作要点为：

1）将拉坯速度逐级升到规定的尾坯输出速度。一般尾坯输出速度比正常的拉坯速度高 30% 左右。

2）尾坯输出时，二次冷却段的配水将恢复到正常。

3）尾坯输出只有等到连铸坯尾端离开拉矫机最后一对夹辊才算结束。

（6）浇铸完后的清理和检查要点为：

1）抬下结晶器上的剩余保护渣和渣耙，并对结晶器盖板进行冲洗。

2）清理保护管的残钢、残渣，并将操纵机械移至安全位置。

3）清理结晶器内壁残钢、残渣和污垢，并按"浇铸前的检查"要求对结晶器进行检查。

4）将旧中间包内的残钢、残渣放净后，及时吊走。

5）更换已装满的渣盆、溢流槽。

6）清理所有的浇铸工器具。

7）其他的检查均按"浇铸前的检查"进行。

5.6 铸坯精整

在连铸车间内，连铸坯切成定尺后，还需进行精整操作，以消除连铸坯的缺陷，满足轧制的工艺要求，提高连铸坯的成材率。连铸坯的精整操作包括连铸坯的冷却、打印检查和清理。

（1）连铸坯的冷却。连铸坯冷却的目的是使连铸坯的温度冷却到能进行输送或清理的温度。连铸坯的冷却方式有空冷、缓冷和水冷三种。

1）空冷。空冷是将输送出来的连铸坯，单块地或多块重叠地堆放在冷床（专门的冷却场或冷却装置）上，在空气中自然冷却。这种冷却方式不但需要很长的时间，而且还需提供很大的车间冷却场地。空冷的钢种一般认为全部普碳钢和低合金钢的冷却处理。

2）缓冷。缓冷是将送出来的连铸坯，用缓冷罩将其盖起来，进行缓冷。缓冷的作用是减少冷却时的热应力和组织应力，避免或减少裂纹，便于连铸坯的精整处理。对冷却时裂纹敏感性强的钢种，必须采用缓冷的冷却方式。

3）水冷。水冷是将输送出来的连铸坯，用水喷淋在其表面上，进行强制冷却。这种冷却方式冷却速度快，冷却时间减到30min以下，坯料能更快地进入下一流程，也有利于生产的安排；减少了冷却和堆放的场地，从而降低了构筑物和车间费用；能获得表面干净、无氧化铁皮的钢坯；改善冷却区的工作环境；便于坯料的检查、清理连续化。水冷的方式一般适用于不易产生裂纹的普碳钢及部分合金钢。

（2）连铸坯的打印检查。连铸坯冷却后，必须打印并及时检查连铸坯的缺陷。

1）打印。打印就是在连铸坯的头部或侧面准确无误地打下所需的标志。打印方法目前有以下四种：

①涂印法：这种方式是利用涂料或喷射金属的方法通过刻板涂印的。它可以标涂大型的字，易于辨认；但标涂部位必须除去铁皮，而且机械的维护也较困难。

②标牌法：这种方法是把预先标好的铭牌钉到连铸坯上的方法。它比较简单，但标牌容易脱落，在下步进行加工时，还得进行处理，成本也较高。

③喷号法：这种方法是直接用涂料进行喷号。它简单易行，操作灵活；但不便于自动打印。

④打引法：这种方法是直接在连铸坯上刻印数字。它不需要前后处理工序，操作也比较简单；但比较小，难于辨认。

不管采用哪一种打印方法，打印前都应仔细检查打印装置能否正常工作，标志号是否正确。

2）检查。连铸坯的检查就是仔细观察连铸坯的各个表面，找出连铸坯的缺陷。经常检查后的连铸坯，如发现有缺陷，应根据缺陷分类，判断报废或进行清理。

（3）连铸坯的清理。连铸坯清理的目的就是去除检查出来的连铸坯缺陷，避免加工后转变为钢材的缺陷。目前连铸坯的清理方法有：火焰清理、风铲铲削、砂轮研磨和切割。

火焰清理、风铲铲削、砂轮研磨的清理方法参照第八章第四节钢锭的精整。

切割是指经过检查后的连铸坯，如有接痕、缺陷严重和需取试样等，把连铸坯切开的清理方法。其切割方法有火焰切割、机械剪切和锯切三种。不管采用哪一种切割方法，切割时都应确保装置的正常运行。

随着连铸技术的不断发展和完善，钢液净化处理、铸流保护浇铸、性能良好的保护渣、合理的二次冷却制度、改进伸入式水口的材质和形状、结晶器的高频低幅等一系列措施被采用，对改善连铸坯质量，生产无缺陷连铸坯，收到了显著效果，从而简化了精整操作，为连铸坯的热送、热装、直接轧制创造了有利的条件。

连铸常见事故

6.1 钢包事故

6.1.1 钢包塞棒水口堵塞

钢包塞棒水口堵塞的处理方法为：

（1）若考虑是水口内堵塞物没有清理干净，必须在塞棒关闭状态下重新清理水口，必要时用氧气管清洗一次，再行试开。

（2）若考虑是塞棒的塞头砖掉片造成水口堵塞，可重力关闭塞棒，使塞头砖粘起塞头掉片，从而轻缓打开水口，在此情况下，塞棒可重力关闭 2～3 次，也可能失败，在成功粘起塞头掉片的情况下浇铸操作必须更缓慢和小心。

（3）在试行黏合掉片的操作失败的情况下，可用氧气管在大压力氧气的条件下清洗水口，清洗时塞棒要在打开状态。

（4）如果是冷钢包，钢包内有冷钢包底或出钢温度偏低，都有可能因水口附近冷钢影响，造成水口堵塞。为此，在上述操作无效的条件下，钢液可作回炉处理。

（5）经水口堵塞事故处理钢流打开后，若发生钢流无法控制时，必须密切关注中间包液面，结晶拉速在允许的范围内以偏上限操作控制。一旦中间包液面接近上口溢流槽时（有些中间包没有），可让钢液通过溢流槽流入备用钢包或渣包。渣包必须保持干燥并带有一些垫底的垃圾保护底部。

一旦中间包液面接近上口有满溢危险时，必须用吊车吊走该钢包或操作回转台把该钢包置于事故位置，让钢液流入备用钢包或渣包。在中间包液面下降后，使钢包重新进入浇铸位置并继续向中间包供钢液，这样反复多次直至把钢液浇完。

流入备用钢包内的钢液可作回炉处理，渣包内钢液冷却后运往渣场倒翻，大块冷钢分割（氧气切割）后回炉。

（6）在处理水口堵塞事故过程中若中间包钢液已浇完，中间包浇铸可作换中间包操作：结晶器内铸坯蠕动等候或小断面加攀等候，等候时间超过换包操作规定时间时，铸机可作停浇操作处理。此时水口堵塞事故处理可以中止，事故钢包内钢液可回炉。如没有准备好中间包，当钢包钢流重新打开后，事故时使用的中间包在钢液未见渣的条件下，可以试行继续浇铸（也作换包开浇操作）。用使用过的中间包再行浇铸成功率较低，必须做好发生中间包水口关不死事故的准备（塞棒机构）。

6.1.2 钢包滑动水口堵塞

钢包滑动水口堵塞的处理方法是：

（1）通常是引流砂没有自动流下造成的。可以快速关闭和重开滑板一次，依靠滑板运动的振动使引流砂自动流下，达到正常开浇，或可用氧气管在不带氧的情况下浸入钢包水口（滑板打开）捅砂，使引流砂松动自动流下开浇。

（2）在进行上述操作无效的情况下，先确认滑动水口是否在打开状态。

（3）用氧气管在一般氧压条件下（0.3~0.5MPa）清洗水口，促使引流砂全部流下，达到开浇目的。

（4）在进行上述操作无效的情况下，先在小氧压条件下点燃氧气管，然后小心把点燃的氧气管移入水口内，再开大氧压清洗水口内引流砂或堵塞的冷钢渣等。

（5）上顶操作可进行3~4次，直到钢流正常。若钢液温度过低或多次用氧不见效的情况下，事故钢包钢液可作回炉处理。

（6）在处理水口堵塞事故过程中密切注意中间包液面高度，视情况决定中间包停浇和铸机停浇。

6.1.3 钢包滑动水口窜钢

6.1.3.1 滑动水口窜钢的原因

滑动水口窜钢的原因为：

（1）安装质量问题。滑动水口是一个比较精密的机构，在各耐火砖之间要求一个比较小的缝隙（≤0.5mm），这些缝隙又要求在滑板面上均匀分布。这就要求操作工做细致的工作，不能马虎。

水口座砖与包底内衬要紧密贴紧，要保证砖缝大小与滑板框架有一定距离。在安装中往往会只考虑座砖的中心线对中而忽略了周围砖缝，从而造成座砖周围局部砖缝过大而穿漏。当钢包更换工作内衬、水口座砖而不更换永久层时，在安装好座砖、砌好新工作层后在座砖底部要注意用泥料填嵌座砖与永久层之间的间隙。这项工作也可在放座砖前做好，但砌好后也要认真检查。

安装座砖时要注意与滑板框架有一定的平行距离；距离太大可能会造成上滑板与水口砖砖缝太大；距离太小会使滑板框架无法安装滑板；不平行会造成滑板侧斜，从而使滑板与上水口砖缝过大。

放水口砖时，水口砖四周泥料要涂抹均匀和丰满，不能有任何硬块，否则会产生水口砖与座砖之间砖缝问题。

上滑板的上口泥料也要涂抹均匀和丰满。安装时要放平、装紧。要正确使用安装工具，并用塞尺检查上滑板位置和与框架的平行度。

下滑板（中、下滑板）和下水口一般事前组装在一起，安装也要求平稳，框架与滑板框等机件安装应保证上、下滑板之间均匀贴紧。安装质量不佳是滑动水口穿漏的主要原因。

（2）耐火材料质量问题。滑动水口耐火材料的质量要求比较高，除通常的物化性能外，还要求表面粗糙度和平整度。表面质量不好，耐材物化性能不好，使用时炸裂等现象都会造成穿漏事故。

（3）操作失误。如安装好滑板，检查滑板动作后没有做到水口完全关闭甚至是全开的状态就投入使用，这时就会造成水口漏钢。

（4）滑动水口机构故障问题。小的零件故障，如气体弹簧失灵、压板螺丝脱落等也会造成滑板之间缝隙过大，进而造成穿漏事故。

（5）滑动水口的窜钢事故相对于塞棒机构发生事故要少，其中多数是因为误操作或没有按操作规程操作，所以对各个操作过程进行认真检查是很重要的。

（6）滑动水口窜钢造成机构卡死，应急处理必须慎重，不能任意松动机构螺丝等，防止滑板松动，造成更大的事故。

6.1.3.2　滑动水口窜钢的处理

A　出钢过程中滑动水口机构窜钢现象的处理

（1）不论窜钢发生在什么部位，应立即停止出钢。

（2）立即开出钢包车，无论窜钢停止与否，都要立即开出钢包车。

（3）指挥吊车吊起事故钢包，如窜钢仍在继续应指挥附近人员避让。

（4）把正在窜钢的钢包吊至备用钢包上方，让钢液流入备用钢包。

（5）如工厂采用吊车吊包配合出钢的工艺，出钢过程中发现滑动水口机构有窜钢发生，也应立即停止出钢。事故钢包如窜钢不止，也必须吊至备用钢包上方，让钢液流入备用钢包。

（6）如窜钢中止，事故钢包中仍有钢液，必须立即采取回炉操作。操作时应考虑钢液再次窜钢的可能，操作人员要合理避让。

（7）回炉操作：

1）把事故钢包吊起，指挥吊车把钢包运到余钢渣包处（用副钩挂上钢包倾翻吊环）。

2）余钢渣包必须干燥，里面必须有干燥的钢渣或浇铸垃圾垫底。

3）指挥吊车倒渣，留钢液，如事故钢包内钢液较少也可全部倒入余钢渣包，余钢渣包内钢液冻结后可倒翻切割成废钢块再回炉。

4）事故钢包内钢液可用过跨车运到炉子跨将钢液倒入转炉重新冶炼。转炉车间装备有铁水包的，也可倒入铁水包与铁水混合后回炉，钢液与铁水混合时需注意碳氧反应造成的沸腾或爆炸。所以倒钢液（或铁水）时必须先细流，然后才可加快。

5）装备有 LF 炉的炼钢厂，如事故钢包内钢液较多，则需过包（将钢液倒入另一钢包）后，再重新精炼。

6）装备有 LF 炉的炼钢厂，如事故钢包钢液较少，一般应作回炉处理。如遇到 LF 炉粗钢出钢，且所剩钢液量较少不影响下一炉 LF 精炼的情况下，也可过包到下一炉 LF 炉钢包，进行再精炼。

7）备用钢包中钢液表面加保温剂（碳化稻壳等），也可适当加些发热剂等防止钢液温度过度下降。

8）流入备用钢包的钢液，回炉或重新精炼。重新精炼也是回炉的一种形式。

9）为加快处理速度，在炉坑内的残钢渣上可适当喷水降温，如残钢渣量不大，最好在红热状态处理。喷水降温时不要造成炉坑积水。

10）炉坑内残钢渣可用氧气管吹扫分割处理，如残钢渣已降温至接近常温，为保护炉坑内钢轨等，局部要用氧–乙炔割炬处理，处理完后才可恢复正常生产（设备损坏必须修复）。

11）事故钢包的滑动水口耐火材料必须更换，机构受损坏，必须作报废处理。

B 钢包出钢完毕至滑动水口打开前，在精炼或运送到浇铸位置过程中发现滑动水口机构窜钢现象的处理

（1）如果窜钢量很小，并马上停止窜漏，可继续精炼或运至浇钢位置，偶然的机会可能不影响正常浇铸。但事先应将影响滑板滑动动作的冷钢用割炬清理干净。

（2）如果不能正常浇铸，事故钢包作回炉处理。

（3）如果窜钢量很大，则必须立即把事故钢包吊至备用钢包上方，让事故钢包钢液流完，备用钢包钢液作回炉处理。

（4）如果窜钢量很小，但没有马上停止，事故钢包必须过包回炉即把钢液倒入备用钢包，再回炉。

C 在浇铸位置，滑动水口刚打开或在浇铸过程中滑板之间或水口之间发生窜钢的处理

（1）如漏钢量很少，并可立即停止窜钢，则可继续浇铸。

（2）如漏钢量很小，但不能立即停止，并有扩大趋势，则必须关闭滑动水口，停止浇铸。回转台转至或吊车吊运至备用钢包上方。

（3）事故钢包内钢液流入或倒入备用钢包作回炉处理。

6.1.4 钢包滑动水口钢流失控

钢包滑动水口钢流失控的处理方法为：

（1）通知中间包浇钢工，防止中间包满溢或钢包吊离（转离）中间包时发生的钢流飞溅而产生伤害事故。

（2）指挥吊车或回转台操作人员，随时准备把事故钢包运离中间包上方。

（3）监视中间包钢液面高度。

（4）检查开关机件是否灵活、齐全，并及时采取修复措施，必要时请钳工到现场修复。

（5）滑动水口机构发生钢流失控，主要由滑动水口控制动力故障所造成，所以先得检查操作方向，排除误操作因素。

（6）检查滑动水口控制动力系统——液压系统是否正常：先检查液压泵的运转，后检查液压压力，再检查油箱油位，然后检查换向阀动作，并针对性地采取相应检修措施。

（7）凡液压泵停转或液压压力不足，但油箱油位正常，可迅速转为手动泵操作来控制钢流。

（8）在处理事故过程中，如发现中间包钢液面已到紧急最高位置，该中间包又没有溢流槽，则必须立即拆卸控制滑动水口的油泵或油泵上的油管，指挥天车或回转台操作工将钢包吊离（转离）到备用钢包位置。

（9）流入备用钢包内的钢液作回炉处理。

6.1.5 钢包穿漏事故的处理

6.1.5.1 穿包事故概念

从高温钢液进入钢包开始，直至钢液全部从滑动水口流出的整个工艺操作阶段发生钢水从滑动水口以外的底部或壁部漏出，则称为发生穿包事故。

当钢包外壳局部发红，有穿漏的先兆时，生产中一般也作为穿包事故处理，这时也可

称为先兆穿包事故。

钢包穿包事故根据穿漏的部位不同可分为 4 种：

（1）穿渣线。对于一般炼钢厂，钢包容积与出钢量是相对稳定的，因此钢包中钢液面上的覆盖渣处在一定的包壁部位，并对包壁耐火材料造成特殊的侵蚀，从而形成渣线。在钢包盛放钢液的使用过程中，渣液或钢液从该部位穿漏而出，称为穿渣线事故。该种事故是钢包穿包事故中经常遇到的，发生比例是整个钢包穿包事故次数的50%以上。

（2）穿包壁。钢液从钢包的渣线以下、包底以上某一部位穿漏，则为穿包壁。在生产中如穿漏部位接近于包底（包高度的 1/2 以下），则定为穿包壁事故，但仍作穿包底事故处理。

（3）穿包底。钢液从包底部位（水口和水口座砖区域除外）穿漏，则为穿包底。穿包底事故发生频率较低，但事故影响、事故损失、对安全的威胁都较大。

（4）穿透气砖。大型钢包一般在底部装有 1~2 块透气砖，作为吹氩搅拌使用。该透气砖如安装不当或耐火材料侵蚀过度会造成穿钢事故，处理方法与穿包底相同。

6.1.5.2　钢包穿漏事故的主要危害

钢包穿漏事故是转炉炼钢生产工艺过程中对生产影响较大的事故之一，其主要危害在以下几个方面：

（1）除钢包穿渣线事故有时可继续浇铸外，绝大多数穿漏事故都终止浇铸。

（2）钢液有较大的损失。穿漏出的钢液立即凝成冷钢，不能浇成铸坯，留在包内的钢液或回炉重新冶炼，或留在包内凝成冷钢后再处理。

（3）处理冷钢或钢液回炉要增加生产成本。

（4）穿漏的钢液往往会损坏浇铸设备，处理事故又会损失作业时间，经济上带来更大的损失。

（5）穿漏的钢液对人身安全威胁较大：钢液飞溅烫伤操作人员，穿漏事故往往会造成人员伤害。

可见穿漏事故给工艺设备以及人身安全都带来极大的危害性。

6.1.5.3　穿包的征兆和预防

钢包穿包事故发生前总有一些征兆，为了把穿包事故的影响减少到最低程度，只要我们在生产过程中认真检查钢包是可以发现穿包征兆（或称为先兆穿包事故）的，并立即采取紧急措施以尽可能避免事故的发生。

穿包的征兆主要是钢包外层钢壳的温度变化而引起钢壳颜色的变化。

常温下钢材在没有油漆保护的情况下受到空气中氧的氧化一般呈灰黑色。在钢材加热过程中其颜色会发生一些变化：在 650℃ 以下其仍呈灰黑色，超过 650℃ 其颜色会逐渐发红。先是暗红，然后渐渐发亮，当温度超过 850℃ 时就变成亮红色，然后越亮直至熔化（一般钢壳的熔点在 1500℃ 左右）。

一般穿包事故是包内钢液逐渐向包的钢壳渗透，并传递热量，使该处钢壳的温度不断升高，直到钢液渗到钢壳从而使钢壳加热到熔化温度。钢壳熔化，包内的钢液（渣液）就会从渗漏到大漏造成穿包事故。为此当钢包某一部位的钢壳开始发红则是穿包的征兆。

钢壳发红颜色的判断必须有一个相对参照对比,主要是相对临近的钢壳颜色而言,但是环境的光线对红色的判断又有影响,往往太阳光的直接照射,或钢流(包括渣流)的辐射都会影响红色的判断。当对钢壳颜色的判断产生疑问时一般要采取措施,隔断上述的光照进行检查。

为检查钢壳的温度,可以用沾有油料的回丝贴紧钢壳检查。当钢壳发红时其温度可引燃回丝,也可使用激光测温计,对后期钢包有怀疑区域进行检测。

为防止穿包事故的发生,在出钢、精炼、浇铸过程中必须经常检查钢壳的颜色,特别是包龄后期及最易发生穿漏部位钢壳的颜色,如钢包的渣线部位及钢流冲击区等。另外要注意检查包内钢液面状态:如发生钢液对包衬过分的侵蚀,则钢液面会产生不正常的翻动;如果包衬的耐火材料剥离,则剥离的耐火材料也会浮出钢液面,这些现象也是穿包征兆之一。

6.1.5.4 造成穿包事故的原因

造成穿包事故的原因有:

(1)钢液温度过高。钢液温度过高则会增加对耐火材料的侵蚀。耐火材料有其一定的耐火度,在选用钢包内衬材质时,其耐火度应高于钢液可能会有的最高温度,应有一个保险系数,以免一旦炼钢操作失常,钢液温度太高,而可能在浇铸过程侵蚀完包衬材料后造成穿包。

(2)钢液氧化性过强。钢液氧化性过强,其从炉内带来的钢渣氧化性也会很高,高[O]的钢液和(FeO)高的钢渣都会造成耐火材料侵蚀速度加快,从而造成穿包。

(3)耐材质量不好。耐材质量不好,耐火度、荷重软化点等指标未达到标准规定,在正常的钢液条件下也会加速侵蚀造成穿包。耐火材料局部有夹杂、内部空洞、内部裂纹等质量问题也是造成穿包的原因。

(4)钢包砌筑质量不好。钢包砌筑没有达到规范要求,特别是砖缝过宽(大于2mm),砖缝没有叉开,砖缝泥料没有涂均匀等缺陷,很容易造成钢液穿入砖缝使耐火砖脱落上浮造成穿包。整体钢包的裂纹也会造成钢液渗入到钢壳而造成穿包事故。极少数砌筑不好的钢包会在使用过程中发生包壁内衬坍塌。

(5)过度使用造成穿包。在钢包使用过程中已发现包衬有较大侵蚀,并有穿漏危险,这时应该停止使用重新砌筑。如果冒险使用则会造成事故。

6.1.5.5 钢包穿包事故处理

钢包穿包事故处理如下:

(1)钢包穿漏事故处理。钢包穿渣线一般发生在钢包开浇之前,如钢包未吊到浇铸平台上方,则可在浇铸场地的渣盘区让其停止穿漏后再吊到待浇位,继续准备浇铸;如在浇铸位上方发生穿漏,则要将钢包吊离到渣盘区让其停止穿漏后再浇铸;如已经开始浇铸,则视其是否影响人身安全和铸坯质量情况,决定停浇或继续浇铸。一般情况下继续浇铸,当其液面下降后会停止穿漏。

发生在中、下部包壁、包底的穿漏事故,只能中断正常精炼或浇铸操作。穿漏钢液可放入备用钢包或流入渣盘后热回炉或冷却处理。

(2)先兆穿包事故处理。发生先兆穿包事故,除可能穿渣线事故以外,必须立即终止精炼或浇铸,钢包钢液作过包回炉处理。

6.2 中间包事故

6.2.1 中间包塞棒事故

6.2.1.1 塞棒事故

在钢液浇铸过程中，因中间包的塞棒故障而造成操作不正常或浇铸中止的事故则为塞棒事故。

连铸浇铸过程中的塞棒事故有以下几种：

（1）塞头砖没有就位造成的水口漏钢。塞棒塞头砖的球头部应与水口砖碗部密切接触配合，没有任何缝隙。如安装的塞头砖没有与水口砖研转磨合达到互相配合。在安装塞棒时没有使塞头砖头部完全进入水口砖的碗部从而造成间隙，当钢液进入时，则造成水口漏钢。

（2）塞棒走位。为控制钢流，塞棒中心线与水口砖有一定倾角差位，有的生产称为"擦身"。如安装时的倾角在浇铸过程中有变化往往会造成水口钢流失控、关不死或无法控制钢流大小。

（3）断棒。因受钢、渣侵蚀，塞棒一断为二，下节带塞头砖的残棒可能无法控制而堵住水口。也有可能受钢液浮力作用而浮出钢液面，严重时会飞出钢包。钢包断棒后如水口被断棒或其他杂物堵住，则钢流就无法打开；如断棒的瞬间钢液从水口冲出则为钢流失控。

（4）塞头砖掉头或掉片。塞头砖掉头或掉片有时会堵死水口造成水口堵塞；有时因钢液浮力作用，脱落物浮出钢液面，则造成钢液失控。

6.2.1.2 造成塞棒事故的原因

造成塞棒事故的原因有：

（1）耐火材料的质量。中间包塞棒的塞头砖和棒身各有其特殊要求，有别于包衬材料。如其存在物化性能没有达标，内部有夹杂或材质不均匀，砖头有裂纹等质量问题，则有可能承受不了塞头或棒身的正常侵蚀，也有可能不耐急冷急热而爆裂，从而造成断棒、掉头、掉片等事故。

（2）钢液质量的影响。钢液温度过高（超过规程要求），钢液含 ［O］ 量过高及钢渣含（FeO）过高，也会造成塞棒耐火材料过度侵蚀，从而造成断棒、掉头、掉片等事故。

（3）砌筑塞棒时操作不当。砌筑塞棒时如安装塞头砖时过度用力会造成内裂留下隐患。砌筑塞棒时袖砖与芯棒之间没有填砂，袖砖之间砖缝过大又没有均匀涂抹耐火泥，塞棒的钢芯棒如用中空钢芯棒，则事先必须用压缩空气检漏，否则使用时会漏气造成断棒。

（4）塞棒安装质量。安装塞棒时用力敲击使耐材受损，安装完毕后袖砖压紧螺母未松开（未留胀缝），为安装倾角差位（擦身）在固定塞棒的叉头上放的填片因振动脱落或在烘烤时被氧化，造成安装倾角差位不正确等都会造成塞棒事故。

（5）塞棒中心冷却不到位。主要是指长时间使用的中间包冷却不到位，造成棒芯温度过高发生熔穿或局部氧化穿洞后，中心冷却用压缩空气从砖缝吹出，造成棒芯断棒事故（塞棒冷却不到位主要有冷却气体断流或冷却管没有伸到底两种原因）。

（6）外力撞击。在运送中间包时，不注意造成外力撞击已安装好的塞棒，往往会造成袖砖松动，被钢液侵入而断棒；或要求的塞棒倾角差位变动而随棒走位。

（7）操作不当。多次重力关闭钢流易造成塞头掉头或掉片。

6.2.1.3 塞棒事故的处理

由钢包塞棒事故造成水口漏钢、水口堵塞时，且无法恢复，只能立即采用停浇的处理办法，钢包内钢液回炉，漏出钢液成冷钢废品。

如采取应急措施以恢复水口控制钢流的话，视情况可继续浇铸；未开浇的钢液应转向其他铸机或回炉。

钢液高温，耐火材料（塞头砖、水口砖）的耐火度不足以承受这种恶劣条件或耐火材料本身耐火度和荷重软化点达不到标准，这两种情况都有可能造成塞头砖或水口砖变形掉片，造成水口堵塞。此时可用塞棒残头用力去黏合掉片从而使水口通畅。这种黏合又是不牢固的黏合，很有可能再次脱落造成下一次水口堵塞，所以打开钢流后塞棒动作必须缓慢。

6.2.2 中间包塞棒浇铸水口堵塞

6.2.2.1 中间包开浇时水口堵塞

中间包开浇时水口堵塞的处理方法为：

（1）若考虑是水口内堵塞物没有清理干净，必须在塞棒关闭状态下重新清理水口，必要时用氧气管清洗一次，再行试开。

（2）若考虑是塞棒的塞头砖掉片造成水口堵塞，可重力关闭塞棒，使塞头砖粘起塞头掉片，从而轻缓打开水口。在此情况下，塞棒可重力关闭 2~3 次，也可能失败，在成功粘起塞头掉片的情况下，浇铸操作必须更缓慢和小心。

（3）在试行黏合掉片的操作失败的情况下，可用氧气管在大压力氧气的条件下清洗水口，清洗时塞棒要在打开状态。

（4）经水口堵塞事故处理钢流打开后，若发生钢流无法控制时，拉速应在允许的范围内以偏上限操作控制。一旦中间包液面接近上口有满溢危险时，必须用吊车吊走该钢包或操作回转台把该钢包置于事故位置，让钢液流入备用钢包或渣包。但中间包液面下降后该钢包可重新进入浇铸位置继续向中间包供钢液，这样可反复多次直至钢液浇完。

流入备用钢包内的钢液可作回炉处理，渣包内钢液冷却后运往渣场倒翻，大块冷钢分割（氧气切割）后回炉。

（5）在处理水口堵塞事故过程中若中间包钢液已浇完，中间包浇铸可作换中间包操作：结晶器内铸坯蠕动等候或小断面加攀等候，等候时间超过换包操作规定时间，铸机可作停浇操作处理。此时水口堵塞事故处理可以中止，事故钢包内钢液可回炉。如没有准备好中间包，当钢包钢流重新打开后，事故时使用的中间包在钢液未见渣的条件下，可以试行继续浇铸（也作换包开浇操作）。用使用过的中间包再行浇铸的成功率较低，必须做好发生中间包水口关不死事故的准备（塞棒机构）。

（6）若考虑是中间包塞棒塞头周围局部冷钢引起的水口堵塞，无论是否有钢流流出，这时水口必须用氧气管清洗。

（7）若是保护浇铸则升起中间包车，拆下浸入式水口。

（8）小心把点燃的氧气管移入水口内，开大氧气压力的同时，把氧气管伸入水口内。此时塞棒要在打开状态，结晶器上口用铁板或流钢槽保护，防止水口用氧气清洗时钢渣的滴入，在见到钢流时中间包车下降。

（9）上述操作可重复 3～4 次，直至钢流打开，待浇铸正常后再装上浸入式水口。

（10）钢流打开后不能马上试开关，必须到接近结晶器上口低于正常钢液面位置时才能试开关，整个操作要考虑到中间包钢流发生关不住事故的可能。

（11）如中间包钢流关不住，中间包作停浇处理。升起中间包车，开走中间包车，视下一个中间包准备情况和钢液情况铸机可作换中间包处理或停浇处理。

6.2.2.2　中间包浇铸过程中水口堵塞

中间包浇铸过程中水口堵塞的处理方法为：

（1）此情况若是因为钢液温度偏低、拉速慢或钢水黏造成的，可采用氧气清洗水口方法。

（2）如确认为中间包钢液温度过低造成的，中间包和铸机可作停浇或换中间包操作。

6.2.3　中间包滑动水口堵塞

中间包滑动水口堵塞的处理方法为：

（1）通常是引流砂没有自动流下造成的。可以快速关闭和重开滑板一次，依靠滑板运动的振动使引流砂自动流下，达到正常开浇，或可用氧气管在不带氧的情况下浸入钢包水口（滑板打开）捅砂，使引流砂松动自动流下开浇。

（2）在进行上项操作无效情况下，先确认滑动水口是否在打开状态。

（3）用氧气管在一般氧压条件下（0.3～0.5MPa）清洗水口，帮助引流砂全部流下，达到开浇目的。

（4）在进行上项操作无效情况下，先在小氧压条件下点燃氧气管，然后小心把点燃的氧气管移入水口内，再开大氧压清洗水口内引流砂或堵塞的冷钢渣等。

（5）上项操作可进行 3～4 次，直到钢流正常。若钢液温度过低或多次用氧不见效的情况下，事故钢包钢液可作回炉处理。

但必须注意 4 点：一是在氧气清洗水口时必须用铁板或流钢槽保护结晶器，防止钢渣流入结晶器内；二是氧气清洗水口时中间包升降小车要配合，清洗开始时在最高位置，边清洗边把中间包降到浇铸位置；三是清洗水口前先移去浸入式水口，待钢流正常后再装上浸入式水口；四是多次清洗失败，铸机不能开浇，则应重新按操作规程准备（如有立即可用的中间包，可换一只中间包开浇）。

（6）如浇铸过程中水口堵塞，也可先采取清洗水口操作步骤处理，但如在中间包温度过低的情况下，中间包和铸机可作停浇操作或换中间包操作。

6.2.4　浸入式水口堵塞的处理

6.2.4.1　整体式浸入式水口堵塞

A　开浇时发生浸入式水口堵塞

（1）通知主控室，并通过主控室通知铸机所有岗位和生产厂调度发生了水口堵塞事故。

（2）发生事故的铸机流，不再拉坯，多流铸机的其他铸流可正常生产。

（3）如多流铸机的其他铸流生产正常，可把事故铸机流的引锭同时拉出回收。

（4）单机单流的铸机发生开浇堵塞，钢包作停浇处理，钢包也可转到其他铸机上去继续浇铸。钢包停浇后，中间包做如下操作：

1）待事故中间包内存钢液稍微冻结后，才能开动中间包车到中间包吊运位置。

2）小心吊运中间包至翻包场地，注意吊运过程中防止钢液倾翻。

3）待中间包内钢液全部冻结后，才能翻转中间包倒出冻钢。

4）切割冻钢回炉。

（5）多流连铸机待浇铸完该炉钢液后，可视情况决定是否继续连浇、停浇或更换中间包。

B　浇铸中期发生水口堵塞

（1）通知主控室，并通过主控室通知铸机所有岗位和生产厂调度发生了水口堵塞事故。

（2）铸机进入停浇状态，结晶器内铸坯作尾坯处理。

（3）钢包作停浇处理，钢包内钢液作回炉处理。有多台连铸机的生产厂，钢包也可转到其他铸机上去继续浇铸。

6.2.4.2　分体式浸入式水口堵塞

通知主控室，并通过主控室通知铸机所有岗位和生产厂调度发生了水口堵塞事故。

A　开浇时发生浸入式水口堵塞

（1）卸下浸入式水口，检查浸入式水口堵塞情况。如浸入式水口没有堵塞，而是上水口堵塞，则用氧气清洗水口等。

（2）如是浸入式水口堵塞，应立即用氧气管清洗浸入式水口后重新装上，也可用备用浸入式水口立即装上继续开浇操作。

（3）经处理后水口继续堵塞，或确认中间包钢液温度过低，可停止开浇。

B　浇铸中期发生堵塞

（1）堵塞水口的铸坯拉矫停车，结晶器内铸坯作换中间包操作。

（2）卸下浸入式水口，检查堵塞情况，清洗浸入式水口，上水口或都进行清洗。

（3）重新作中间包更换的开浇操作，装上浸入式水口，转入正常浇铸。

（4）处理后继续发生水口堵塞，或确认钢液温度过低，可停止浇铸。

（5）中间包钢流失控：

1）塞棒机构中间包钢流失控：

①立即通知主控室，并通过主控室通知铸机所有操作岗位，特别是钢包浇铸工、回转台或吊车操作工、中间包车操作工注意。

②立即升高拉速平衡结晶器钢液面直到铸机达到当时浇铸状态许可的最高拉速（注意开浇状态和浇铸中期的不同）。

③迅速把压棒开足，最大限度提升塞棒并立即用力关闭塞棒，以求关闭或关小钢流。该项操作可试2~3次，视钢流大小和拉速的许可情况而定。

④向中间包事故塞棒附近钢液插入铝条稠化钢液，以缩小水口直径。

⑤如结晶器有溢钢危险，可敲断整体浸入式水口或卸下分体式浸入式水口，用钢或铸铁堵头堵塞水口，该项操作要快、准、狠。

⑥如上述操作失败，溢钢危险增加或已发生溢钢，必须立即关闭钢包钢流，吊离

（转离）钢包，关闭其他铸流的中间包钢流（如多流铸机），开走中间包车至事故处理位置（下置事故渣包）。

⑦中间包内插铝条，加干燥废钢、水口下再次用堵头堵钢流，直至水口堵塞。

⑧立即吊走钢流失控的中间包至中间包翻包场地，中间包钢液冻结后翻动切割回炉。

⑨凡处理后水口钢流的大小能保证拉速在正常范围内，则铸机可继续浇铸。

⑩凡处理后钢流堵塞，其他铸流可继续正常生产，单机单流的铸机则作停浇处理。这时的水口堵塞事故不再抢救处理。

⑪铸机停浇后钢包内钢液可作回炉处理，或转到浇铸钢种相同的铸机上去浇铸。

2）滑动水口机构中间包钢流失控：

①立即通知主控室，并通过主控室通知铸机所有操作岗位，特别是钢包浇铸工、回转台或吊车操作工、中间包车操作工注意。

②立即升高拉速平衡结晶器液面直到铸机达到当时浇铸状态许可的最高拉速（注意开浇状态和浇铸中期的不同）。

③在中间包失控的水口附近插入铝条稠化钢液使水口内径缩小。

④如钢流大小可控制在拉速许可范围内，则立即检查机件和液压系统；发现问题立即修复，液压系统可启动备用的手动泵。

⑤如拉速在许可范围内的上限，钢流又无法再关小，结晶器钢液面仍有上升趋势，应立即卸去分体浸入式水口并用钢堵头堵钢流。

⑥在堵钢流成功的情况下，铸机的其他铸流可继续浇铸，单机单流的铸机则停浇处理。

⑦若钢流堵塞失败，则立即通知关闭钢包钢流，拆卸滑动水口油缸或油管，并将钢包运离（转离）中间包上方至浇毕位置；开出中间包车，将中间包运至事故处理位置（下置事故渣包）；用插铝、加清洁废钢、再次堵钢流的操作使中间包水口堵塞。

⑧铸机停浇后，中间包残余钢液待冻结后吊至中间包拆包场地处理（冷钢切割回炉）；钢包内钢液作回炉处理或在其他同钢种浇铸的铸机上浇铸。

6.3 结晶器事故

6.3.1 结晶器漏水

结晶器漏水的处理方法为：

（1）发生漏水后立即检查结晶器冷却水压，如正常或调整正常后仍在漏水则可采取以下操作：

1）如漏水进入结晶器，则立刻停浇。

2）如漏水不能进入结晶器，则可继续浇铸。

（2）在浇铸前发生结晶器支撑钢板或水管接头大量漏水，结晶器铜板表面有渗漏或上口渗水漏入结晶器内部，则立即采取更换结晶器操作或采取以下检修步骤：

1）紧固支撑板与铜板之间吊紧螺丝。

2）紧固接头紧固螺丝或停水更换接头密封圈。

3）铜板中间开裂渗水必须更换结晶器。

4）结晶器内的渗水必须杜绝，否则应更换结晶器。

5）结晶器支撑板外微量漏水，凡不会造成铸坯局部过度冷却的，则允许存在，可正常浇铸。

（3）在浇铸过程中发生结晶器支撑板或水管接头漏水可采取以下操作：

1）只要漏水量少，不影响铸坯冷却，漏水不向着结晶器钢液面则可继续浇铸，但要密切关注漏水情况是否会扩大。

2）如漏水量较大，可采取边浇铸边紧固有关螺丝的操作，把漏水控制住后可继续浇铸。

3）无法控制的漏水，影响铸坯冷却或影响结晶器内钢液面（渣液面），则该铸流或铸机采取停浇措施。

4）在浇铸过程中发现结晶器内铜板渗漏或上口铜板与支撑板之间渗漏，流入结晶器，则该铸流或铸机作停浇处理。

5）在浇铸过程中发现结晶器内钢液面靠近铜板有不正常的翻腾，或渣面翻腾并有气泡冒出，则可判断为结晶器漏水故障。发现该种情况必须立即通知周围操作工，并通知主控室，立即停浇。

6.3.2 结晶器断水的处理

结晶器断水的处理方法为：

（1）有事故水塔的结晶器断水事故处理：

1）通知主控室，并通过主控室通知铸机所有岗位及生产厂当班调度铸机发生断水事故。结晶器供水进入事故水塔供水状态。

2）准确判断中间包和钢包内剩余钢液，根据事故水塔设计允许继续浇铸的时间（30~40min），估计浇铸钢液量。在事故水塔开始供水时控制好时间，采取钢包停浇，中间包停浇措施。中间包停浇后采取尾坯操作、铸机停机措施。

3）中间包剩余钢液待表面凝固后开走中间包车。吊运中间包至翻包场地，冷却凝固，翻包，切割冷钢后回炉。钢包剩余钢液作回炉处理或转浇（其他铸机）。

4）在有事故水塔但供水失灵状态下，结晶器断水事故视同无事故水塔结晶器断水事故一样处理。

（2）无事故水塔的结晶器断水事故处理：

1）当结晶器冷却压力或流量报警灯亮或铃响后，则可立刻判断为结晶器断水，即关闭中间包钢流，关闭钢包钢流，开走中间包车，拉速控制在允许拉速上限。

2）结晶器上口铜板突然变色，结晶器内钢液面翻动异常，也可判断为结晶器断水，并立即采取上述操作。

3）结晶器内钢液面采用封顶操作，可在四周铜板上淋水加速液面冷却凝固。

4）当钢液面（铸坯尾部）出结晶器下口时即拉矫机停车，二冷水用停浇尾坯操作控制水量，结晶器内四周铜板仍可继续打水冷却。

5）待铸坯尾部凝固后可继续采取铸机停浇后尾坯操作步骤控制拉速，直至铸坯出拉矫机。

6）若发现结晶器断水，在继续拉坯过程中又发现结晶器内坯壳与铜板黏结、不再运动，则可以判断为结晶器铜板已烧坏，可在立即关闭中间包钢流的同时，拉矫机停车，附近人员迅速撤离。

7）在上项操作后，估计铸坯已凝固，可以按铸机漏钢事故处理，在结晶器下口用氧－乙炔割炬开刀分割铸坯，下部铸坯正常运出，结晶器拆除更换。

8）铸机停浇后，中间包和钢包内钢液按回炉处理。

（3）结晶器断水引发其他事故处理：

1）在处理结晶器断水中，因拉速停止、中间包钢流关闭等而引发其他事故（水口失控、漏钢、溢钢等），应再按其他相应事故操作要求处理。

2）断水后，应更换结晶器，再重新做浇铸准备。

6.3.3 连铸结晶器溢钢的处理

连铸结晶器溢钢的处理方法为：

（1）中间包浇铸工发现溢钢事故后，立即关闭中间包水口（或用引流槽引流），拉矫机停车（若中间包钢流关不严，必须立即开走中间包车）。

（2）中间包浇铸工应通知钢包浇铸工关闭钢包钢流，升起中间包车。

（3）中间包浇铸工应通知主控室，并通过主控室通知铸机所有岗位，铸机发生了溢钢事故。二次冷却应立即以最小冷却水量喷水冷却铸坯，二次冷却自动控制进入临时停车冷却模式（主控室要进行检查）。

（4）立即寻找溢钢的原因，迅速排除铸坯运行故障：

1）由顶坯造成的，立即以顶坯事故操作处理。

2）由拉矫机跳闸造成的，立即恢复送电，或送上备用电。

3）由拉矫机液压系统造成的，立即处理液压系统故障，恢复拉矫机压下油泵压力。

（5）在排除铸坯运行故障的同时，用氧气或氧－乙炔割炬清理结晶器上口溢出的冷钢，因凝固收缩结晶器内的钢液面会低于结晶器上口，清理上口溢出的冷钢，必须使结晶器上口四面铜板全部裸出，保证结晶器内坯壳不与结晶器上口悬挂。

（6）排除铸坯运行故障后，试拉铸坯。当铸坯能拉动时，可将结晶器内钢液面拉到引锭头开浇位置再停车。

（7）如处理时间较长，可在处理铸坯运行故障和结晶器上口冷钢的同时采取加吊攀或其他换中间包的操作措施。

（8）铸机作换中间包操作，开浇、拉坯、恢复正常。

（9）如发生溢钢后即发生中间包水口失控事故，则按水口失控处理。在无中间包水口溢流槽情况下立即关闭大包钢流，卸下滑动水口控制油缸油管，运走（转走）大包至备用包位置；紧急开走中间包车至事故位置等，铸机做停浇操作。

（10）如发生溢钢后即发生大包失控事故，立即按大包失控事故处理。中间包钢液可待溢钢事故处理后继续浇铸。

（11）如铸坯运行故障或结晶器上口冷钢处理时间长于允许的更换中间包的时间，该铸流或铸机可作停浇处理。大包内钢液作回炉处理，中间包内钢液也待稍冷却后，开走中间包车，吊中间包至清理场地，充分冷却后翻转切割冷钢回炉。

（12）如铸坯运行故障或结晶器上口冷钢处理时间过长，铸坯温度过低无法拉矫造成冻坯，则按冻坯处理。

（13）如在引锭开浇阶段，因引锭头与铸坯脱离，中间包钢流关闭不及时造成溢钢，该铸流或铸机作停浇处理，铸坯作冻坯事故处理。

6.3.4 结晶器振动中断

原因：振动装置电气系统跳闸，拉坯阻力突然增大，停电等。

处理：摆入摆槽，拉速调零，通知电工处理，若恢复振动可继续浇铸，否则停止该流浇铸。

只有加强设备管理，定检和点检相结合，确保设备状态良好，才能减少甚至杜绝此类事故。

6.3.5 下渣

下渣是中间包渣进入结晶器。一般出现在浇铸末期或连浇换钢包时引流困难、等待时间较长。

为防止中间包下渣，浇铸末期应控制中间包液面高度。当中间包液面降至约150mm时，立即关闭中间包水口。

出现下渣时，应降低拉速，将渣迅速捞出，3min内不能捞净，应停浇。

6.3.6 结晶器变形

结晶器变形的原因及预防措施为：

（1）结晶器变形的原因为：

1）结晶器内外壁在浇铸过程中温度梯度大，停浇期间结晶器因冷却会迅速变形。

2）弯月面处液面波动，温度波动大，变形严重。

3）结晶器使用后期，磨损严重，变形倾向大。

4）水压、水量不足，冷却不良，结晶器内壁产生再结晶。

使用变形严重的结晶器，会造成严重的连铸坯缺陷，如凹坑、纵裂等。

（2）预防措施为：建立结晶器使用维护档案，确定合理的使用周期，严格浇铸前的检查确认工作。

6.4 二冷事故

6.4.1 二冷设备冷却漏水和二冷喷淋系统异常漏水

二冷设备冷却漏水和二冷喷淋系统异常漏水的处理方法为：

（1）凡设备冷却水流量或水压异常，在正常浇铸过程中铸坯局部过度冷却，在正常浇铸过程中或准备调试过程中二冷区有异常水流股出现，则可判断有可能存在二冷设备冷却漏水或二冷喷淋系统异常漏水。

（2）在浇铸前发现上述现象，必须找出漏水根源采取措施修复。

（3）在浇铸过程中发现上述现象，必须找出漏水根源，如喷淋在铸坯上造成局部过度冷却，则可设法用适当大小的钢板隔断漏水流股对铸坯的冷却。隔断有效则可继续浇铸。

（4）在浇铸过程中发现上述现象，但铸坯未发现有局部过度冷却，铸坯表面质量又没有异常，铸机可继续浇铸。

（5）在浇铸过程中发现上述现象，又找不到漏水处，或漏水流股无法阻隔，从而造成铸坯冷却异常，表面质量异常，则该铸流或铸机作停浇处理。

注意事项为：

（1）在浇铸过程中发生设备漏水（结晶器、二冷、二冷设备等）千万不能降低供水或停止供水，否则会造成更大事故。结晶器停水即结晶器断水其结果是结晶器烧坏或爆炸事故；二冷区停水则铸坯可能漏钢或烧坏设备等。

（2）结晶器内漏水（渗水）很有可能造成结晶器内爆炸，所以必须通知附近操作工注意避让，铸流或铸机必须立即停浇。

（3）在浇铸过程中紧固螺丝，必须注意其他事故的发生造成人身伤害，或钢液飞溅的人身伤害。所以必须在做到万无一失的情况下（没有事故迹象、其他操作正常、操作点又有避让后退可能等）才可操作。

6.4.2　拉脱操作事故

拉脱以后恢复拉钢的前提条件是能快速处理结晶器的冻坯，因此拉脱以后，结晶器应继续保持振动，并在结晶器四壁滴适量的结晶器润滑油，以快速脱除结晶器内的冻坯，冻坯处理完毕，检查结晶器内壁及二冷室设备没有问题后，可以二次送引锭开浇。

6.5　漏钢事故

所谓漏钢是指连铸初期或浇铸过程中，铸坯坯壳凝固情况不好或由其他外力作用引起坯壳断裂或破漏使内部钢水流出的现象。漏钢是连铸生产中恶性事故之一，严重的漏钢事故不仅影响连铸机的正常生产，降低作业率，而且还会破坏铸机设备，造成设备损坏。漏钢事故因发生的时间不同及发生在铸机上的位置不同分为多种形式，其产生的原因也各不相同，主要分为以下几点：

（1）开浇漏钢。开浇起步不好而造成漏钢。

（2）悬挂漏钢。结晶器角缝大，角垫板凹陷或铜板划伤，致使在结晶器中拉坯阻力增大，极易发生起步悬挂漏钢。

（3）裂纹漏钢。在结晶器坯壳产生严重纵裂、角裂或脱方，出结晶器后造成漏钢。

（4）夹渣漏钢。由于结晶器渣块或异物裹入凝固壳局部区域，使坯壳厚度太薄而造成漏钢。

（5）切断漏钢。当拉速过快时，二次冷却水太弱，使液相穴过长，铸坯切割后，中心液体流出。

（6）黏结漏钢。铸坯黏结在结晶器壁而拉断造成的漏钢。

6.5.1　开浇时发生漏钢

开浇时发生漏钢的原因主要有以下几点：

（1）结晶器内冷料放得不好，引锭头没有塞实。

（2）起步早，起步拉速快，或拉速增长太快。

为防止开浇漏钢，开浇前应做好充分的准备和检查，重点应注意以下几点：

（1）检查引锭头密实和冷料堆放情况。

（2）检查水口与结晶器对中情况。

（3）检查结晶器铜板有无冷钢，锥度是否合适。

（4）检查二冷喷嘴是否畅通完好。

（5）了解钢水的流动性、钢水温度状态，中间包和水口是烘烤状态，保护渣的质量。

（6）要根据铸坯断面决定铸流大小和钢水在结晶器停留的时间。

（7）起步拉速一般保持为 0.5m/min，增速要慢（0.15m/min），防止结晶器液面波动过大。

6.5.2 浇铸过程中发生漏钢

浇铸过程中发生漏钢的根本原因在于铸坯出结晶器后局部凝固壳过薄，承受不住钢水静压力而破裂导致漏钢。因而，为防止浇铸过程中的漏钢事故发生，需找出凝固壳局部过薄的影响因素，主要有以下几方面：

（1）设备因素。结晶器严重破损而失去锥度，铸坯脱方严重；结晶器与二次冷却段对弧不准；铸流与结晶器不对中等。此外，结晶器铜管变形、内壁划伤严重、液膜润滑中断等也会造成坯壳悬挂而撕裂。

（2）工艺操作因素。如拉速过快，铸温过高，水口不对中，铸流偏斜，结晶器液面波动太大，铸流下渣，出结晶器冷却强度不足等。

（3）异物或冷钢咬入凝固壳。如液面波动太大时，结晶器中未熔渣块卷入凝固壳，中间包水口内堵塞物随钢流落到结晶器液相穴中，被凝固前沿捕捉而导致漏钢。

综上所述，为防止浇铸过程中漏钢，在设备维护方面，应定期检查结晶器的使用情况，保证结晶器的倒锥度，结晶器应与二冷导向段保持对中，避免铸坯在拉钢过程中受到机械力的作用而发生坯壳变形破裂等引起拉漏。

结晶器润滑方面，应保证结晶器润滑均匀，避免由润滑不好造成结晶器与坯壳的黏附漏钢和悬挂拉漏。

在工艺操作方面，应注意操作稳定，减少拉速的变动次数和变动量，保持结晶器内液面稳定，避免出现过大或过频繁的波动。同时应控制中间包内液面不能太低，避免大量的非金属夹杂物或钢渣卷入结晶器内。对采用保护渣的浇铸，应采用熔融状态好黏度适中的保护渣。此外，应避免过热度太大的高温钢，因为高温钢水对漏钢事故及铸坯质量的影响都是相当明显的。

6.5.3 黏结漏钢

黏结漏钢是连铸生产过程中的主要漏钢形式，据统计诸多漏钢中黏结漏钢占50%以上。所谓黏结的引起是由于结晶器液位波动，弯月面的凝固壳与铜板之间没有液渣，严重时发生黏结。当拉坯时摩擦阻力增大，黏结处被拉断，并向下和两边扩大，形成 V 形破裂线，到达出结晶器口就发生漏钢。

黏结漏钢的发生有以下情况：内弧宽面漏钢发生率比外弧宽面高（大约3:1）；宽面中部附近（约在水口左右300mm）更易发生黏结漏钢；大断面板坯容易发生宽面中部漏

钢；而小断面则发生在靠近窄面的区域；铝镇静钢比铝硅镇静钢发生漏钢几率高；保护渣耗量在 0.25kg/t 钢以下时，漏钢几率增加。

发生黏结漏钢的原因是：

(1) 形成的渣圈堵塞了液渣进入铜管内壁与坯壳间的通道。

(2) 结晶器保护渣 Al_2O_3 含量高、黏度大、液面结壳等，使渣子流动性差，不易流入坯壳与铜板之间形成润滑渣膜。

(3) 异常情况下的高拉速，如液面波动时的高拉速，钢水温度较低时的高拉速。

(4) 结晶器液面波动过大，如浸入式水口堵塞，水口偏流严重，更换钢包时水口凝结等会引起液面波动。

在浇铸过程中防止黏结漏钢的对策有：

(1) 监视保护渣的使用状况，确保保护渣有良好性能。如测量结晶器液渣层厚度经常保持在 8~15mm，保护渣消耗量不小于 0.4kg/t 钢，及时捞出渣中的结块等。

(2) 提高操作水平，控制液位波动。

(3) 确保合适的拉速，拉速变化幅度要小。升降拉速幅度以 0.15m/min 为宜。

6.5.4 连铸漏钢的处理

连铸漏钢的处理方法为：

(1) 对于小断面铸坯发生漏钢时的抢救处理：

1) 小断面的连铸坯漏钢量较少，经过挽救处理后可以继续浇铸，但一般仅限于钢液面基本未下降或未见有明显钢壳的情况下，并建议采用停车补注的处理方法，以避免造成冻坯事故。

2) 发现漏钢现象（钢液下降或结晶器下口发现火花飞溅等），应立即关闭中间包钢流，拉矫机停车。

3) 判断结晶器内液面下降情况，结晶器下口的漏钢量和对二冷设备的损坏程度。

4) 以较低的拉速（一般为开浇起步拉速）试拉铸坯，注意拉矫机电动机电流不得超过允许值。

5) 凡判断为结晶器液面下降量较小，即漏钢量较少，对设备影响又较小，试拉铸坯又能正常拉动的情况，可以试行继续浇铸。

6) 试拉铸坯到引锭头开浇位置。

7) 以引锭头开浇的要求打开中间包水口，并密切注意结晶器下是否有再次发生漏钢的可能，同时注意钢液面是否正常上升。

8) 在正常情况下可以用连铸机开浇操作步骤，进行开浇和转入正常浇铸。

9) 注意漏钢挽救处理后正常浇铸的铸坯的表面质量，凡表面质量没有问题，二次冷却喷水也没有问题，即可连续下一炉浇铸。否则浇完事故发生时钢包内一炉钢液后即停浇。

10) 凡试拉铸坯，在拉矫电动机额定电流条件下，未能拉动铸坯者作漏钢后的热坯处理。热坯处理操作视本项技能下节内容。

11) 凡采取上述 7) 项操作时，发现有继续漏钢迹象，则立即关闭钢流，并启动拉矫机拉动铸坯，结束该铸坯浇铸。如铸坯无法拉动，则停浇，铸坯作热坯处理。

12) 凡因漏钢铸流停浇后，如为多机多流铸机，其他铸流可继续浇铸（同拉矫的铸流有可能受影响也不能继续浇铸）；如为单机单流铸机，待中间包钢液面冻结后才能开中间包车到事故位置，然后平稳吊至翻包位置待全部冻结后才能翻包，冻钢切割回炉。铸机停浇后钢包内的剩余钢液作回炉处理，或转到浇铸同钢种的铸机上去，或转浇铸坯。

13) 凡发现漏钢量大，设备影响范围大，发生漏钢后可不作挽救处理，即关闭或堵塞事故钢流，铸坯以原速拉下（铸坯出结晶器后可关闭振动），注意拉矫电流不能超值，力争把热坯拉出，无法拉动时作热坯处理。

(2) 大方坯或板坯连铸机漏钢后的处理：

1) 发现有漏钢现象，立即关闭中间包钢流，铸坯拉速降到起步拉速。

2) 如在起步拉速铸坯没有拉动，则可稍提高拉速，但拉矫电动机的电流大小必须控制在额定数以下。

3) 在铸坯拉动的情况下，铸坯冷却、拉速可按尾坯操作处理。

4) 凡铸坯在额定电流下无法拉动者则可作漏钢后的热坯处理。

(3) 漏钢后的热坯处理：

1) 漏钢后的热坯处理，正常情况下只能在铸机全面停浇后才能进行，以确保安全。漏钢铸流的一、二冷水和设备冷却水不能停，一冷水、设备冷却水保持正常浇铸时的水压和流量，以保护设备。

2) 二冷水以最低的水量供水（或间隔供水），保证铸坯缓慢冷却。

3) 判断漏钢点和对二冷扇形段的影响，在漏钢影响区的铸坯下部用氧－乙炔割炬（特制）切割铸坯使之上下分断。切割前要确认冷却时间以保证切割区铸坯已全部凝固。

4) 铸坯上下分段后，下部铸坯以较高拉速，拉出拉矫机。但如果坯温过低，在不是立式连铸机的情况下，该铸坯只能作冻坯处理。

5) 如无法采取切割操作，应使铸坯的事故区与正常铸坯分开，则整条铸坯只能作冻坯处理。

(4) 事故影响区铸坯处理（上部铸坯）：

1) 待铸坯冷却到接近常温时，关闭所有冷却水。

2) 以二冷区扇形段交接之间为空隙，用氧－乙炔割炬、氧气炬或氧气管切割事故铸坯。

3) 分别吊出结晶器、足辊段、0号段及其他漏钢影响的扇形段。

4) 吊出设备作离线检修和检查，铸机重新安装、调试、检查，并做浇铸准备。

5) 小方坯一般只需吊出结晶器（带足辊），在线处理完粘在设备上的冷钢后可用引锭杆从下方将冻坯顶出。

(5) 漏钢事故铸坯拉空后的设备处理：

1) 检查设备影响情况。

2) 小断面铸机漏钢量较少，对二冷设备影响小，这时漏出的钢液可用氧－乙炔割炬处理，更换影响喷嘴后可继续浇铸。

3) 漏出钢液较多或大断面铸坯漏钢时，漏钢影响的设备应该全部离线检查和检修。铸机重新安装、调试、检查和浇铸准备。

6.6 连铸冻坯

6.6.1 冻坯事故的原因

冻坯事故发生的原因为：

（1）通过引锭在一定拉矫力作用下不能拉出或顶出冻坯，主要是因为铸坯冷却成冻坯的过程中收缩变形，或溢漏钢后挂钢，使冻坯与二冷区辊子强力接触或连接形成拉坯阻力。而二冷区压紧缸升起的距离有限，不能在一定程度上消除这股拉坯阻力。为此在冻坯厚度方向上切割可进一步释放变形造成的拉坯阻力，清除铸坯与设备的挂钢，使得引锭能拉出或推动冻坯。但如果冷却变形量太大，该项措施也不能降低拉矫阻力到能拉动或推动冻坯，这时只能分割，吊出二冷扇形段，离线处理。

（2）冻坯事故因上述的冷却变形对设备有一定的损坏，处理冻坯事故又往往会造成大范围的二冷段更换，所以在连铸发生其他事故后一般应抓紧时间，热坯处理，使铸坯拉出拉矫机，而不要进一步造成冻坯事故。

6.6.2 连铸冻坯的处理

6.6.2.1 引锭未出拉矫机的冻坯处理

处理方法如下：

（1）松开二冷扇形段液压缸，使铸坯有一定自由度。

（2）用割炬去除连接铸坯与二冷辊或设备上挂钢（如漏、溢钢造成冻坯），在拉矫机水平段较短，切点拉辊后弧形铸坯又可拉出一定长度的条件下，可试拉引锭和冻坯。

（3）立式连铸机可试拉冻坯。

（4）在引锭头出拉矫机切点辊后，用氧－乙炔割炬，切割引锭头前铸坯，使冻坯和引锭脱开，或采用自动脱锭装置脱锭。

（5）回收引锭头和引锭链。引锭头处理和清理后可重复使用。

（6）在冻坯拉出一定长度后，用钢丝绳吊住拉矫机切点辊外的冻坯，并在切点辊外切割冻坯，即冻坯分段处理。切割后的断坯被吊走作废钢回炉。继续拉坯，吊住冻坯，切割，吊走分段坯，重复操作直至冻坯全部出拉矫机。

（7）松开二冷扇形段后，冻坯无法拉动，因为铸坯弧向变形，顶住二冷导辊造成阻力。这时可在冻坯厚度方向作部分切割，但不要切断，约割开坯厚的 2/3～3/4，使冻坯在弧度方向有一定变形量，再试拉冻坯。可拉动者作上述(4)～(6)项操作，直至冻坯被拉出拉矫机。

（8）作上述(1)～(7)项操作仍未能拉出冻坯，可拆除结晶器、足辊段及 0 号段，冻坯从上部用钢丝绳吊住，从二冷段上面分段吊走。然后送引锭，顶坯，再一段段切割，吊走冻坯。

（9）作上述(1)～(8)项操作，冻坯还不能顶动者，只能在引锭头前切割冻坯，使冻坯与引锭分离，引锭拉出回收，引锭头处理后完好，则可重复作用。冻坯在二冷扇形段之间切割分段，吊出扇形段、离线处理冻坯，再重新安装扇形段、调弧、对中、调试、检查、准备重新开浇。

（10）拉矫机水平段较长，可按上述（8）项操作处理或（9）项操作处理。

6.6.2.2　引锭已被拉出拉矫机，但冻坯未进入拉矫机的冻坯处理

处理方法如下：

（1）重新送入引锭，松开二冷液压缸，在冻坯头部开槽用一定粗细的钢丝绳把冻坯与引锭连接，可试拉作6.6.2.1中（1）～（8）项的处理。

（2）上述操作无效果可依次作6.6.2.1中的（7）～（9）项的操作处理。

6.6.2.3　整个铸机二冷段到拉矫机的冻坯处理

处理方法如下：

（1）松开二冷液压缸，按一定距离在冻坯厚度方向作部分切割（割开厚度的2/3～3/4），但不要切断，使冻坯在弧度方向有一定变形量。再试拉铸坯，可拉动者取出冻坯。

（2）若上述操作无效果，则可视铸坯变形情况，在二冷下段切断铸坯（在弧线与水平交界处），把下段铸坯拉出，然后送引锭作上述6.6.2.1中（1）～（8）项操作，取出上段铸坯。

（3）若上述操作无效，则将冻坯分段，吊出扇形段，离线处理。

6.7　连铸顶坯

处理方法如下：

（1）发现顶坯事故后，立即关闭中间包钢流，关闭钢包钢流，指挥拉矫停车。

（2）结晶器内钢液面按换中间包操作要求进行处理：方坯连铸机撤除保护渣，结晶器内加挛；板坯连铸机撤除保护渣，并作好封顶的准备。

（3）中间包水口作一定清理：分体式浸入水口作更换备用水口准备；整体式浸入式水口、敞开式水口作残钢渣清理；定径水口注意引流槽的通畅。

（4）二次冷却区的设备冷却和结晶器冷却保持不变，二次喷雾冷却保持在最低水平。

（5）用氧-乙炔割炬迅速处理顶坯处的障碍：

1）把顶坯处的障碍用割炬割除，并沿拉速方向割成一定斜楔形，使铸坯能顺利行进。

2）割去阻碍铸坯行进的障碍物，或吊去障碍物，使铸坯能顺利行进。可以考虑割除已移动或变形的阻碍设备，当然被破坏的设备代价要小于铸机正在浇铸剩余钢液回炉的价值。

（6）试拉铸坯，注意铸坯行进中的导向，必要时用撬杠纠正。打开中间包钢流并拉坯，按装插挛换中间包开浇操作，使浇铸正常。

（7）如发现因中间包水口关闭后造成水口冷钢堵塞，可以作清洗水口操作，保证浇铸顺利进行。

（8）顶坯事故如发现稍晚或水口关闭不严可能造成溢钢，则顶坯马上按上述处理，溢钢作溢钢处理。

（9）发生顶坯事故时，关闭中间包钢流。拉矫停车后，如铸坯有一定回送余地，则可通过拉矫机作送引锭操作，使铸坯头部与障碍物脱离。然后用撬杠拨正铸坯方向，或用撬杠作临时导向物，再启动拉矫机，使铸坯脱离阻碍物后顺利运行。

6.8 保护渣结团

（1）保护渣结团。正常情况下保护渣覆盖在结晶器液面上，铺展均匀，其表面应保持着保护渣的原始状态（粉状或颗粒状）。如果在浇铸过程中发现保护渣表面有结团现象，或在结晶器壁上出现严重的结渣圈现象，这是保护渣状态不正常的反映，通常称为保护渣结团。保护渣结团可由肉眼发现，也可用细钢棒触动表面及时发现。

（2）保护渣结团对浇铸操作和铸坯质量的影响。连铸过程中，结晶器液面保护渣团或结晶四周严重结渣壳，会造成铸坯表面夹杂增加，形成表面翻皮、夹渣及坯内夹渣等缺陷。连铸保护渣结团会影响操作，造成结晶过程中表面夹渣，当结晶的钢壳出结晶器下口时易重熔或被二冷水冲走造成夹渣漏钢。结晶器内保护渣结团或结渣圈也会造成结晶坯壳与结晶器铜板表面润滑不良，形成黏结漏钢。

（3）保护渣结团的原因：

1）保护渣制造加工时搅拌不均匀，造成局部成分偏离：即部分保护渣内高熔点化合物集聚，而可降低熔点的化合物含量偏少，这样该部分保护渣就不能在合适的温度下熔化或出现分熔现象，即低熔点物质先熔化，高熔点物质不熔化，而造成结团，这种原因造成的结团将对铸坯质量产生严重影响。

2）保护渣中水分偏高（大于0.5%），在没有加入结晶器中就已经成团，在加入后无法铺展。

3）保护渣加入方法不对。浇铸时未做到勤加少加，均匀铺盖。这种情况下，固体渣不能自己铺展，形成良好的渣层结构。

4）连铸时铸速过低或浸入式水口浇铸时伸入深度不正确，造成钢液面"过死"（实际上出现钢流分布的死区现象，死区内钢液不能进行交换，温度偏低），没有一定回流和热交换，也会造成保护渣结团或结渣圈。

5）对一些特殊钢种（如含钛钢种），浇铸时析出较多的氧化物或氮化物（如TiN、TiO、Al_2O_3），被保护渣吸附后改变了保护渣的成分和性能，从而容易形成结团。

6）连铸时，根据断面和钢种，开浇和浇铸中期使用不同种类保护渣，用错保护渣也会造成结团或结渣圈。对于一些特殊品种，特别是板坯，为了取得较好的表面质量和减少废品损失，在开浇时应使用开浇渣，正常的保护渣形成3层结构（也有两层结构的，但较少见）即熔融层、烧结层和粉渣层，保护渣从开始加入到3层结构要有一定的时间以达到热平衡，为了解决开浇时能迅速形成3层结构，开浇渣的熔化速度一般要高一些，以便能使保护渣迅速形成熔化层，待拉速达到一定时再转换成正常渣。

（4）防止和消除保护渣结团的措施。为消除保护渣结团，在连铸过程中，发现结团或结渣圈可用捞渣棒除去渣团、渣圈，另加渣覆盖液面。

为防止保护渣结团和结渣圈可采取以下措施：

1）仔细检查保护渣质量，凡水分超标、不均匀、已结块的保护渣不可使用。对一些有分熔倾向的保护渣，应停止使用。

2）认真保管好保护渣。一般存放在烘房中，明确标记分种类堆放，随用随取。保护渣包装打开后就使用，不要与其他物品混合。

3）保证符合要求的铸速或拉速，保证浸入式水口插入的深度。

4）连铸加保护渣要勤加少加，均匀铺盖。有条件要使用加渣器。

5）连铸浇铸一些特殊钢种时，要按规定更换结晶器保护渣，以防止成分变化而造成结团。

（5）保护渣结团的处理：

1）观察。查看结晶器内渣料有无结团现象。

2）捞渣。若结晶器内渣料有结团现象，则用捞渣棒将渣团捞出清除。

3）加新渣。将结团渣料清除后，重新加入新渣。

4）稳定液面。保持液面稳定，不断补充渣料；黑渣操作，保持渣料均匀覆盖整个结晶器液面。

连铸坯质量

7.1 铸坯检验方法及对钢质量的要求

7.1.1 对钢质量的要求

衡量钢的性能主要从钢的物理、化学、机械及工业性能四个方面来考虑。

（1）良好的物理性能。钢的物理性能主要指钢在电、磁、热等方面的性能。电机、电器、无线电和仪表用钢要求这方面性能良好。

（2）良好的化学性能。钢的化学性能主要指钢在腐蚀、氧化、表面吸附和化学稳定性等方面的性能。长期在高温下工作或长期与某些带腐蚀介质相接触的机械设备，其工作机件用钢有这方面要求。

（3）良好的力学性能。钢的力学性能指钢的抗拉强度、屈服强度、伸长率、断面收缩率、硬度、冲击韧性、时效性能、蠕变性能、疲劳极限等。

（4）良好的加工性能。钢的良好的加工性能指钢在冷加工、热加工和下料及坡口加工过程中，能承受正确加工工艺的加工而不致产生各种缺陷的能力。

7.1.2 钢的检验方法

表面质量一般都在清理坯、材的表面时进行检验。内部质量则在每批钢材上，按标准规定抽取几个试样作代表进行检验。由于缺陷的分布是不均匀的，因此，应在质量最差的部位截取试样。

（1）宏观检验。宏观检验是用肉眼或在小于十倍的放大镜下检验钢的纵、横断面或断口，以评定钢的粗视组织和缺陷。常用方法有酸蚀试验、断面试验、塔形试验、硫印试验和超声波探伤。

1）酸蚀试验。宏观检验中最常用的方法，又叫酸洗试验。一般用50%盐酸水溶液，于65～80℃，经10～40min，在试样的清洁磨光面上，侵蚀出清晰的宏观组织，可以显示缩孔、疏松、偏析、气泡、夹杂、裂缝白点等缺陷，也可显示树枝状晶和流线等组织形态。

2）断口试验。将某种热处理状态的刻槽试样，用冲击力将其折断，检验试样断面组织和缺陷。断口试验与酸蚀试验两者可以相互印证相互补充。断口试验试样所暴露的缺陷，往往也在力学性能试验断面上反映出来。在断面上可显示白点、夹杂、气泡、裂缝、缩孔等缺陷。

3）塔形试验。将长约200mm的钢材试样，加工成长度为50mm，而直径不同的三阶塔形试样，以酸蚀法显示暴露在加工表面上的缺陷，常检验发纹。

4）硫印试验。硫印是用相纸显示试样上硫的偏析的方法，使相纸上的硫酸和试样上的硫化物（FeS，MnS）发生反应，生成硫化氢气体，硫化氢再与相纸上的溴化银作用，在相纸上的相应位置生成硫化银沉淀，形成黑色或褐色斑点。

反应方程式为：$Fe + S + H_2SO_4 \longrightarrow FeSO_4 + H_2S \uparrow$

$$MnS + H_2SO_4 \longrightarrow MnSO_4 + H_2S \uparrow$$

$$H_2S + 2AgBr \longrightarrow Ag_2S \downarrow + 2HBr$$

5）超声波探伤。在不破坏检验钢件的情况下，检查出钢的缺陷。超声波的振动频率高于人耳能够听见的振动频率，当超声波在传播中遇到钢的缺陷时，就会反射回来，根据超声波探伤仪光屏上显出来的反射波形，即可得知钢中缺陷的大小和位置。

（2）显微检验。显微检验也称金相检验或高倍检验。是一种用金相显微镜检验钢的微观组织和缺陷的方法。在普通金相显微镜下放大 100～500 倍金相评定。可检验钢中非金属夹杂物、显微空隙、裂纹等微观缺陷。

7.2 连铸坯质量

7.2.1 连铸坯质量含义

从广义来说，所谓连铸坯质量是指得到合格产品所允许的铸坯缺陷的严重程度。它的含义是：（1）铸坯纯净度（夹杂物数量、形态、分布、气体等）；（2）铸坯表面缺陷（裂纹、夹渣、气孔等）；（3）铸坯内部缺陷（裂纹、偏析、夹杂等）；（4）形状缺陷（凹坑、脱方、鼓肚等）。

上述连铸坯质量标准与连铸工艺过程的关系如图 7-1 所示。

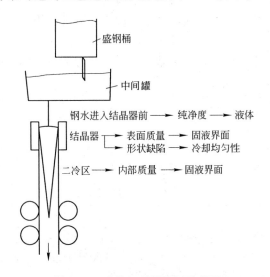

图 7-1　连铸坯质量控制示意图

铸坯纯净度主要取决于钢水进入结晶器之前的处理过程，也就是说要把钢水搞"干净"些，必须在钢水进入结晶器之前各工序下工夫，如冶炼及合金化过程控制、选择合适的炉外精炼、中间包冶金、保护浇铸等。

铸坯的表面缺陷主要取决于钢水在结晶器的凝固过程。它是与结晶器坯壳形成、结晶器液面波动、浸入式水口设计、保护渣性能有关的。必须控制影响表面质量各参数在目标值以内，以生产无缺陷铸坯，这是热送和直接轧制的前提。

铸坯的内部缺陷主要取决于在二次冷却区的铸坯冷却过程和铸坯支撑系统。合理的二次冷却水分布、支撑辊的对中、防止铸坯鼓肚等是提高铸坯内部质量的前提。

铸坯的断面形状和尺寸则和铸坯冷却以及设备状态有关。

因此，为了获得良好的铸坯质量，可以根据钢种和产品的不同要求，在连铸的不同阶段如钢包、中间包、结晶器和二次冷却区采用不同的工艺技术，对铸坯质量进行有效控制。

7.2.2 连铸坯质量要求

对铸坯质量要求而言，主要有4项指标，即连铸坯的几何形状、表面质量、内部组织致密性和钢的清洁性；而这些质量要求与连铸机本身设计、采取的工艺以及凝固特点密切相关。

7.2.3 连铸坯质量特征

与传统模铸——开坯方式生产的产品相比，连铸产品更接近于最终产品的尺寸，因此，不允许在进一步加工之前有更多的精整，如表面清理等。另外，连铸坯内部组织的均匀性和致密性虽较钢锭好，但却不如初轧坯。连铸坯在凝固过程中受到冷却、弯曲、拉引，故薄弱的坯壳要经受热的、机械的应力作用，很容易产生各种裂纹缺陷。从内部质量看，其凝固特点决定了易造成中心偏析和缩孔等缺陷。加上钢水中的夹杂物在结晶器内上浮分离的条件总不如模铸那么充分，特别是连铸操作过程中造成钢质污染的因素也较模铸时复杂得多，因此，夹杂物特别是大型夹杂物便成了铸坯质量上的重要问题，但连铸的突出特点是过程可以控制。因此，可以直接采取某些保证产品质量的有效方法，以便取得改善质量的效果。另外，连铸坯是在一个基本相同的条件下凝固的，因此，整个长度方向上的质量是均匀的。

7.2.4 连铸坯缺陷分类

连铸坯上可见到多种多样的缺陷，而铸坯缺陷的发生状况也因机型、铸坯断面尺寸和形状、钢种以及操作条件不同而异。表7-1为连铸坯缺陷一览表。

表7-1 连铸坯常见缺陷

缺陷类别	缺 陷 名 称
表面缺陷	纵向表面裂纹；头坯的纵向裂纹；靠近角部的纵向裂纹；横向表面裂纹；横向角部裂纹；窄面横裂纹；星状裂纹；头坯上的针孔；面上的针孔和点状夹渣；分布在纵向直线上的针孔和团絮状夹渣；整个表面上的针孔；渗碳；深的振痕
内部缺陷	内部裂纹（偏析裂纹、中间裂纹）；三角区裂纹（侧边裂纹）；对角线裂纹（角部裂纹）；中心线裂纹；中心偏析和中心疏松；保护渣夹杂；球状夹杂；团絮状夹杂；皮下夹杂；皮下气泡
形状缺陷	纵向凹坑；横向凹坑；铸坯鼓肚；宽度偏差；厚度偏差；挠曲；不直；菱形变形；椭圆

7.3 连铸坯的纯净度

连铸坯的纯净度是指钢中非金属夹杂物的数量、形态和分布。要根据钢种和产品的要求，把钢中夹杂物降低到所要求的水平。

7.3.1 连铸夹杂物

（1）连铸过程夹杂物的形成特征。在钢冶炼和浇铸过程中，由于钢液要进行脱氧和合金化，钢液在高温下和熔渣、大气以及耐火材料接触，在钢液中生成一定数量的夹杂物。

连铸和模铸比较，钢中夹杂物的形成具有显著特征。其一是连铸时由于钢液凝固速度快，其夹杂物集聚长大机会少，因而尺寸较小，不易从钢液中上浮；其二是连铸中多了一个中间包，钢液和大气、熔渣、耐火材料接触时间长易被污染；同时在钢液进入结晶器后，在钢液流股影响下，夹杂物难以从钢中分离；其三是模铸钢锭的夹杂物多集中在钢锭头部和尾部，通过切头切尾可使夹杂物危害减轻，而连铸坯仅靠切头切尾则难以解决问题。基于这些特点，连铸坯中的夹杂物问题比起模铸要严峻得多。

（2）连铸坯中夹杂物的类型和来源。连铸坯中夹杂物的类型是由所浇铸的钢种和脱氧方法所决定的。在连铸坯中较常见的夹杂物有 Al_2O_3 和以 SiO_2 为主并含有 MnO 和 CaO 的硅酸盐，以及以 Al_2O_3 为主并含有 SiO_2、CaO 和 CaS 等的铝酸盐。此外还有硫化物如 MnS、FeS 等。

从连铸坯中夹杂物的类型和组成可知它们主要是由氧化物组成的。而氧化物夹杂在连铸过程中的来源，根据连铸钢液示踪试验所测定的数据来看，铸坯中夹杂物来源比例是：出钢过程钢液氧化产物占 10%，脱氧产物占 15%，熔渣卷入占 5%，铸流的二次氧化占 40%，耐火材料的冲刷约占 20%，中间包渣约占 10%。由此可知，铸坯中基本上是外来夹杂物，主要来自于钢液浇铸过程中的二次氧化。

此外，将尺寸小于 $50\mu m$ 的夹杂物称为显微夹杂，尺寸大于 $50\mu m$ 的夹杂物称为宏观夹杂。显微夹杂多为脱氧产物，而宏观夹杂除来源于耐火材料熔损外，主要是钢液的二次氧化形成的。

7.3.2 影响连铸坯夹杂的因素

7.3.2.1 机型对铸坯中夹杂物的影响

连铸机的机型对铸坯内夹杂物的数量和分布有着重要影响。不同机型铸坯内夹杂物的分布有很大差别。就弧形结晶器而言，铸流对坯壳的冲击是不对称的，上浮的夹杂物容易被内弧侧固、液相界面所捕捉，因而在连铸坯内弧侧距表面约 10mm 处，聚集了 Al_2O_3 的夹杂物。大型夹杂物也多集中于连铸坯内弧侧 1/5 ~ 1/4 厚度的部位，如图 7 – 2（b）所示。由此可见，弧形结晶器的铸坯夹杂物分布很不均匀，偏析于内弧侧。若是直结晶器，铸流冲击是对称的，液相穴内部分夹杂物得到上浮，同时夹杂物分布也比较均匀，如图 7 – 2（a）和图 7 – 3 所示，其中曲线 1、2 对应弧形连铸机，曲线 3、4 对应立弯式连铸机，目前有些连铸机采用直结晶器，或者在结晶器下部设有 2 ~ 3m 左右的直线，就是为了减少夹杂物在内弧侧的聚集。

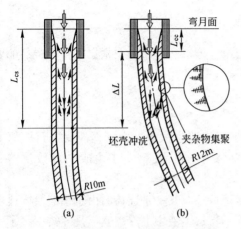

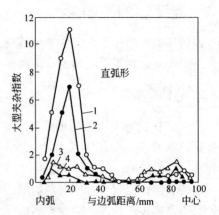

图 7-2 液相穴内夹杂物上浮示意图

(a) 带垂直段立弯式连铸机;(b) 弧形连铸机

L_{cs}—垂直段临界高度;L_{cc}—弧形结晶器直线临界高度

图 7-3 连铸坯内夹杂物分布图

1, 3—低温浇铸;2, 4—高温浇铸

图 7-4 为不同机型对连铸坯内大型夹杂物数量的影响。

7.3.2.2 连铸操作对铸坯中夹杂物的影响

连铸操作有正常浇铸和非正常浇铸两种情况。在正常浇铸情况下,浇铸过程比较稳定,铸坯中夹杂物多少主要是由钢液的纯净度所决定的。而在非正常浇铸情况下,如浇铸初期、浇铸末期和多炉连浇的换包期间,铸坯中夹杂物往往有所增加。这是因为在浇铸初期钢液被耐火材料污染得较严重;在浇铸末期随着中间包液面的降低,涡流作用会把中间包渣吸入到结晶器中。在换包期间由于上述原因也常使钢中夹杂物增多。因而采取相应措施(如提高耐火材料质量,避免下渣等)对于提高铸坯纯净度是必要的。

7.3.2.3 在连铸操作中铸温和拉速对铸坯中夹杂物的影响

由图 7-5 可以看出,当钢液温度降低时,夹杂物指数升高。显然这是因为在低温状态下,钢液黏度增加,夹杂物不易上浮。近几年来国外开发了中间包钢液加热技术,有助

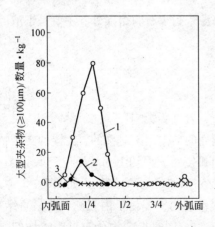

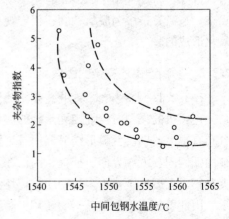

图 7-4 连铸机型对连铸坯内大型夹杂物数量的影响

(钢种:AP1-X65,拉速 1m/min,钢水过热度为 25℃)

1—弧形连铸机;2—直结晶器的弧形连铸机;

3—立式连铸机

图 7-5 中间包钢水温度对铸坯

夹杂物指数的影响

于这个问题的解决。随着拉速的提高，铸坯中夹杂物有增多趋势，这是因为当增大拉速时，一方面水口熔损加剧，另一方面钢液浸入深度增加，钢中夹杂物难以上浮。

7.3.2.4 耐火材料质量对铸坯夹杂物的影响

在连铸过程中由于钢液和耐火材料接触，钢液中的元素（锰和铝等）会与耐火材料中的氧化物发生作用，所生成的 MnO 可在耐火材料表面形成 $MnO \cdot SiO_2$ 的低熔点渣层，随后进入钢液中，当其不能上浮时就遗留在铸坯中。当生成 Al_2O_3 时，可与 MnO 和 SiO_2 结合生成锰铝硅酸盐夹杂物。为了避免上述反应的发生，连铸用钢包耐火材料应选用 SiO_2 含量低、熔蚀性好、致密度高的碱性或中性材料。

中间包内衬的熔损是铸坯中大型夹杂物的主要来源之一。理想的中间包内衬应避免耐火材料表面残留渣（富氧相）的影响。当中间包使用后未进行内表面的更新工作时，将会污染钢液。用绝热板代替中间包涂料对减少铸坯中夹杂物已取得明显效果。浸入式水口材质对铸坯中大颗粒夹杂物的影响早为人们所熟知。由于熔融石英水口易被钢中的锰所熔蚀，因而使用这种水口浇高锰钢时，将使钢中夹杂物增多；与之相反，当使用氧化铝－石墨质水口时，则钢中夹杂物较少。但是值得注意的是使用氧化铝－石墨质水口时夹杂物集聚易使水口堵塞，同时在水口和保护渣接触部分易被熔蚀；为了防止这些情况的发生，可以采用塞棒吹氩，或采用气洗水口以及渣线部分使用锆质材料的复合水口。

7.3.3 减少夹杂物的方法

根据钢种和产品质量，在工艺操作上应采取以下措施，把钢中夹杂物降到所要求的水平：

（1）无渣出钢。转炉采用挡渣球，电炉采用偏心炉底出钢，防止出钢渣大量下到钢包。

（2）钢包精炼。根据钢种选择合适的精炼方法，以均匀温度、微调成分、降低氧含量、去除气体夹杂物等。

（3）无氧化浇铸。钢液经钢包处理后，钢中总氧含量大幅下降。如钢包到中间包铸流不保护或保护不良，则中间包钢液中总氧量又上升许多，恢复到炉外精炼前的水平，使炉外精炼的效果前功尽弃。

（4）中间包冶金。中间包采用大容量、加挡墙和坝等是促进夹杂物上浮的有效措施。

（5）浸入式水口加保护渣。保护渣应能充分吸收夹杂物。浸入式水口材料、水口形状和插入深度应有利于夹杂物上浮分离。

7.4 连铸坯的表面缺陷

连铸坯常见的表面缺陷如图 7-6 所示。

7.4.1 连铸坯的表面裂纹

连铸坯裂纹是最常见和数量最多的一种缺陷，其形成原因一方面取决于坯壳和凝固界面的受力情况，另一方面取决于钢在高温下的塑性和强度。

7.4.1.1 表面纵裂纹

表面纵裂纹是铸坯表面沿轴向（拉坯方向）形成的裂纹，多发生在板坯的宽面中央

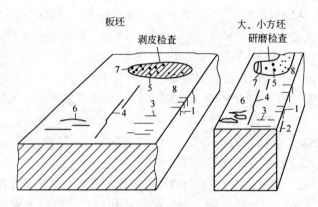

图 7-6 连铸坯表面缺陷

1—角部横向裂纹；2—纵向角部裂纹；3—横向裂纹；4—纵向裂纹；

5—星状裂纹；6—深振痕；7—针孔；8—宏观夹杂

部位，方坯出现于面部，严重时裂纹将高达 10mm 以上。靠近角部出现的纵裂叫做角部纵裂，发生纵裂是由于初生坯壳厚度不均匀，在坯壳薄的地方应力集中，当应力超过其抗拉强度时产生裂纹。

一般认为，表面纵裂纹经常发生在碳含量为 0.1% ~ 0.16% 的钢中，并且几乎全部产生在结晶器中，经过二冷段有所发展。出现纵裂的原因，最主要的是在结晶器内坯壳受到某种应力而发生变形，树枝晶枝间的浓缩溶质局部富集，降到坯壳抗拉强度，当应力超过其抗拉强度时产生裂纹。而导致裂纹的应力包括：凝壳内外温差造成的热应力；钢水静压力反抗铸坯凝固收缩而产生的应力；铸坯方向收缩产生动摩擦而造成的应力；坯壳与结晶器之间产生气隙，宽面坯壳因其两端受到短边凝固收缩的限制而向结晶器壁方向凸起时产生的弯曲应力等。在实际操作中，尤其当结晶器内不适当冷却及沿铸坯周边的一次、二次冷却不均匀时都易引起表面纵裂的产生。

防止表面纵裂纹的措施有：

(1) 控制钢液成分。当碳含量在 0.12% 时，纵裂纹敏感性最大，连铸坯越薄影响越大。锰含量低，坯壳强度低，纵裂纹发生率高。硫含量在 0.01% 以上时，纵裂纹发生率高。因此，为了防止纵裂纹产生，在成分设计上，要避开纵裂纹发生区域 [C]、[Mn]、[S] 范围，特别要降低钢中硫含量。

(2) 选用熔化性能和熔化速度合适的保护渣。保护渣的熔化性能、熔化速度选用不当，会造成结晶器和坯壳之间局部流入渣子过多，减慢了传热，使局部凝壳变薄产生纵裂。相反，合适的保护渣的熔融层，对结晶器壁有润滑作用，使拉坯阻力减少，对解决宽板的热纵裂也很有效。

(3) 正确设计结晶器的倒锥度和铜壁厚度。结晶器合适的倒锥度对减少热纵裂、提高拉速、避免漏钢起一定的作用。因为合适的倒锥度，可以避免出现不均匀的气隙和不均匀的冷却。

(4) 采用浸入式水口并严格对中，采用合理的铸温、铸速，结晶器宽、窄面冷却平衡。

(5) 二次冷却强度及足辊的影响。二冷主要表现在局部过冷产生纵向凹陷。

7.4.1.2 表面横裂纹

表面横裂纹包括面部横裂纹和角部横裂纹。大部分面部横裂纹发生在振动波纹的波谷深处，这种裂纹是铸坯矫直时产生拉应力造成的，或在连铸坯表面出现龟裂时，在矫直力作用下，以龟裂为缺口，扩展成横裂纹。如果裂纹在角部，就形成角部横裂纹。另外，角部横裂纹还可能是导辊或矫直辊调整不当，使铸坯受到过分弯曲变形出现的。特别指出，表面横裂纹均发生在 700~900℃ 的脆性温度范围内。

表面横裂纹是小方坯的常见缺陷，一般的横裂会造成横裂废品，严重时导致漏钢。

防止方坯表面横裂的措施有：

（1）钢水成分。将终点 $w(C) > 0.08\%$ 和 $w(Mn)/w(S)$ 纳入工艺考核，钢中碳避开裂纹敏感区，使终点碳和 $w(Mn)/w(S)$ 达标率提高。降低钢中硫、氧、氮等元素的含量，加入微量钛、锆和钙等元素，抑制碳化物、氮化物、硫化物、氧化物在晶界析出。

（2）加强对结晶器振动装置的点检。每次更换结晶器及检修，由专人负责检查板簧和板簧与台架间的空隙是否符合车间内控标准，否则更换；在板簧上设防护装置，用轻质薄铁皮制作专用防护板，避免渣钢钻入，杜绝板簧断裂。

（3）在二冷窗口增加内弧夹持辊。

（4）控制矫直温度，避开脆性区。结晶器实行传递卡制度，定期更换，结晶器水缝由工艺技术员测量、监控，铜管锥度保持合适。

（5）改善结晶器润滑和冷却水质。制作高位油箱利用重力实现半自动加润滑油。结晶器液面控制确保在要求的范围之内。通过改变投药参数，加强水质监控，增加过滤器，改善水质。

（6）正确上引锭。专人操作，结晶器下口划伤大于 1mm 必须更换。

（7）采用缓冷。喷淋集管、过滤网经常更换清洗，喷嘴堵塞和喷水分布不合理时不允许浇钢；水环采用多个喷嘴。

7.4.1.3 龟裂（星形裂纹）

呈星状分布在铸坯表面的细小裂纹，称为龟裂（星形裂纹）。其深度一般为 1~3mm，严重时可能在连铸坯矫直后导致横裂纹，或在轧制时造成连铸坯表面撕裂，使钢材表面产生缺陷。

（1）结晶器上铜的脱落。坯壳表面吸附了结晶器上的铜，而铜优先沿奥氏体晶界扩散。因为 Cu 在铸坯表面的氧化铁皮下形成液相，沿晶界穿行而失去塑性。$w(Cu) = 0.10\% \sim 0.20\%$ 时在高温下就有 Cu 的富集，对裂纹敏感性增加。图 7-7 为 Cu 对裂纹深度的影响。

（2）钢液中铝和硫含量过高。氮化铝和硫化物渗入铸坯表面，引起钢的高温脆化。

（3）铸坯表面的选择性氧化。弱冷使得铸坯表面温度高，残余元素（铜、锡）沿晶界富集易形成裂纹，强冷则会增大铸坯的温度梯度，促使铝铌等在晶界沉淀。

这种裂纹在铸坯表面酸洗之后才能发现，深度可达 5mm，沿奥氏体晶界分布。防止和减少龟裂（星形裂纹）的措施有：

（1）结晶器镀 Cr 和 Ni。

（2）合适的二冷水量。

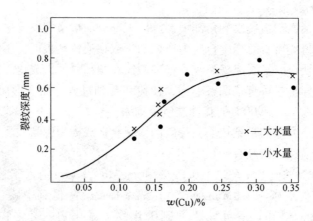

图 7 - 7　Cu 对裂纹深度的影响（1200℃）

（3）精选原料，控制钢中残余元素（Cu、Sn 等）。

（4）控制钢中 $w(Cu) < 0.2\%$。

（5）控制钢中 $w(Mn)/w(S) > 40$。

7.4.2　振动痕迹

结晶器上下运动的结果是在铸坯表面上造成了周期性的沿整个周边的横纹模样的痕迹，称之为振动痕迹。它被认为是周期性的坯壳拉破和重新焊合过程造成的，若振痕很浅，而且又很规则的话，在进一步加工时不会引起什么缺陷。但若结晶器振动状况不佳，钢液面波动剧烈和渣粉选择不当等使振痕加深，或在振痕处潜伏横裂纹、夹渣和针孔等缺陷时，这种振痕实际上就是一种对随后加工及成品造成危害的弊病了。深的振痕有的也叫做横沟。为了减小振痕深度，现在很多铸机上采用所谓"小幅高频"振动模式。此外，对裂纹敏感的钢种，有的在结晶器液面附近加由导热性差的材料做的插件，即所谓"热顶结晶器"的办法，也对减轻振痕深度有效果。

振痕深度与钢中碳含量也有很大关系。一般来说，低碳钢振痕较深，而高碳钢振痕较浅。

7.4.3　气孔和气泡

钢液凝固时 C—O 反应生成的 CO 或 H_2 的逸出，在柱状晶生长方向接近于铸坯表面形成的孔洞叫气孔，直径一般为 1mm，深度为 10mm 左右。接近于铸坯表面，相对较小且密集分布的称为表面气孔（皮下针孔）。按照气孔的位置，藏于皮下没有裸露的称为皮下气泡。皮下气泡需要对铸坯修磨、酸洗才能发现。钢液脱氧不良是产生气泡的主要原因，所以使用强脱氧剂、减少钢中含氢量、防止钢液二次氧化、提高浇铸速度等都能抑制气泡的产生。

在实际生产中，产生气泡的常见原因有脱氧不良，当钢中溶解铝大于 0.008% 时就可防止 CO 气泡产生；钢液过热度大；二次氧化，空气中水汽被吸入；保护渣水分超标；结晶器上口渗水；结晶器润滑油过量；中间包衬潮湿。

在加热炉内铸坯皮下气孔外露被氧化而形成脱碳层，在轧材上会形成表面缺陷，深藏的气孔会在轧制产品上形成微细裂纹。

脱氧不良是造成皮下气孔的重要原因之一，钢中溶解 $w(Al) > 0.008\%$ 就可防止 CO 的生成。

用油做润滑剂或保护渣、钢包、中间包覆盖剂，绝热板干燥不良会导致 H_2 逸出生成皮下气孔。不锈钢中 H_2 大于 6×10^{-6} 时，铸坯皮下气孔骤然增加。

对于含 Ti 不锈钢，钢中的 TiN 与保护渣中的 Fe_2O_3 会发生反应释放出来的 N_2 可能在凝固坯壳处形成皮下气孔。

另外生成的 TiO_2 和 $CaO \cdot TiO_2$ 大大增加了渣子黏度，可能会在结晶器钢水面上形成由渣、钢和气体组成的硬壳，对不锈钢铸坯表面质量带来极大的危害。因此对含 Ti 不锈钢，应尽量降低钢中的 [N] 和 [O] 含量，降低保护渣的碱度以及采用最佳几何形状的浸入式水口（如出口倾角向上 15°）是有益的。

中间包塞棒吹 Ar 流量太大或拉速过快，会引起结晶器液面"钢水沸腾"，增加了弯月面的搅动，导致卷渣或弯月面的钩形凝固壳会捕捉小于 2mm 的 Ar 气泡，如图 7-8 所示，造成冷轧板的分层缺陷。

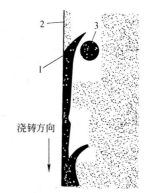

图 7-8 陷入凝固钩内的 Ar 气泡
1—弯月面钩形凝固壳；
2—结晶器宽面；3—Ar 气泡

7.4.4 表面夹渣

结晶器中钢液面上的浮渣或上浮的夹杂物被卷入铸坯内，在连铸坯表面形成的斑点称为表面夹渣。由于夹渣下面的凝壳凝固缓慢，故常有细裂纹和气泡伴生。实际生产中常见夹渣原因主要有捞渣不及时；结晶器液面不稳定；耐火材料质量差；钢液流动性差；拉速过慢或浇铸温度过低。

夹杂或夹渣是铸坯表面的一个重要缺陷。夹渣嵌入表面深度达 2～10mm。从外观看，硅酸盐夹杂颗粒大而浅，而 Al_2O_3 夹杂颗粒小而深，如不清除，则就会在成品表面留下许多弊病。如冷轧薄板呈条状分布的黑线，认为是铝酸钙（70% CaO、30% Al_2O_3）和 Al_2O_3 所致。镀锡板上的 Ca-Al-Na 氧化物夹杂，是冲压裂纹的根源。另外结晶器初生坯壳卷入了夹渣，在坯壳上形成一个"热点"，此处渣子导热性不好，凝固壳薄，出结晶器后容易造成漏钢事故。

7.4.4.1 敞开浇铸

由于浇铸时二次氧化，在结晶器钢水面上生成浮渣。结晶器液面的波动，浮渣可能卷入到初生坯壳表面而残留下来形成夹渣。

对于硅镇静钢，铸坯表面夹渣是与钢中 $w(Mn)/w(Si)$ 有关的，如图 7-9 所示。

因此，随钢中 $w(Mn)/w(Si)$ 比减小，生成浮渣 $MnO \cdot SiO_2$ 的熔点升高，流动性不好，容易卷入坯壳。为保持流动性良好的浮渣，应保持钢中 $w(Mn)/w(Si) \geq 2.5$ 为宜，如图 7-10 所示。对于用 Al 脱氧钢，应限制加 Al 量（200g/t）使钢中酸溶铝 $w(AlS) = 0.005\% ～ 0.007\%$，既可防止定径水口堵塞，也可防止因 Al_2O_3 析出使浮渣变黏，增加表面夹渣。

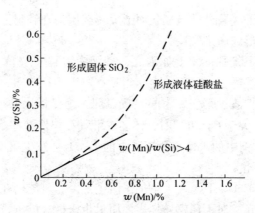

图 7 – 9　钢中 Si、Mn 含量对形成浮渣影响

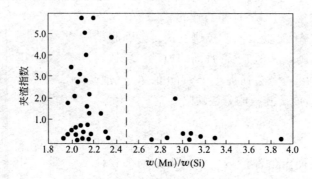

图 7 – 10　$w(Mn)/w(Si)$ 比与夹渣关系图

7.4.4.2　保护浇铸

结晶器采用浸入式水口和保护渣浇铸。结晶器液面波动是弯月面卷渣的根源，如图7 – 11所示。造成液面波动的原因：

（1）外部干扰，如水口扩大、堵塞或塞棒失灵；

（2）结晶器液体流动的搅动，如水口形状、插入深度、吹 Ar 量等引起液面不稳定；

（3）拉速突然变化。

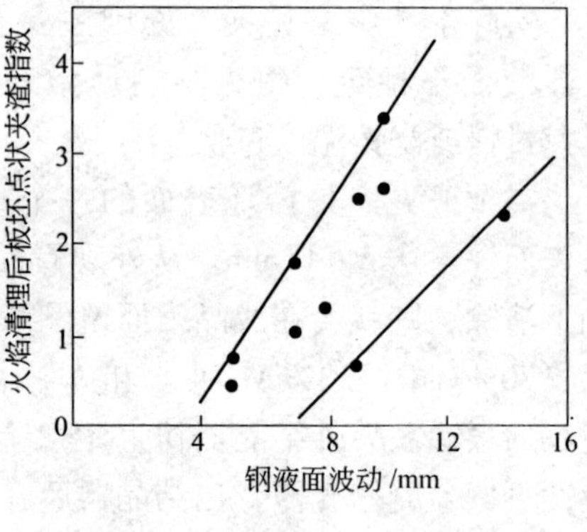

铸坯表面夹杂的来源主要是：

（1）保护渣中未溶解的组分；

（2）上浮到钢液面未被液渣吸收的 Al_2O_3 夹杂；

（3）富集 Al_2O_3（$w(Al_2O_3) > 20\%$）的高黏度的渣子。

结晶器液面波动对卷渣的影响是：

液面波动 ±20mm，皮下夹渣深度小于 2mm；

液面波动 ±40mm，皮下夹渣深度小于 4mm；

液面波动大于 40mm，皮下夹渣深度小于 7mm。

皮下夹渣深度小于 2mm，铸坯在加热炉加热时就可消除。夹渣深度在 2～5mm，就必

图 7 – 11　液面波动与夹渣的关系

（断面尺寸：190mm×1300mm；拉速：1.3m/min）

须进行表面清理。保持液面波动小于 10mm，就可消除皮下夹渣。因此选择灵敏可靠的液面控制系统，控制液面波动在允许范围内（如 ±(3~5)mm），这对防止表面卷渣是非常重要的。

浸入式水口插入深度对铸坯表面夹渣影响甚大，见表 7-2。水口插入深度太浅（小于 100mm）铸坯卷渣严重；太深保护渣熔化不均匀。选择插入深度 150mm 左右。可消除表面卷渣，但纵裂指数有所增加。

表 7-2 浸入式水口插入深度对夹渣影响

插入深度/mm	夹渣指数	针孔指数	纵裂指数
≤80	2.85	1.2	0
85~100	1.65	0.7	2
105~120	1.15	1.6	2.1
125~140	0.95	2.3	4.3
>145	0.85	1.2	6.3

如图 7-12 所示，结晶器保护渣卷入凝固壳可能有以下机构：

（1）浸入式水口流出的铸流向上回流过强，穿透渣层而把渣子卷入液体中。

（2）靠近水口周围的涡流把渣子卷入。

（3）沿水口周围上浮的气泡过强，搅动钢渣界面把渣子卷入。

（4）钢水温度低，保护渣结壳或未熔融渣卷入。

为防止结晶器卷渣，必须控制好以下几点：

（1）液面的稳定性，液面波动尽可能小（小于 5mm）。

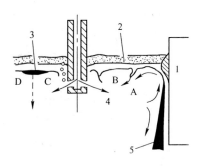

图 7-12 结晶器卷渣机构示意图
1—结晶器；2—保护渣；3—结壳；
4—铸流；5—凝固壳

（2）浸入式水口合适的插入深度，插入深度以（125±25）mm 为宜。

（3）浸入式水口出口倾角应以出口流股不搅动弯月面渣层为原则。

（4）中间包塞棒合适的 Ar 气流量，防止气泡上浮增强钢渣界面的搅动。

（5）合适的保护渣黏度、渣中 Al_2O_3 含量（渣中 $w(Al_2O_3)>20\%$，液渣就不能吸收上浮的 Al_2O_3，使黏度增加）和液渣层厚度。结晶器 1/4 宽度处液渣层 8~12mm，可避免未熔化渣卷入坯壳，这样必须保持渣粉消耗为 0.35kg/t 钢。

7.4.5 表面增碳和偏析

一般来说连铸坯表面和皮下的化学成分是均匀的，但有时比如在使用结晶器电磁搅拌时，发现表面和皮下有轻微的负偏析。表面增碳也是一种偏析。它有两种情况：一是在油润滑浇铸情况下，在结晶器润滑油燃烧后，残留的含碳物质与钢反应造成表面增碳；另一种是在保护渣浇铸情况下，一般保护渣内含碳量 $w(C)=3\%~5\%$，其中大部分在熔化时被消耗掉了，但总有一些残留的碳聚集在液态渣子上面的界面内，这个富碳层造成接近弯月面处的固态渣圈有碳的富集。当液面上升时，钢液就会与这个富碳渣圈接触并导致弯月面处增碳，特别是当渣粉中含碳量 $w(C)>6\%$ 时更严重。另外，当熔渣层很薄时，钢液很可能与富碳层直接接触而造成增碳，这种表面增碳对不锈钢是非常有害的，为此应使用无碳保护渣以避免表面增碳，一般表面增碳层的厚度大约为 $1\sim2mm$。由于渣与钢之间反应，特别是在结晶器内钢液面波动时更易发生该反应。因此，保护渣中的杂质如 FeO、硫、铅等的含量应尽可能低。

另一种表面偏析现象是在振动痕迹的底部富集合金元素，而且表面偏析（如硅、锰、镍、钼）的大小和深度随负滑脱时间增加而加重，亦即随振痕深度加深而增加。为此，采用高频小幅的振动方式及保证结晶器钢液面稳定对减轻上述增碳和表面偏析有效果。

7.4.6 其他表面缺陷

其他表面缺陷有：

(1) 重皮。当坯壳在结晶器内发生轻微破裂时，会有少量钢液流出来弥合裂口，在坯壳表面上好像贴了一层皮，通常把这种缺陷叫重皮。重皮严重时会造成漏钢事故。铸温低或拉速偏低、有夹渣、润滑不良以及结晶器对弧不准等都可能引起重皮缺陷。采用浸入式水口保护渣浇铸，可减少钢液的二次氧化，有助于消除重皮缺陷。

(2) 重接。因水口堵塞、更换浸入式水口、更换中间包等而造成钢液中断，在钢液中部部位产生一个缠绕连铸坯周边的接痕，称为重接，又称双浇。中断浇铸时间越长，重接部位的接痕越深。重接部位一般应当切断或局部清理。

(3) 划伤。连铸坯与转动不良的辊子、导向装置等摩擦而产生的机械损伤叫划伤。防止措施是经常检修容易接触连铸坯并造成划伤的部件，同时一发现划伤立即查找原因，并即时处理。

(4) 凹坑。按发生地点不同，凹坑分两类。一类是在结晶器内出现的。由冷却不均匀在凝壳薄的部位熔渣过多造成的，可以采用结晶器上部缓慢冷却或选择合适的渣粉来减少这类凹坑的发生。另一类是在拉矫机处产生的，由于拉矫辊上附有金属异物或拉矫辊与连铸坯间积存的铁皮嵌入坯面形成的。在拉矫辊上附有金属时，凹坑沿坯子长度方向的分布呈周期性，而嵌入铁皮时就不是周期性的分布。

7.4.7 提高连铸坯表面质量的措施

铸坯表面缺陷主要是指夹渣、裂纹等。如表面缺陷严重，在热加工之前必须进行精整，否则会影响金属收得率和成本。生产表面无缺陷铸坯是热送热装的前提条件。

铸坯表面缺陷形状各异，形成原因是复杂的。从总体上说，铸坯表面缺陷主要受结晶器钢水凝固过程的控制。为保证表面质量，必须注意以下几点：

(1) 结晶器液面的稳定性。钢液面波动会引起坯壳生长的不均匀，渣子也会被卷入坯壳。当皮下夹渣深度小于 $2mm$ 时，铸坯在加热时可消除，夹渣深度在 $2\sim5mm$ 时铸坯必须进行表面清理。钢液面波动不大于 $\pm10mm$，可消除皮下夹渣。因此，选择灵敏可靠的液面控制系统，保证液面波动在允许范围内，是非常重要的。

(2) 结晶器振动。铸坯表面薄弱点是弯月面坯壳形成的"振动痕迹"。振痕对表面质量的危害是：

1) 振痕波谷处是横裂纹的发源地。

2）波谷处是气泡、渣粒聚集区。为此，采用高频率小振幅的结晶器振动机构，可以减少振痕深度。

（3）初生坯壳的均匀性。结晶器弯月面初生坯壳不均匀会导致铸坯产生纵裂和凹陷，以致造成拉漏。坯壳生长的均匀性取决于钢成分、结晶器冷却、钢液面稳定性和保护渣润滑性能。

（4）结晶器钢液流动。结晶器由铸流引起的强制流动，不应把液面上的渣子卷入内部。浸入式水口插入深度小于50mm，液面上渣粉会卷入凝固壳，形成皮下夹渣；浸入式水口插入深度大于170mm，皮下夹渣也会增多。因此，浸入水口插入深度和出口倾角是非常重要的参数。

（5）保护渣性能。应有良好的吸收夹杂物能力和渣膜润滑能力。

7.5 连铸坯的内部缺陷

连铸坯的内部缺陷主要是内部裂纹、中心疏松和缩孔、中心偏析、非金属夹杂物。这些内部缺陷的产生，在很大程度上和铸坯的二次冷却以及自二冷区至拉矫机的设备状态有关。

铸坯的内部缺陷如图7-13所示。

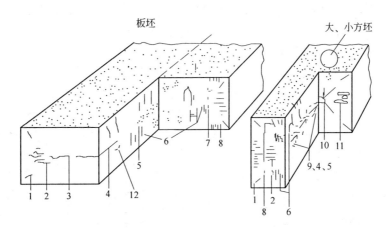

图7-13 铸坯内部缺陷示意图

1—内部角裂；2—侧面中间裂纹；3—中心线裂纹；4—中心线偏析；5—疏松；
6—中间裂纹；7—非金属夹杂；8—皮下裂纹；9—缩孔；
10—中心星状裂纹对角线裂纹；11—针孔；12—宏观偏析

7.5.1 内部裂纹

各种应力（包括热应力、机械应力等）作用在脆弱的凝固界面上产生的裂纹称为内部裂纹。通常认为内裂纹是在凝固前沿发生的，大都伴有偏析存在，因而也把内裂纹称为偏析裂纹。除了较大裂纹，一般内裂纹可在轧制中焊合。按照内裂纹的部位分为中间裂纹、挤压裂纹（矫直裂纹）、角部裂纹、中心裂纹、三角区裂纹、皮下裂纹等。铸坯内裂纹起源于固液界面并伴随有偏析线，即使轧制时能焊合，也会影响钢的力学性能和使用性能。

（1）中间裂纹。在铸坯外侧和中心之间的某一位置，在柱状晶间产生的裂纹，其位置一般在中间，所以叫中间裂纹。

（2）角部裂纹。角部裂纹是在结晶器弯月面以下 250mm 以内产生的，裂纹首先在固液交界面形成然后扩展。铸坯角部为二维传热，凝固最快收缩最早，产生气隙，传热减慢坯壳较薄，在鼓肚或菱变造成的拉应力作用于坯壳薄弱处而产生裂纹，严重的角部裂纹还会造成漏钢。

角部裂纹多出现于方坯中，其形成和方坯脱方（菱变）有关。要减少角部裂纹，必须使铸坯 4 个面冷却均匀，要求结晶器与夹辊间要准确对中，防止二冷段的喷嘴堵塞。

（3）挤压（矫直）裂纹。连铸坯带液芯弯曲和矫直时，所受的压力超过铸坯本身的极限而导致裂纹的产生。裂纹集中在内弧侧柱状晶区，裂纹内充满残余母液。近年来开发了多点矫直、多点弯曲、压缩浇铸、连续矫直及气 - 水雾化新技术。

（4）中心裂纹。铸坯横断面中心区域可见的缝隙叫中心线裂纹，并伴随有 S、P、C 的正偏析。它是由柱状晶搭桥或凝固末期铸坯鼓肚而产生的。

铸坯中心裂纹在轧制中不能焊合，在钢板的断面上会出现严重的分层缺陷，在钢卷或薄板的表面呈中间波浪形缺陷，在轧制中还会发生断带事故，给成品材的轧制和使用带来影响。

（5）三角区裂纹。随着板材需求的大幅度增加，国内近几年建造了不少大断面的板坯连铸机，连铸生产板材有质量异议的大多是由于中板分层和裂纹，中板的缺陷是由铸坯缺陷造成的，所以生产无缺陷铸坯至关重要。

目前板坯出现的缺陷主要是三角区裂纹。在低倍状态下，从板坯窄面生长形成的三角形柱状晶区域称三角区，如图 7 - 14 所示，凡在此区域内出现的裂纹通称三角区裂纹，其表现形式有以下 3 种：

第一种较少见（见图 7 - 15 中 1），裂纹沿铸坯窄面和宽面生长的柱状晶的交界处裂开，与宽面成一定的夹角，裂纹距铸坯角部 60 ~ 80mm，长 20 ~ 40mm。

图 7 - 14　板坯三角区

图 7 - 15　三角区裂纹

1—窄面和宽面的交界处裂开；2—中间裂开；
3—裂纹已延伸到三角区以外

第二种较多（见图 7 - 15 中 2），裂纹在铸坯的中间裂开，与铸坯宽面平行，距铸坯侧边 40 ~ 60mm，长 20 ~ 40mm，完全在铸坯三角区内。

第三种也较常见（见图 7 - 15 中 3），和第二种相似，但裂纹已延伸到三角区以外，裂纹长度 60 ~ 100mm，部分裂纹长度大于 130mm，对铸坯质量影响较大。

板坯出现第一种三角区裂纹缺陷是由结晶器倒锥度较大引起的。一般板坯结晶器倒锥度值控制在 0.75%/m，当数值过大时，便会出现此种缺陷，随着结晶器通钢量的增加，这种缺陷会逐渐消失。

板坯出现最多的第二种三角区裂纹缺陷与钢水过热度、拉速、配水、浇铸操作、扇形段辊缝开口度等因素有关，但主要是扇形段辊缝开口度和钢水过热度；如果辊缝开口度大小不一，即使上述条件都正常，也会产生三角区裂纹缺陷；如果辊缝开口度较标准，而有钢水过热度高、拉速不稳定、配水量过大或过小等情况时，使铸坯不能在设计的凝固点处完全凝固，或者后部比前部先凝固，前部得不到补充钢液，由于铸坯凝固收缩，则在凝固末端出现中心裂纹，中心裂纹在中间部位的是铸坯分层，在两侧的是三角区裂纹。

（6）皮下裂纹。与铸坯表面距离不等（3～10mm）的细小裂纹，主要是由于铸坯表层温度反复回升所发生的多次相变，裂纹沿两种组织交界面扩展而形成的。

（7）对角线裂纹。它常发生在两个不同冷却面凝固组织交界面，小方坯的菱变、结晶器冷却不均匀及二冷不对称冷却都会导致此种裂纹的产生。

防止和减少内部裂纹的措施有：

（1）根据钢种、连铸坯断面和拉速确定合理的二次冷却制度。当浇铸中高碳钢、大断面连铸坯时，冷却强度要相应降低。

（2）合理的铸温和拉速。在其他条件相同的情况下，铸温高有利于柱状晶的发展，增大拉速会增加中心疏松和偏析，从而促进内部裂纹的产生。

（3）设备方面。二冷段的导辊要有足够的刚性和强度，以免产生变形。连铸坯的弯曲半径不宜过小，拉矫力不要过大，可采用压缩浇铸、多点矫直方法。

7.5.2 断面裂纹和中心星状裂纹

所谓断面裂纹，是指在板坯厚度中心线上出现的裂纹，故也叫中心线裂纹。这种裂纹由于在板坯进一步加热时会氧化，因此，将使板坯报废。特别是不锈钢板坯，若有这种裂纹的话，即使冷轧成钢板也不能焊合。因此，断面裂纹虽出现少，但危害却很大。

断面裂纹的产生与操作条件有关。例如，在多炉连浇时往往在交换钢包和中间包等异常操作情况下易发生。特别是在液相穴末端附近，由于辊子不正和在该处受到强烈冷却，或中间包钢液过热度太高时都会出现断面裂纹，此外，有人认为接近窄面附近的断面裂纹与窄面凹坑有密切关系。由上面分析可认为，断面裂纹实际上和钢锭的二次缩孔相似。它是由于钢液补缩中断产生大量缩孔形成的，而不是在完全凝固之后产生的。因此，它是和树枝晶"搭桥"造成中心缩孔具有同样性质的缺陷。另外，钢中含氢量在 0.001% 以上时，凝固末期产生的氢气压力大于钢液的静压力，从而阻碍了钢水补缩而生成大量缩孔，导致断面裂纹。

方坯横断面中心裂纹呈放射状。凝固末期接近液相穴端部中心残余液体凝固要收缩，而周围的固体阻碍中心液体收缩产生拉应力，另外中心液体凝固放出潜热又使周围固体加热而膨胀，在两者的综合作用下，中心区受到破坏而导致放射性裂纹，是由钢液温度过高、浇铸太快和二冷过激造成的。

根据以上分析，防止这类裂纹产生的最基本途径是设法保持平滑的液相穴形状。为此，应使坯壳均匀生长、调整辊列系统、防止凝固末期剧烈冷却、保持钢液适当过热度、降低钢中含氢量等。

7.5.3 中心偏析

铸坯中心部位的碳、磷、硫、锰等元素含量高于铸坯边缘的现象称为中心偏析。生产高碳钢的连铸坯出现中心偏析时，在加工过程中会发生断裂；而轧制厚板时钢韧性下降。

此外中心偏析还往往伴有中心裂纹、中心疏松，这进一步降低了铸坯的内部致密性和轧材的力学性能。

中心偏析形成的原因是连铸坯柱状晶比较发达。特别是柱状晶过分发达，连铸坯会出现"搭桥"现象时，中心偏析更严重。此外，机械原因（坯壳的鼓肚变形）也会引起连铸坯的中心偏析。

防止和减少中心偏析的措施有：

(1) 采用低温浇铸、低拉速。由于连铸坯的中心偏析是发达的柱状晶所引起的，而铸温的高低又是影响柱状晶生长的重要因素，当铸温高连铸坯柱状晶区发达时，其中心偏析就严重；铸温低，等轴晶区发达时，其中心偏析较轻微。随着拉坯速度增大，铸坯在结晶器内的停留时间变短，从而使钢液凝固速度降低，增加为了消除钢液过热度所需要的时间；其结果是铸坯液芯延长，这不但推迟了等轴晶的形核和长大，扩大了枝状晶区；而且发生铸坯鼓肚的危险也有所增加。所以，随着拉速的增加，铸坯中心偏析级别也随之增加。

(2) 采用超声波振动、电磁搅拌等方法，增加等轴晶。

(3) 减少钢中硫和磷等杂质含量，减少硫化物等易偏析元素的偏析程度。

(4) 在接近液相穴末端位置附近，缩小辊子间距和使连铸坯表面均匀冷却，提高坯壳强度，防止鼓肚变形。

(5) 防止凝固收缩而发生的残留钢液向下方流动，使用辊子间距逐渐变窄的所谓"夹紧"方式，扩大等轴晶。

7.5.4　中心疏松

在连铸坯剖面上可看到不同程度的分散的小空隙，称为疏松。疏松有 3 种情况，即分散在整个断面上的一般疏松，在树枝晶内的枝晶疏松和沿铸坯轴心产生的中心疏松。一般疏松和枝晶疏松在铸坯轧制时有可能焊合，而中心疏松则明显影响铸坯质量。

由方坯厚度的中心偏析区宽度和方坯尺寸之间的关系可知，中心疏松和浇铸速度、浇铸温度、铸坯断面形状有关。提高铸温和铸速时，中心疏松得到发展。铸坯断面减小，为了提高生产率而采用较大的铸速，从而增加了中心疏松。实践证明，中心疏松对碳素钢质量影响不大，轧制时有一定的压下量尚有可能轧合。而对于高合金钢（如不锈钢），虽然其断面被压缩到原来的 1/16，仍然不能完全消除疏松缺陷。

铸坯中心致密度决定了中心疏松和偏析程度，而致密度主要取决于柱状晶与等轴晶比例。它与以下因素有关：

(1) 钢种。低碳钢（$w(C) = 0.1\% \sim 0.2\%$）和高碳钢（$w(C) = 0.5\% \sim 0.7\%$）的柱状晶发达，中碳钢（$w(C) = 0.2\% \sim 0.5\%$）的柱状晶较短。奥氏体不锈钢柱状晶发达，铁素体不锈钢有柱状晶和中心等轴晶。

(2) 冷却制度。二冷区强冷，促进柱状晶的生长，以致形成搭桥造成严重的中心疏松和偏析。

(3) 浇铸温度。高温浇铸促进柱状晶生长。

加速柱状晶向等轴晶的转化是改善中心致密度的有力措施：

(1) 根据钢种、钢液温度和二次冷却强度，确定合适的拉速。对于凝固温度范围宽的钢种，要降到二次冷却强度，拉速也要减慢。

（2）选择合适的浇铸温度。浇铸温度高将增加中心疏松，但温度不能过低，应选择温度中限，以保证钢液有足够的流动性来补充连铸坯凝固中的体积收缩。

（3）加大压缩比，采用加稀土元素，电磁搅拌技术。

7.5.5 提高连铸坯内部质量措施

铸坯内部质量是指低倍结构、成分偏析、中心疏松、中心偏析和裂纹等。铸坯经过热加工后，有的缺陷可以消失，有的变形，有的则原封不动地留下来，对产品性能带来不同程度的危害。

铸坯内部缺陷的产生，涉及铸坯凝固传热、传质和应力的作用，生成机理是极其复杂的。但总的来说，铸坯内部缺陷是受二次冷却区铸坯凝固过程控制的。改善铸坯内部质量的措施有：

（1）控制铸坯结构：首要的是要扩大铸坯中心等轴晶区，抑制柱状晶生长。这样可减轻中心偏析和中心疏松。为此采用钢水低过热度浇铸、电磁搅拌等技术都是有效地扩大等轴晶区的办法。

（2）合理的二次冷却制度：在二次冷却区铸坯表面温度分布均匀，在矫直点表面温度大于900℃，尽可能不带液芯矫直。为此采用计算机控制二次冷却水量分布、气－水喷雾冷却等。

（3）控制二次冷却区铸坯受力与变形：在二次冷却区凝固壳的受力与变形是产生裂纹的根源。为此采用多点弯曲矫直、对弧准确、辊缝对中、压缩浇铸技术等。

（4）控制液相穴钢水流动，以促进夹杂物上浮和改善其分布。如结晶器采用电磁搅拌技术、改进浸入式水口设计等。

7.6 连铸坯的形状缺陷

连铸坯的形状缺陷主要是鼓肚、脱方（菱变）。

轻微的连铸坯形状缺陷，只要不超过允许误差都是可以直接轧制的，对产品质量影响不大，但严重的形状缺陷往往伴有其他缺陷，即使经过处理也不能顺利咬入。

7.6.1 鼓肚变形

"鼓肚"缺陷是指铸坯表面凝壳受到钢液静压力的作用而鼓胀成凸面的现象。连铸坯"鼓肚"如图7－16所示。当连铸坯有鼓肚缺陷后，拉坯阻力增大，严重时拉坯难以进行，生产被迫中断，甚至损坏设备。同时，鼓肚的板坯中心偏析加重，形成中心裂纹，严重危害了产品质量。

"鼓肚"产生的主要原因是连铸机本身刚度不够，二冷夹辊间距过大，或刚度不够，或辊径中心调整不准；当拉速过高，二冷控

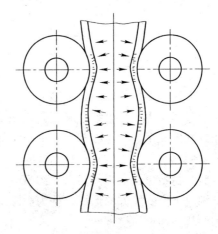

图7－16 铸坯鼓肚变形示意图

制不当，结晶器倒锥度过小或结晶器下口磨损严重，铸坯过早脱离结晶器壁；粉渣流动性过好，冷却强度过低，坯壳减薄，产生鼓肚的可能性增大。

防止和减少"鼓肚"的措施有：

（1）钢水过热度适当。对于板坯连铸机应采取尽可能小的钢水过热度（5～20℃），较小的钢水过热度有利于促进坯壳的增长速度，缩短液相穴深度，减小钢水的静压力。对于过热度大的钢水，应采取低速度浇铸的方法予以弥补。

（2）定期检查、维护二冷区的夹辊辊间距，避免辊间距增大，同时应及时更换掉那些发生变形的夹辊。

（3）保证二冷水的冷却强度和均匀性。

（4）控制拉矫机的合适压力，尤其对于带液芯拉矫时，应避免铸坯产生矫区鼓肚现象。

为控制铸坯鼓肚，近年来大都采取了二冷区密排辊，通过多点矫直降低连铸机高度，减少钢水静压力等新技术，收到了良好的效果。

7.6.2 脱方

在方坯横断面上两个对角线长度不相等，即断面上两对角度大于或小于90°称为菱变，俗称为"脱方"，如图7-17所示。它是方坯特有的缺陷，菱形变形或脱方往往伴有内裂。脱方形状有时为双边，有时为单边，菱变大小用 R 来表示：

$$R = \frac{a_1 - a_2}{0.5(a_1 + a_2)} \times 100\%$$

式中，a_1、a_2 分别为两条对角线长度，如果 $R > 3\%$，方坯钝角处导出热量少，角部温度高，坯壳较薄，在拉力的作用下会产生角部裂纹；如果 $R > 6\%$，在加热炉内推钢时会发生堆钢或轧制时咬入孔型困难，因此应控制菱变在3%以下。

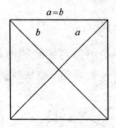 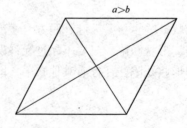

图7-17 小方坯脱方示意图

脱方发生的主要原因是在结晶器中坯壳冷却不均匀，厚度差别大，在结晶器和二冷区内，引起坯壳不均匀收缩，厚坯壳收缩量大，薄坯壳收缩量小；在冷却强度大的角部或两个面之间形成锐角，在冷却强度小的角部或两个面之间形成钝角，这就形成了方坯的脱方缺陷。

脱方初始形成在弯月面以下约50mm的范围内，布里马科姆用结晶器冷面上的不同步间歇沸腾来说明脱方的形成，认为脱方源于铸坯的4个面冷却不均匀，这也可以解释脱方为何会周期性地转换方向。

脱方在弯月面处形成，但铸坯在出结晶器之前，受到结晶器的遏制，脱方不会有很大发展。出结晶器后，即便喷淋水在铸坯 4 个面上冷却均匀，脱方也会进一步发展。这是因为在结晶器出口处锐角的坯壳厚度大于钝角，因而锐角被水喷淋的冷却速度将大于钝角。因此，如果小方坯在弯月面处的 4 个角和 4 个面都能均匀冷却，就可以消除脱方。

减少脱方的措施有：

（1）结晶器采用窄水缝、高水速，可以使弯月面处的热面温度降低，减小液面波动对脱方的影响。

（2）减少液面波动。液面波动与铸流扰动有关。为了减少扰动，中间包应用流动控制装置：除开浇和更换钢包时外，拉速要稳定在一定范围。为此，定径水口材质、钢水温度和脱氧程度都要控制在合适范围；中间包液面不宜过低，否则钢包铸流冲击波将带入中间包铸流，引起结晶器内液面波动；用塞棒控制液面优于用拉速控制液面，前者使液面波动减少；用浸入式水口保护浇铸取代敞开浇铸，可以使液面波动减少。

（3）控制负滑动时间 $t_n = 0.12 \sim 0.16s$，当 $t_n > 0.16s$ 时，振痕深，对脱方有不利影响。

（4）中间包水口对准结晶器中心，润滑油流量合适且分布均匀，水缝均匀，结晶器壁厚度均匀且 4 个面的锥度一致等措施都有利于减少脱方。

（5）结晶器以下的 600mm 距离要严格对弧，以确保二冷区的均匀冷却。

（6）结晶器冷却水用软水。

（7）在结晶器下口设足辊或冷却板，以加强对铸坯的支撑。

（8）加强设备的检查与管理。

连铸耐火材料

连铸耐火材料的发展是促使连铸工艺进步的一个重要原因，对发展连铸生产具有重要意义。我国连铸用耐火材料，基本上与连铸技术同步发展，逐渐开发了熔融石英质浸入式水口、铝碳质浸入式水口、长水口、整体塞棒、锆质定径水口、滑动水口、硅质和镁质绝热板等。这些耐火材料的使用，既提高了连铸生产率，又改善了铸坯质量，使连铸钢种得以扩大，多炉连浇得到普及。

8.1 钢包耐火材料

随着铸坯纯净度要求提高，很多钢种需要在钢包内精炼，使钢包的功能由传统的盛接钢水扩大为兼有冶金的功能。因此要求钢包耐火材料在恶劣的工作条件下，有较长的使用寿命。

8.1.1 钢包耐火材料的要求

钢包是承接钢水、进行连铸的必要设备。由于许多钢种需要在钢包内进行精炼处理，包括吹氩调温、合金成分微调、喷粉精炼和真空处理等，钢包内衬的工作条件越来越恶劣。具体表现为：承受的钢水温度比模铸钢包高，钢水在钢包内的停留时间延长，钢包内衬在高温真空下自身挥发和经受钢水的搅动作用，内衬在承接钢水时受到的冲击作用，熔渣对内衬的侵蚀。

因此对钢包耐火材料的要求有：

（1）耐高温，能经受高温钢水长时间作用而不熔融软化。

（2）耐热冲击，能反复承受钢水的装、出而不开裂剥落。

（3）耐熔渣的侵蚀，能承受熔渣和熔渣碱度变化对内衬的侵蚀作用。

（4）具有足够的高温机械强度，能承受钢水的搅动和冲刷作用。

（5）内衬具有一定的膨胀性，在高温钢水作用下，内衬之间紧密接触而成为一个整体。

所以在选用钢包耐火材料时要考虑到：

（1）钢包的工作条件，如出钢温度、钢水停留时间、浇铸钢种、是否进行精炼处理等。

（2）钢包耐火材料在钢包中的部位。

（3）熔渣的碱度。

（4）钢厂的砌钢包、拆钢包、烘烤钢包的工作条件和经济包龄。

（5）经济性。

8.1.2 钢包内衬材料

8.1.2.1 钢包内衬组成

钢包内衬由保温层、永久层和工作层组成。由于耐火衬各层的工作条件不同，因此耐火材料的选择及砌筑也不同。

（1）保温层的作用是保温，以减少钢水的热量传到钢包外壳。保温层紧贴外壳钢板，厚约 10～15mm，主要作用是减少热损失，常用石棉板砌筑。

（2）永久层的作用是当工作层的厚度侵蚀到较薄时，防止钢水穿漏而烧坏外壳，造成事故。永久层厚为 30～60mm。为了防止发生钢包烧穿事故，一般采用黏土砖或高铝砖砌筑，有时采用整体浇铸成型。

（3）工作层直接与钢水、渣液接触，因此承受高温、化学侵蚀、机械冲刷与急冷急热影响，当损坏到一定程度时必须予以拆修、更换。工作层一般采用高铝砖、镁碳砖、铝镁砖或者采用铝镁材料整体浇铸成型及锆石英砖。为了增加钢包的有效容积和提高耐火衬的使用寿命，可将钢包的工作层砌筑成阶梯形，同时根据钢包工作环境砌筑不同材质、厚度的耐火砖，并使内衬各部位损坏同步，这样从整体上提高钢包寿命，如图 8-1 所示。

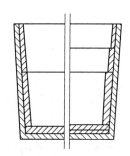

图 8-1 阶梯形工作层

如钢包的包壁和包底可砌筑高铝砖、蜡石砖或铝碳砖，其耐蚀性能良好，还不易挂渣。钢包的渣线部位，用镁碳砖砌筑，不仅耐熔渣侵蚀，其耐剥落性能也好；当然还可以使用耐蚀性能更好的锆石英砖，但价格昂贵。钢包内衬若使用镁铝浇铸料整体浇铸，在高温作用下 MgO 与 Al_2O_3 反应生成铝镁尖晶石结构，改善了内衬抗渣性能和耐急冷急热性，提高了钢包使用寿命。目前钢包内壁还有用镁铝不烧砖砌筑的。

8.1.2.2 钢包内衬材料的种类

钢包内衬材料的种类如下：

（1）黏土砖。黏土砖中 Al_2O_3 含量一般在 30%～50% 之间，价格低廉。主要用于钢包永久层和钢包底。

（2）高铝砖。高铝砖中 Al_2O_3 含量在 50%～80% 之间，主要用于钢包的工作层。

（3）蜡石砖。该砖的特点是 SiO_2 含量高。一般 $w(SiO_2) \geq 80\%$，比黏土砖的抗侵蚀性和整体性好，且不挂渣。常用于钢包壁和包底。

（4）锆英石砖。该砖主要用于钢包渣线部位。砖中 ZrO_2 含量一般在 60%～65% 之间。其特点是耐侵蚀性好，但价格较高，一般不常使用。

（5）镁碳砖。该砖主要用于钢包渣线部位，特别适用于多炉连浇场合。砖中 MgO 含量一般在 76% 左右，C 含量在 15%～20% 之间。其特点是熔渣侵蚀性小、耐侵蚀、耐剥落性好。

（6）铝镁浇铸料。该浇铸料主要用于钢包体，其特点是在钢水作用下，浇铸料中的 MgO 和 Al_2O_3 反应生成铝镁尖晶石，改善了内衬的抗渣性和抗热震性。

（7）铝镁碳砖。该砖是在铝镁浇铸料的基础上发展起来的钢包衬，使用寿命长。

（8）不烧砖。目前用于钢包烧成砖的材料，几乎都能制成相对应的不烧砖。其特点是制作工艺相对简单，价格较低。该砖本身具有一定的机械强度和耐侵蚀性，便于施工砌筑。

如果钢包本身还用于精炼，则还可以选择 $MgO-Cr_2O_3-Al_2O_3$ 系和 $MgO-CaO-C$ 系耐火材料，主要有：镁铬砖、镁铬铝砖、白云石砖等。

在使用含石墨材料的砖种作钢包衬时，最好在其表面涂抹一层防氧化涂料，防止在烤包时，内衬表面氧化疏松，影响其使用寿命。

8.1.2.3 钢包内衬材料损坏的原因及提高钢包寿命的措施

钢包内衬材料损坏的原因主要包括：

（1）化学作用。钢水、熔渣对耐火材料的侵蚀，耐火材料自身产生的反应所造成的损坏。

（2）物理作用。钢水对耐火材料的冲刷作用，钢水反复作用于耐火材料上造成的热冲击，引起耐火材料的开裂和剥落，耐火材料自身的热膨胀效应造成的损坏，高温钢水对耐火材料的熔蚀作用。

（3）人为原因。耐火材料的选择与搭配不恰当、使用不当、周转期太长造成冷包、拆包不当，损坏钢包永久层没有采取修补措施等。

为了提高钢包使用寿命，采取主要措施包括：

（1）选择耐高温、耐侵蚀、耐热冲击的耐火材料作包衬。

（2）正确选择和搭配耐火材料，做到均衡砌包。

（3）了解所选用的耐火材料的性能，合理制订钢包的使用条件，如烘烤制度的制订等。

（4）尽可能加快钢包的使用周期，做到"红包"工作。

（5）对包衬耐火材料损坏部分，及时进行喷补处理。

8.1.3 钢包判断停用的标准

钢包用到后期是否停用，必须经过综合判断。通常采用敲击法和观察包壳发红程度来估计侵蚀后的包衬厚度，对不同容量的钢包应确定相应的安全残衬厚度，同时应检查渣线、下部工作层、包底及座砖的砖缝，然后根据其中一个或几个部位的侵蚀情况来决定。

（1）渣线。如果发现渣线部位部分或全部的工作层已侵蚀完，或接近非工作层，就应停用。

（2）工作层。发现工作层部分或全部侵蚀完，以及工作层被侵蚀成锯齿形孔洞较深，或已穿透工作层至非工作层，则应停用。

（3）包底砖。发现包底砖缝较深，或砖断裂严重（特别是钢液冲击部位），则应停用。另外包底砖与衬砖相接的圆周之间，砖缝很大而且很深时，也应停用。

（4）座砖。座砖开裂严重，并见到冷钢在砖缝穿透较深（达砖厚 1/2），加之座砖已侵蚀得较薄了（达原厚度 1/2），在此情况下，就应停用。除此之外，在不均匀侵蚀的情况下，某些部位侵蚀严重，也应视具体情况而停用。准确判断钢包是否停用，除了能避免不必要的漏钢事故和人身安全事故外，在一定程度上将修砌钢包调到此处还能节省钢包及耐火材料消耗量，降低成本，取得良好的经济效益。

8.2 中间包耐火材料

8.2.1 中间包耐火材料的要求

中间包是承接、储存和分配钢包钢水的中间容器，也可以在中间包内完成钢水温度的控制，防止钢水的两次氧化和改善夹杂物的钙处理等。

由于中间包的容量和承受的钢水温度均与钢包有较大的差别，所用的耐火材料也有所不同，但不管是哪一种中间包类型，所用的耐火材料都要满足下列要求：

（1）要求内衬材料耐钢水和熔渣的侵蚀，使用寿命要足够长。

（2）要求内衬材料具有良好的抗热震性，在与钢水接触时不炸裂。

（3）要求内衬材料具有较低的热导率和微小的线膨胀性，使中间包衬有一定的保温性和良好的整体性。

（4）要求内衬材料在浇铸过程中，对钢水污染性小，以保证钢水质量。

（5）要求内衬材料的形状和结构，要便于砌包和拆卸。

8.2.2 中间包内衬材料

8.2.2.1 中间包内衬组成

中间包内衬组成如下：

（1）保温层。该层紧挨着中间包钢壳，其材料通常是石棉板、保温砖或轻质浇铸料。

（2）永久层。该层与保温层相接触，其材料一般为黏土砖。

（3）工作层。与钢水接触的一层，即工作层。该层内衬材料主要有：高铝砖、碱性砖（如镁砖等）、硅质绝热板、镁质绝热板、镁橄榄石质绝热板和涂料，如镁质、镁铬质涂料等。目前也有用浇铸料作中间包内衬的。

（4）座砖。镶嵌于中间包底，供安装中间包水口之用。其材料通常为高铝质。

（5）包底。中间包底，其材料基本与工作层相当。

（6）包盖。中间包盖，覆盖在中间包上，可起保温和防止钢水飞溅等作用，其材料通常采用黏土砖或浇铸料成。

（7）挡渣墙。该墙砌于中间包内，可以是单墙的，也可以是双墙的。单墙的或双墙的挡渣墙，顾名思义，其目的就是用来控制钢水的流动和挡渣，以提高钢水的清洁度。在其上还可以设置钢水过滤器，进一步除去钢水中的夹杂物。挡渣墙的材质通常是高铝质的，可以用砖砌筑在中间包内，也可以制成预制块，安放在中间包内。

8.2.2.2 中间包绝热板

目前国内中间包常用硅质绝热板、镁质绝热板、镁橄榄石质绝热板和涂料作为工作层。硅质绝热板的主要成分为 SiO_2，因此适用于浇铸普碳钢、碳素结构钢和普通低合金钢。镁质绝热板用于浇铸特殊钢和高质量钢种，它对钢水的污染比硅质板小。另外，国内大多数绝热板是采用树脂作结合剂制造的。在开浇时树脂受热分解，产生的气体与钢水反应强烈，使前期浇铸的铸坯上有皮下气孔产生，因此大部分钢厂在开浇前还是用小火烘烤，以减少铸坯出现质量问题。镁质绝热板一般都需要烘烤后使用。

中间包使用绝热板的优点为：

（1）使用绝热板作中间包衬后，中间包在浇铸前可以不经烘烤使用，因此节能，据有关统计表明，吨钢可节省3kg标准煤。

（2）提高中间包周转率，周转周期可由原来的16h降为8h，节省备用中间包和中间包场地。

（3）提高连铸作业率。

（4）提高中间包使用寿命，降低了永久层耐火材料消耗。

（5）由于中间包绝热板保温性好，可降低出钢温度约10℃，利于连铸生产管理。

国内广泛使用镁质涂料作为中间包工作层耐火材料时，涂层厚度为15~30mm，可按照不同的使用部分涂上不同的厚度，从而控制各部分同步侵蚀的原则进行施工，以降低耐火材料的消耗，提高中间包的作业率和寿命，降低了中间包的造价。镁质涂料在中间包内涂抹好后用自然干燥或预烘干燥两种办法进行干燥。阴干时间应大于3h，开始烘烤温度不能高，要求前30min不能超过500℃，然后逐渐升温，烘烤2.5h，达1100℃时即可用于浇铸。

8.2.2.3 使用绝热板注意要点

使用绝热板注意要点如下：

（1）绝热板从材质上可分为硅质的、镁质的或其他材质的。但从结合剂上分，可分为无机物结合的绝热板和有机物结合的绝热板。

如果使用无机物结合的绝热板，在使用前必须烘烤，一般需烘烤到1200℃左右，以便脱除作为结合剂的无机盐的结晶水。

如果使用有机物结合的绝热板，目前国内大量使用的绝热板就属此类绝热板，在使用前可不必烘烤，因为高温烘烤会使有机结合物大量分解氧化，使绝热板失去强度而塌落。如果一定要烘烤后使用，则可快速在短时间内升温至绝热板表面红热后即可使用。

（2）硅质绝热板的主要成分为SiO_2，因此，只适用于浇铸普碳钢、碳结构钢和普通低合金钢。镁质绝热板适用于浇铸特殊钢和一些要求钢质量高的钢种。镁质绝热板对钢水的污染比硅质板小。

（3）绝热板具有绝热性能，但不是绝对的，因此在使用绝热板中间包时，要求钢水温度控制在一个合适的过热度内。

（4）绝热板便于砌包，但应在包底均匀地铺设一层15~30mm的填砂；在侧板与永久层之间留出15~30mm的间隙，并倒入填砂。砂子必须充分干燥，粒度合理，能自由流动，便于绝热板在使用过程中排气。

（5）绝热板的板缝联结，有一个膨胀和收缩问题存在，因此，在拼接时，要有适当的拼接缝，并用胶泥粘好，否则在使用过程中会发生板缝漏钢。

（6）由于绝热板中间包发热剂的应用，不烘烤使用，在第一包钢水进入中间包后，首先到达中间包水口碗部的钢水降温最大，在浇铸时可能出现粘塞棒头和堵水口现象。因此，可以在浇铸前在水口碗部放入发热剂，或提高第一包钢水的温度。

（7）滑动水口引流砂和中间包覆盖剂的选择。一般引流砂为海砂或河砂，其性质为酸性，中间包覆盖剂一般为碳化稻壳，其所含灰分呈酸性，主要缺点是不能吸收Al_2O_3，生产优质铝镇静钢时应采用碱性覆盖剂，因此，在使用镁质绝热板时，对板侵蚀严重，影响其使用寿命。在使用镁质绝热板时，应注意这个问题。

8.2.3 中间包烘烤

对于中间包的烘烤，总的要求是要在开浇前 1~2h 内，快速烘烤到 1000~1100℃ 为好，这样可以节省能源，也便于使用。但往往由于调度或其他原因，烘烤时间太长，造成一些不良的隐患。

对于板坯连铸，中间包上已装有铝碳质整体塞棒或整体式铝碳质浸入式水口。如果长时间烘烤，制品强度降低；如果制品表面的防氧化涂层质量不良的话，制品还会被氧化疏松，不仅使制品强度再下降，而且使用寿命还会降低。已有的经验表明，对于浸入式水口来说，在其壁厚不能再增加的条件下，要延长其使用寿命，主要看其表面是否被氧化了。

铝碳质制品在烘烤过程中，其强度变化规律为：随着烘烤温度的上升，制品强度下降，到 500~600℃ 之间，强度最低；当温度继续上升时，制品强度增加，到 1300℃ 左右恢复到原状，再升高温度，则制品强度又下降。鉴于这个原因，要求快速烘烤达到预定的温度。

对于带有熔融石英质浸入式水口的中间包，对水口部分可以不烘烤或低温烘烤，因为石英质水口在高温下长期烘烤，制品热稳定性下降，甚至会在水口内壁出现裂纹。在浇铸过程中可能出现穿孔、断裂现象。

对于小方坯连铸用中间包，大多数使用绝热板作内衬，中间包不烘烤，有的钢厂也至多进行小火烘烤，只能起到干燥作用。在小方坯连铸的中间包上，通常装有 3~6 个锆质定径水口。对于这种水口，必须单独充分地进行烘烤，否则在使用中有炸裂的危险。因为锆质制品的热稳定性特别差，预热不良会开裂。

8.3 连铸用功能耐火材料

8.3.1 中间包塞棒

连铸中间包塞棒原是由多节袖砖和塞头组成的。由于安装不善和耐火材料质量不佳，容易发生断棒和掉头事故。目前，多数钢厂已使用整体塞棒。整体塞棒有以下优点：使用安全，可以通过塞棒中孔向水口吹氩，防止水口堵塞，可以多次使用，降低耐火材料消耗。

目前，国内整体塞棒为铝碳质，结构类型为单孔型，整体塞棒在钢厂使用，与原袖砖塞头型塞棒相比，平均侵蚀量降低 84.37%，塞棒事故降低 90%，中间包水口堵塞降低 73.76%。在提高铸坯质量方面，铸坯表层夹杂物总量降低 71.03%，非金属夹杂物总量降低 16.33%。

塞棒在使用前与浸入式水口要一起烘烤，要求快速升温达到 1000~1100℃ 左右。烘烤前在塞棒外，套上耐火纤维筒，以使温度均匀。安装好的塞棒不能垂直对准水口砖中心，而应有一个偏移量，即开启时塞头中心应由水口中心线向夹头内侧（即水口靠近包壁的一侧）偏移 5~10mm。上好的塞棒关闭时，在贴着水口内表面向水口中心方向滑动后，再把水口堵严。这个偏移量主要是为了补偿夹头受热膨胀向外的伸长量，以及钢液冲击包壁的反弹力所造成的塞棒弯曲变形。

8.3.2 浸入式水口

目前，浸入式水口的材质有两大类：

(1) 熔融石英质浸入式水口。这种长水口的特点是：抗热冲击性好，有较高的机械强度和化学稳定性好，耐酸性渣侵蚀性。在使用前不必烘烤。适用于浇铸一般钢种，不适宜浇铸锰含量较高的钢种，否则使用寿命会降低。目前可以在熔融石英水口上复合锆质材料，还可以与铝碳质材料复合在一起，以满足钢厂的特殊要求。

(2) 铝碳质浸入式水口。这类水口主要是以刚玉和石墨为主要原料制成的产品。它的特点是对钢种的适应性强，特别适合于浇铸特殊钢，对钢水污染小。该水口的材质还可以根据浇铸时间的长短和钢种进行调整，或复合一层其他高耐侵蚀的材料，以提高水口的使用寿命。铝碳质浸入式水口一般在使用前须烘烤后才能使用，否则有开裂的危险。

熔融石英水口损坏的原因为：

(1) 水口自身质量。熔融石英水口是用石英玻璃为原料，通过泥浆浇铸成型，再经高温烧成的。石英玻璃和石英玻璃陶瓷的热稳定性是非常高的。但在制造水口过程中，可能带入杂质，或由于烧成温度控制不良，造成熔融石英水口中方石英过大，使制品热稳定性下降。在浇铸中出现裂纹，造成水口冲刷成沟槽或穿孔、断裂。

烧成、制浆等工艺因素的影响，还可能使制品的强度和密度达不到规定的要求，也可能造成制品在浇铸中损坏。

成品没有经过无损探伤，可能留下隐患，如裂纹、气泡（气泡大小及分布密度）等。

(2) 钢水成分对制品的侵蚀。实践证明，熔融石英质浸入式水口，不宜浇铸锰含量较高的钢种，其原因是：

$$2[Mn] + SiO_2 =\!=\!= 2[MnO] + [Si]$$
$$[MnO] + SiO_2 =\!=\!= MnO \cdot SiO_2$$

由上式可见，钢水中的锰和熔融石英水口中的 SiO_2 发生反应，生成低熔点的 $MnO \cdot SiO_2$，并被流动的钢水带走，直至浇铸完毕。

(3) 保护渣碱度对水口的影响。熔融石英质水口为酸性材质，因此，只适用于使用碱度小于1的保护渣，否则水口渣线部位不耐侵蚀，容易产生缩颈现象，严重时可从水口渣线部位断裂。

(4) 机械损伤。这种损伤主要发生在包装、运输、搬运和安装过程中。

(5) 保管储存。熔融石英质水口应干燥保管储存，如水口吸湿，应干燥后使用，否则在烘烤或使用中会出现开裂现象。

铝碳质浸入式水口损坏的原因为：

(1) 水口自身质量。铝碳质浸入式水口通常使用刚玉、熔融石英、石墨和少量添加剂为原料，经等静压成型，再经无氧化烧成的。因此，浸入式水口中的各种原料的搭配和制作工艺直接影响到水口的内在质量和使用效果。制品中的 SiO_2 含量和石墨质量，在很大程度上决定了水口的抗侵蚀性能。质量差的石墨，在片状石墨之间和石墨本身含有大量的 SiO_2，这些成分都是不耐侵蚀的。

(2) 保护渣对水口渣线部位的侵蚀。铝碳质浸入式水口的损坏，多半是由于水口渣线部位被侵蚀成缩颈状，严重的造成穿孔或断裂，中断浇铸。这是因为在铝碳质水口中含

有 Al_2O_3 和 SiO_2 等中性偏酸性的材质，保护渣的碱度不宜过大，一般控制在 1 左右为好。

（3）水口的烘烤。在使用铝碳质浸入式水口之前，须对水口进行烘烤。水口要快速烘烤，在 1~2h 内达到 1000~1100℃，这样可以使水口保持足够的机械强度，减小水口表面层的石墨氧化疏松，更重要的是降低了与钢水之间的温差，提高了水口的抗热震性。

预热不良的水口或长时间低温度烘烤的水口，强度低，氧化严重，使用中易炸裂。预热好的水口在开浇前停止烘烤，并从烘烤位置移动到结晶器位置，并对中，需要一定的时间，在此过程中水口会冷却降温，因此，在水口外表应有一层耐火纤维裹住，起保温作用，否则会出现浇铸不畅、堵死水口，或出现炸裂现象。

（4）水口的机械损伤。浸入式水口在包装、运输、搬运和安装过程出现的损伤，未经发现而使用，容易发生事故。

（5）水口在制造过程中产生的内裂。在制造过程中，因水口配料、成型和烧成过程在制品内部产生内裂，如不经过无损探伤就发往钢厂，则易发生事故。

8.3.3 滑动水口

滑动水口可分为以下两种：

（1）二层式滑动水口。主要用于钢包滑动水口浇铸，国内常使用，其组成如图 8-2 所示。包括上水口、上滑板（固定板）、下滑板（滑动板）、下水口（与下滑板相连接）。

（2）三层式滑动水口。这类滑动水口主要用于中间包滑动水口浇铸，在国内已有使用，其组成如图 8-3 所示。包括上水口、上滑板（固定板）、中间滑板（滑动板）、下滑板（固定板）、下水口（与下滑板相连，但不运动）。

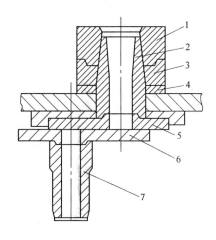

图 8-2　钢包滑动水口安装示意图
1—上部座砖；2—上部水口砖；3—中部座砖；
4—下部座砖；5—上滑板砖；6—下滑板砖；
7—下水口砖

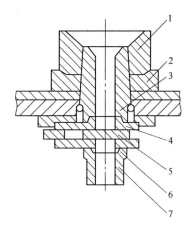

图 8-3　中间包滑动水口结构示意图
1—下部座砖；2—上部座砖；3—上水口砖；
4—上滑板砖；5—中滑板砖；6—下滑板砖；
7—下水口砖

连铸技术的新进展

目前，连铸工艺已成为当今世界冶金领域经济、合理的生产工艺。为了进一步节能降耗，改善铸坯质量，扩大品种，提高经济效益，近20多年来，在传统连铸技术的发展和新的连铸技术的开发方面都有了长足的进步，如连铸坯的热装和直接轧制技术、无缺陷铸坯生产技术、高温铸坯生产技术、铸坯质量在线判定技术、板坯结晶器在线调宽技术的开发和应用等。近年来，高效连铸技术和近终形连铸技术正在兴起，并已成为连铸技术发展的方向。

9.1 连铸坯热装和直接轧制

9.1.1 连铸坯热装和直接轧制的工艺流程及优点

连铸坯热装和直接轧制是20世纪80年代初已在工业上应用的新技术。连铸坯热装是指把热状态下的铸坯直接送到轧钢厂装入加热炉，经加热后轧制；直接轧制是把高温无缺陷的铸坯稍经补偿加热直接轧制的工艺，又称为连铸连轧。热装和直接轧制与传统工艺流程的比较如图9-1所示。

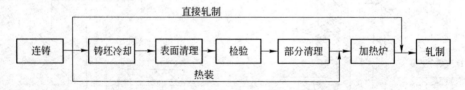

图9-1 热装和直接轧制与传统工艺流程的比较

根据连铸机向轧钢机供坯时，铸坯温度和工艺流程的不同，人们通常将热装直轧工艺分为：

(1) 连铸-直轧工艺（CC-DR）。温度在1100℃以上的铸坯，不进入加热炉加热，只对铸坯边角部进行补偿加热后即进入轧机轧制。

(2) 连铸坯直接热装轧制（CC-DHCR）。将温度尚未降到A_3线以下、其金相组织未发生$\gamma \rightarrow \alpha$相变的连铸坯直接送入加热炉，从700~1000℃加热到轧制温度后轧制。这种工艺也称为热送热装。

(3) 连铸坯热装轧制（CC-HCR）。将温度已降到A_3线以下、400℃以上、处于（$\gamma + \alpha$）两相状态下或已完成了珠光体转变的连铸坯，装入加热炉加热后轧制。

与传统的冷装工艺相比，连铸坯热装和直接轧制工艺有许多优点：

(1) 可利用连铸坯的物理热，降低能耗。

（2）提高了成材率，减少了金属消耗。

（3）简化了生产工艺流程，缩短了生产周期。

（4）提高了产品质量。

（5）节省了厂房面积和劳动力。

9.1.2　实现热装和直接轧制的技术关键

为了实施热装和直接轧制，必须解决的关键技术问题有：无缺陷铸坯的生产技术，包括防止铸坯表面缺陷和内部缺陷的一系列技术措施以及热态下铸坯质量的检测技术；高温铸坯的生产技术，包括铸坯液芯复热、铸坯保温，铸坯补偿加热和快速运送等；另外还应注意各工序之间的协调、匹配，以提高直送率。

9.1.2.1　无缺陷铸坯生产技术

生产无缺陷铸坯是实现热装和直接轧制的前提。

热装和直接轧制与冷装工艺相比，对铸坯质量的要求要严格得多。因为就表面质量而言，热装和直轧工艺在快速补偿加热过程中，铸坯表面氧化铁皮的去除量少，并且不能进行表面精整，因而较浅的表面缺陷也难清除。特别是表面裂纹对铸坯质量的危害最大。就铸坯内部质量而言，一方面，由于热装和直轧工艺通常采用弱冷、高温、高拉速的技术路线，在客观上使夹杂物不易上浮，并易产生中心偏析、中心疏松等缺陷；另一方面，与传统工艺相比，在热装或直接轧制时，一旦铸坯出现内部质量问题，就有可能在轧制过程中造成分层、拉断等事故，迫使生产中断，其危害性比在冷装工艺中要严重得多。为此，在连铸的生产过程中应采取各种措施尽量减少缺陷的产生（关于连铸坯各种缺陷产生的原因及防止措施，在本书的第7章已做了较详细的讨论）。但由于连铸时并非所有的连铸坯都能杜绝有害缺陷的产生，因此开发热态铸坯的在线检测技术和局部热清理的设备就十分重要。目前有两种热状态下的控制技术：

A　高温铸坯表面缺陷检测系统

目前使用的热测方法可分为光学法、感应加热法和涡流法3类。如用涡流法可检测大于某一长度和深度的表面裂纹，用快速图像处理的光学法可鉴别大于某特定尺寸的裂纹、结疤等缺陷。根据检测的结果，随即联动火焰清理机对缺陷进行热清理，或随即反馈以了解属于何种不正常浇铸操作所引起的这种缺陷，及时修正操作。

B　铸坯在线质量判断系统

实现铸坯质量的在线判断，以对铸坯质量做出评价，这是目前的发展趋势。铸坯在线质量判断系统是以严格执行标准化浇铸操作为基础的。经过多年的生产实践，现已能定量地确定钢液成分、浇铸工艺、设备状态和生产管理等因素对铸坯表面缺陷（裂纹、夹渣、气孔等）、内部缺陷（夹杂、偏析、裂纹等）和形状缺陷（如铸坯鼓肚、脱方等）的影响。在浇铸过程中，可将影响连铸坯质量的参数输入计算机，经分析后判定质量是否合格，并将不合格的铸坯剔出，进行清理。

9.1.2.2　高温连铸坯生产技术

为了实现连铸坯的热装和直接轧制，应尽可能提高连铸坯的温度，以保证铸坯有足够的轧制温度。应采取高温出坯技术；连铸坯机内保温技术；铸坯边角部温度补偿技术等。

A　高温出坯技术

为了高温出坯，通常采取的措施是实行铸坯缓冷和利用铸坯芯部的凝固热使坯壳复热，所采用的技术有：

(1) 二次冷却区采用复合的冷却制度。即在结晶器下部的第一个扇形段采用水喷嘴的强冷却，使坯壳迅速增厚，防止漏钢。以后各扇形段直至拉矫机处，采用气－水喷雾的弱冷却，使铸坯表面温度均匀。在拉矫机之后的水平段，借助气－水喷嘴冷却夹辊进行间接冷却，这样剪切后铸坯温度可高达 1000℃。也有的采用"干式"冷却的方式，即在结晶器下的一段进行喷水冷却，其余各段借助内部为螺旋状水道的内冷夹辊间接冷却，可使铸坯表面温度更高。

(2) 利用液相穴凝固终点放出的凝固潜热使坯壳复热。液相穴末端钢液的结晶属于"体积结晶"，结晶时凝固潜热短时间的集中释放，会使铸坯凝固末端的坯壳温度回升，提高了铸坯温度。利用铸坯凝固的这一特性，必须准确地确定液相穴末端的位置，并使其在拉矫机前 1m 左右。解决的办法有二：一是借助于电磁超声波探测装置，以直接测定坯壳厚度，计算完全凝固的位置；二是利用凝固传热数学模型，计算该浇铸条件下液相穴的长度，以确定凝固终点。这两种方法均已在生产上应用，而以第二种方法的应用较为广泛。

(3) 控制凝固终点的液相穴形状。如板坯浇铸时，可通过控制二次冷却方式，使板坯在宽面中部冷却强度大一些，而两侧边部冷却强度小一些。这样在拉矫机之前可使液相穴形状呈两侧大而中间小的所谓"眼镜形"。完全凝固时，板坯两边液体放出的凝固潜热较大，有利于板坯棱边的复热，既提高了板坯的温度，又使其温度更加均匀。

B　铸坯保温技术

为提高热装和直接轧制的铸坯温度，防止热量散失，可采用以下的保温措施：

(1) 连铸机内保温。在实行热装和直轧工艺的连铸机后部，均设有保温罩，实行机内保温。如图 9－2 所示，在上、下夹辊之间装设在板坯两侧的保温罩。它可防止板坯侧边过冷，使板坯两侧棱边温度提高 160～180℃，对板坯温度的均匀性十分有利。

(2) 切割区铸坯保温。为了使铸坯在切割过程中不致降温过大，可在切割区的辊道上装设随切割机移动的保温罩。如新日铁君津厂 4 号连铸机在切割机前后都设了移动式保温罩，取得了很好的效果。

(3) 铸坯运输过程中的保温。铸坯在切割后输送到加热炉的路程中，为了避免降温过多，必须采取保温措施。一般来说，当铸坯运输距离较近时，可采用在辊道上装设有绝热性能良好的封闭保温罩的保温辊道；当铸坯运输距离较远时，可用铸坯保温运输车来运送铸坯。

通常，热装温度为 300～700℃，而铸坯切割后，无间歇直接送入加热炉，温度可大于 700℃，因此应尽可能提高铸坯出坯温度，并在运送过程中严格保温。此外还应加快铸坯的运输，以提高热装温度，达到更

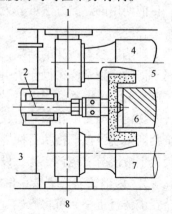

图 9－2　机内保温装置

1—扇形段上框架；2—滑动轴；

3—支柱；4—上辊；5—绝热罩；

6—板坯；7—下辊；8—扇形段下框架

好的节能效果。

C 铸坯边部热补偿技术

铸坯直送轧制时,其边角部受到两个方向的冷却作用,温度下降较大(通常会降至1000℃以下),不能满足轧制温度的要求。为了弥补铸坯边角部的热损失,开发了铸坯边部加热技术。目前加热的方式有两种,一种是铸坯边部煤气烧嘴加热。与常规连铸相比,其板坯边部温度可提高约200℃。另一种是铸坯边部电磁感应加热,如图9-3所示。它是将3个电磁感应线圈分别装在铸坯的上面、下面和侧面,利用电流通过线圈时产生的热量来加热铸坯的边角部。这种方法可以按所需要的温度进行加热,当铸坯输送速度为4m/min时,可使铸坯边角部的温度平均升高110℃以上。

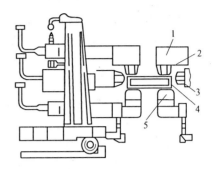

图9-3 用于板坯角部的感应加热器
1—导向架;2—上部线圈;3—侧线圈;
4—板坯;5—下部线圈

9.2 高效连铸

所谓高效连铸是指以生产高质量铸坯为基础、高拉速为核心,高作业率、高连浇率的连铸技术。

近年来,采用高效连铸技术对传统连铸机的改造得到了很大的发展,特别是高拉速技术已引起了人们的高度重视,其中以日本的进步最为显著。目前常规大板坯连铸机的拉速已由0.8~1.5m/min提高到2.0~2.5m/min,最高可达3m/min,板坯连铸机的月产量从20万吨提高到45万吨;小方坯连铸机的拉速也由2.5m/min左右最大可提高到5.0m/min,单流年产量可达到25万吨。由此连铸机的单流生产能力得到了大幅度的增长,炼钢车间配置的连铸机数量也可减少,基建投资、生产成本得以降低,劳动生产率可大大提高。

9.2.1 高拉速技术

拉速提高后带来两方面的问题。其一是随着拉速的提高,坯壳出结晶器处的厚度变薄,使漏钢率增加,同时因铸坯的液相穴长度加长,钢液的静压力增大,使铸坯鼓肚量加大,易产生内裂和表面裂纹,这也加大了漏钢的危险;其二是拉速提高后,由水口流出的钢流速度增加,从而助长了钢流对钢液面的扰动而易使保护渣卷入坯内产生缺陷。同时钢流速度的增加,还会使钢中夹杂物被卷带侵入的深度增加,从而恶化了钢的清洁性。这也是目前冷轧薄板钢等要求纯净度高的产品连铸速度都维持在常规2.0m/min以下的主要原因之一。另外,液相穴长度的加长扩大了固-液两相共存区,助长了中心偏析的出现。

因此,高速浇铸的技术关键在于:拉速提高后,如何使铸坯由结晶器出来时能形成一个稳定并足够厚的坯壳,使其足以抵抗钢液静压力和引发漏钢诸因素的负面作用。同时,还应消除由于高拉速给铸坯质量带来的不良影响。

在高拉速方面已经出现并正在实施的技术措施如下。

9.2.1.1 低过热度浇铸

低过热度浇铸对提高拉速和改善铸坯质量(如细化凝固组织、减少偏析)的作用是不言而喻的。为此，应重视钢包精炼和中间包冶金（包括中间包等离子加热、感应加热或电渣加热等）技术，以净化钢液、稳定浇铸温度，并使浇铸钢液温度保持低的过热度。另外，还可采用向结晶器内添加促凝剂（如铁粉、粒、带或丝）等措施。目前还处于试验开发中的半凝固加工技术（有人称之为钢铁生产的第五代技术）实际上也属于这个范畴。

在方坯的低过热度浇铸技术方面，比利时冶金研究中心（CRM）和阿尔贝德公司（Arbed）开发了一种水冷浸入式水口，如图 9-4 所示，可使进入结晶器的钢液温度控制在液相线以上 6~10℃，同时在结晶器下口对铸坯实行强制水幕冷却，如图 9-5 所示，从而使拉速提高了 1 倍。浇铸 150mm×150mm 的方坯，拉速可望达到 3.6m/min 左右；对于 220mm×220mm 的方坯，拉速达到 1.4~1.6m/min。另外在浇铸高碳硬线钢时，还获得了一种晶界碳化物偏析比其他各种浇铸方法都低的产品。

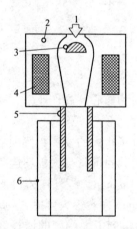

图 9-4　水冷浸入式水口

1—中间包；2—热交换器；3—耐火穹；

4—冷却水；5—浸入式水口；6—结晶器

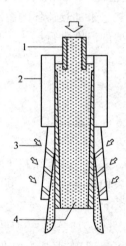

图 9-5　结晶器出口强制冷却

1—浸入式水口；2—结晶器；

3—强制水冷；4—铸坯

9.2.1.2　高效传热的结晶器技术

为了进一步提高结晶器的传热效率，使铸坯在出结晶器时有足够的坯壳厚度，并且周边厚度均匀，除加长结晶器长度外，关键是要减少坯壳与结晶器壁间的气隙，加大结晶器的有效冷却长度，改善坯壳与结晶器壁的接触。板坯结晶器要注意宽面冷却的均匀性；而方坯结晶器尤其要注意减少角部气隙的形成。

A　提高板坯结晶器传热效率的措施

（1）延长结晶器长度，例如：日本的水岛厂将结晶器长度由原来的 700mm 增加到 900mm。

（2）随着拉速的提高，相应地减小结晶器窄面的锥度。

（3）减薄结晶器铜壁的厚度，减少铜板的热阻。

（4）改进铜壁冷却面水槽的形状，增加散热筋，使冷却水流过的水缝数量增加，强化冷却效果，保持铜壁表面温度不过高。

（5）减小水缝厚度（水缝厚度减 4mm），提高结晶器内冷却水的流动速度（升到

$9m/s$）。

B 提高方坯结晶器传热效率的技术

（1）凸面结晶器技术。这项技术是由康卡斯特公司开发的。其基本特征是，结晶器上口的4个周边弧形向外凸出，随着结晶器向下延伸，弧度逐渐趋向平直，结晶器下半部变为正方形。这种结晶器上半部凸面区角部气隙小，并使坯壳与结晶器壁尽可能保持了良好的接触。坯壳向下运行时，逐渐冷却收缩并自然过渡到平面段，而结晶器下半部壁面呈平面正好适应了坯壳本身的自然收缩，减小了下部气隙。这样就使结晶器的传热效率大为改善。图9-6和图9-7分别表示凸面结晶器与普通平面结晶器内腔形状及凝壳生长的对比和结晶器热流比较。此外结晶器下方的强冷（比水量高达 $2.5 \sim 3.0L/kg$）也是实现高速浇铸的配套措施。使用该结晶器浇铸 $150mm \times 150mm$ 方坯时，拉速可由 $2m/min$ 提高到 $3.5m/min$。

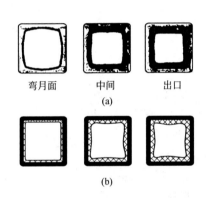

弯月面　　　中间　　　出口
(a)

(b)

图9-6　结晶器内腔形状及凝壳生长比较图
(a) 凸面结晶器；(b) 普通结晶器

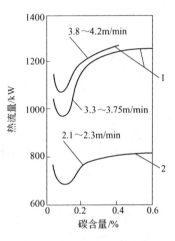

图9-7　结晶器热流比较
1—凸面结晶器；2—普通结晶器

（2）DIAMOLD钻石结晶器技术。这种结晶器是由奥钢联推出的，又称为凹面结晶器（见图9-8）。其特点是：沿结晶器整个长度方向上采取了大于传统结晶器的抛物线锥度设计。结晶器上部锥度较大，有利于结晶器与铸坯宽面和角部区域的良好接触。结晶器下部的角部区域没有锥度，可使铸坯与结晶器壁之间的摩擦力降至最低。在与铸坯边缘紧密接触的锥形区域和接触减弱的非锥形区域之间有一个平缓的过渡段。此外，为了延长铸坯在结晶器内的驻留时间，结晶器长度增加到 $900 \sim$

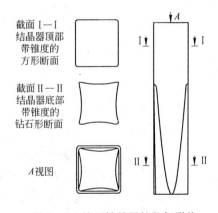

截面Ⅰ—Ⅰ
结晶器顶部
带锥度的
方形断面

截面Ⅱ—Ⅱ
结晶器底部
带锥度的
钻石形断面

A视图

图9-8　钻石结晶器的几何形状

$1000mm$。钻石结晶器的设计可大大改善坯壳与结晶器壁之间的传热条件，减小坯壳与结晶器壁之间的摩擦力，确保坯壳的均匀生长和平稳拉坯。

150mm×150mm 断面铸坯的拉速最高可达到 3.5m/min，200mm×200mm 方坯的拉速也可达到 2m/min。与传统结晶器的拉速相比，在拉速大大提高（22%～56%）的条件下，方坯的形状、质量以及结晶器寿命等指标都不低甚至更好。

（3）自适应结晶器（DANAM 结晶器）技术。自适应结晶器技术是由意大利达涅利公司开发的。它采用了较薄的结晶器铜管，增大了结晶器内冷却水的压力和流速，同时改进了浸入式水口的内形，以降低浇铸钢流对结晶器内钢液面的扰动。该技术的基本思路是：在高压水的作用下结晶器铜壁向内弯曲，使结晶器铜壁内形与铸坯收缩相适应，以减小坯壳与结晶器铜壁间的气隙，强化结晶器下部的传热能力，加速坯壳的凝固；同时，结晶器内冷却水的压降沿结晶器高度进行控制。冷却水采用了高压降、高流速，对提高传热效率也是十分有利的，因而可以提高拉坯速度。

DANAM－I 型结晶器的主要技术参数如下：

结晶器长度/mm	780
铜管壁厚/mm	11
水压/MPa	1.2
水耗量/$m^3 \cdot h^{-1}$	90
一冷耗水/$m^3 \cdot h^{-1}$	70
浇铸断面/mm×mm	130×130
拉速/$m \cdot min^{-1}$	4.3

DANAM－II 型结晶器将使铜壁厚度减至 6mm，长度增至 1000mm，设计拉速可达 6.0m/min。

9.2.1.3　减少结晶器铜壁与坯壳间的摩擦阻力

减少结晶器壁铜壁与坯壳间的摩擦阻力的方法为：

（1）改进保护渣的理化性能，采用低熔点、低黏度保护渣。连铸时，要求所用保护渣要有良好的流动性和足够的消耗量，以保证坯壳与结晶器壁间有一定的渣膜层厚度。只有这样，才能达到改善润滑、减少摩擦力、促进传热、使坯壳快速均匀生长的目的。由于拉速上升后，保护渣消耗量随之减少，坯壳表面渣膜层厚度相应减薄（特别是当液渣黏度较高时尤为显著），可能导致坯壳润滑不良而与结晶器壁黏结，从而发生黏结性漏钢。为此必须改善保护渣性能以适应高拉速的要求。现已推出的许多高速浇铸用保护渣其基本特点是低黏度、低熔点。例如福山厂浇铸低碳铝镇静钢 $w(C)=0.04\%～0.05\%$，保护渣黏度为 0.9Pa·s，熔点为 930℃。

（2）改进振动模式，减少摩擦阻力。采用非正弦振动模式比正弦振动更易使坯壳与铜壁脱离，减少摩擦阻力，有利于高拉速工艺。

9.2.1.4　控制结晶器内钢液流动、稳定钢液面

控制浇铸钢液在结晶器内的流动，使其流动均匀，可防止钢液冲刷初生凝固坯壳，减小流股冲击深度，利于夹杂物上浮，为提高拉速创造有利的条件。为此应做到：

（1）应采用合适的浸入式水口内形、侧出口面积和角度，缓和流股对初生坯壳的冲刷，以利于形成均匀的坯壳。

（2）利用电磁制动技术，改变流股的运动方向，使流股冲击深度减小，并避免对初生坯壳的冲刷。

(3) 采用液面自动控制和无人浇铸技术稳定液面,将液面波动控制在 ±(3~5)mm,防止卷渣。

9.2.1.5 二冷制度和铸坯支撑状况的改进

随着拉速的提高,二冷制度也要相应地改变,并采用动态控制模型。二冷用水量应根据拉速、钢种、钢液的过热度自动调节,还应采用气-水雾化喷嘴,使铸坯表面温度均匀并提高铸坯温度,以利于热送、直接轧制。

拉速提高后,对结晶器出口处薄弱坯壳的有效支撑和施以强化冷却是防止鼓肚、裂纹,提高坯壳强度和减少漏钢的主要保证之一。为此,在板坯结晶器下方可采用格栅,方坯可采用水幕强冷和加大冷却水量等措施。另外,对现有铸机二冷区扇形段支撑导向辊的排列也要重新核算,必要时需作相应改进。

9.2.1.6 自动控制和检测技术的应用

结晶器液面控制、自动浇铸技术、漏钢检测与预报、二冷自动控制、二冷导辊间距检测、对弧检测、喷嘴喷雾性能检测等技术的应用能稳定地实现高拉速,减少生产事故,提高铸坯质量。

为了保证在高拉速条件下的铸坯质量,除采用钢包精炼、中间包冶金、低温浇铸、电磁搅拌、电磁制动、气-水雾化冷却等技术外,还开发了铸坯强冷、多点弯曲、多点矫直、连续矫直、压缩浇铸、轻压下、浇铸过程的自动监控和计算机跟踪以及铸坯质量在线统计分析等技术措施,并已成为保证连铸坯质量的主要手段。

9.2.2 提高连铸机作业率的措施

9.2.2.1 快速更换技术

为了减少铸机设备的更换维修和事故处理时间,目前在大型板坯连铸机上,广泛采用整体快速更换、离线检修的方法来更换结晶器和支撑导向段以及二冷扇形段。此外快速更换系统的各种配管和接头都采用管(轴)离合装置,在更换时能迅速离合。结晶器、支撑导向段以及扇形段均可在离线情况下借助于专用对中装置和对弧样板进行对中。这些设备一旦在铸机上就位,就能使所有辊子排列在符合要求的弧线上,节省在线调整时间。

9.2.2.2 上装引锭杆

采用上装引锭杆可把浇铸前的准备时间缩短近一半。这是因为采用这种上装引锭杆的方法,可在上一次浇铸的铸坯尚未完全出机前,就进行引锭杆的装入和结晶器的密封。宝钢使用上装引锭杆可使准备时间缩短30min。

9.2.2.3 提高结晶器的使用寿命

结晶器和辊子部分使用寿命短,经常需要更换,已成为影响铸机作业率的重要因素。近年来,日本一些钢厂已研制成功结晶器的多层电镀法,即在结晶器下部先镀镍,在镀层上再镀磷化物和铬。这种复合镀层比单独镀镍的寿命可提高5~7倍。

9.2.2.4 采用各种自动检测装置

近年来开发的自动检测装置主要有二冷区喷嘴检测、结晶器窄面锥度自动控制、结晶器振动监测、辊子开口度与对弧测量以及辊子转动检查装置等。这些检测装置的采用,减轻了操作者的劳动强度,提高了设备调试安装的精度,缩短了设备维修的时间,有利于铸机作业率大幅度提高。

9.2.2.5 快速更换大包和中间包

连浇炉数对铸机生产率和产品成本起着决定性的作用。提高平均连浇炉数,既能提高铸机的生产率,又能提高金属收得率,还能降低原材料消耗和铸坯的成本。据国外统计资料,连浇五炉与单炉浇铸相比,可使产量提高50%以上,金属收得率提高3%以上,铸机作业费用可降低25%左右。此外多炉连浇还是铸坯热送和直接轧制的必要条件。为实现多炉连浇应采取一定的措施:目前连铸生产中采用了钢包回转台和钢包车,已实现了钢包的快速更换,能使空、满包的交换在1~2min内完成。中间包的更换也采用了中间包车和中间包回转台,解决了多炉连浇中钢液的供应问题。

9.2.2.6 采用大容量中间包

为适应生产纯净铸坯及提高铸机生产率的需要,中间包的容量有逐步扩大的趋势。目前板坯连铸机的中间包已扩大到60~70t。

9.2.2.7 快速更换浸入式水口

由于浸入式水口的工作条件恶劣,其使用寿命低于中间包,需要在浇铸过程中更换,而人工更换是比较困难的,因此人们采用机械手来更换浸入式水口。目前所研制的快速更换水口装置可在几秒钟内完成更换作业。

9.2.2.8 板坯采用在线调宽结晶器

过去调整板坯结晶器宽度必须中断浇铸,更换设备及准备时间一般需要40~60min。而目前广泛使用在线调宽结晶器,不但可以大大减少非生产时间,而且有利于多炉连浇。

9.2.2.9 采用异钢种接浇技术

当钢种改变而铸坯断面不变时,可采用异钢种接浇技术而不必中断浇铸,即前一炉浇完需改变钢种时,在结晶器内插入金属连接件并放入隔层材料,使结晶器内形成隔层,防止不同成分的钢液混合。这种方式可与更换中间包同时进行,做到不同钢种完全分隔。

9.2.2.10 防止浸入式水口堵塞

水口堵塞是连铸中的多发性事故,影响多炉连浇的实现,严重时还影响生产的正常进行。造成水口堵塞的原因,除了钢液温度低而在水口壁上冻结这一因素外,主要是因为浇铸铝镇静钢或含钛不锈钢时,钢中的铝和钛被氧化形成的 Al_2O_3 和 TiO_2 沉积在水口壁上。为了防止水口堵塞,目前已采取了一些专门技术:如塞棒及水口吹氩,中间包设挡渣墙及陶瓷过滤器,中间包加钙处理,向结晶器喂铝丝等。采取这些措施后,可使水口堵塞造成的断流率降至很低,从而保证多炉连浇。

9.3 高质量钢连铸冶金技术的开发

所谓高质量钢是指那些对清洁性、表面质量和内部质量要求特别严格的钢种。连铸这些钢种时必须采取相应的技术措施才能满足上述严格的质量要求。这些措施除了常规的钢包冶金、中间包冶金等炉外精炼技术外,新技术的研究开发也在不断进行中,现将一些正在开发并逐渐在生产中得到应用的技术介绍如下。

9.3.1 钢液离心流动中间包

所谓离心流动中间包就是在大包钢液下落区周围借电磁搅拌力使钢液产生离心式的旋转流动。它可使正常浇铸时和更换钢包非正常浇铸时的钢液清洁度都得到较大的改善。图

9-9所示为铝处理含 $w(Cr)$ =17%的铁素体不锈钢采用普通中间包和钢液离心流动中间包时,钢中总氧量的对比。目前该技术已付诸工业应用。

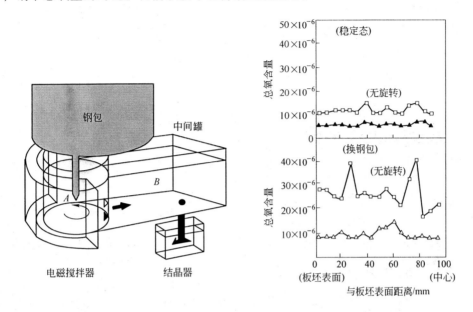

图9-9　离心流动中间罐及其对清洁性的影响

9.3.2 氧化物冶金

通常钢液用铝脱氧和细化晶粒,但铝脱氧产物聚集成团絮状,因此,钢液的清洁度易受到影响,而且还会造成水口堵塞和钢的表面质量恶化。采用惰性气体冲洗水口和钙处理虽然不失为克服该缺陷的有效方法,但也存在卷入气体和水口被 CaS 堵塞,或因钙含量过高水口又被严重侵蚀等一些负面影响。为此,人们对使用其他脱氧剂和晶粒细化剂以代替铝脱氧的方法给予了很大的关注。这种方法对连铸-直轧(CC-DR)尤为必要,因为连铸-直轧过程没有冷却和再加热,因此,AlN 细化晶粒的作用变得不稳定。在直接浇铸薄带的情况下,由于没有热轧工序,凝固组织结构的控制变得困难。于是,一种称之为"氧化物冶金"的技术,即采用更为稳定的晶粒细化剂钛或锆添加剂代替铝以生产无铝钢便应运而生。这种技术除了能有效控制凝固组织的结构外,其氧化物在低浓度下也不易形成聚集团絮状。而且在整个浇铸过程中,这种氧化物始终都保持为较小的颗粒,既有利于改善钢的清洁性(细小、无团絮状聚集),又有利于防止水口堵塞,改善钢的浇铸性能。

9.3.3 电磁制动

如今连铸采用浸入式水口、保护渣工艺已非常广泛。但是从浸入式水口射出来的流股,一是会对初生坯壳造成冲刷,二是会把夹杂物带到液相穴深处而不能上浮。这些现象一方面会增加铸坯产生表面裂纹的倾向性,另一方面也会影响铸坯的清洁度。随着高效连铸技术的采用,由水口流出的钢流速度增加,更助长了这些缺陷的产生。为此人们开发了电磁制动技术,即在结晶器上安装电磁制动器,使结晶器内产生一个横向静磁场,该磁场与钢液流交互作用,产生一个与流股方向相反的制动力,以减弱流股的运动。图9-10表示电磁制动技术的作用原理。

在 220mm×1550mm 板坯上采用电磁制动技术的冶金效果如下：

（1）从水口射出的流股速度减小了一半，减弱了对坯壳的冲刷，坯壳的生长更加均匀，同时也减轻了坯壳薄弱点因回热形成热裂纹的危险性。

（2）流股冲击深度（在结晶器钢液面以下距离）从 4m 减少到 2m，降低了铸坯内弧面20～50mm 区域氧化物夹杂的含量。

（3）由于流股分散，水口上部区域钢液流速加快，促进了过热钢液沿弯月面流动，有利于保护渣吸收夹杂物，铸坯表皮下 8mm 夹杂物

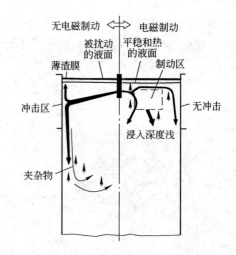

图 9-10 电磁制动的作用原理

呈下降趋势，冷轧薄板表面氧化铝分层缺陷明显减少（由 2.94% 减少到 0.69%）。

9.3.4 无弯月面浇铸技术

除水平连铸外，在所有的浇铸方法中，连铸坯的表面缺陷（如振痕、表面纵裂等）都受到所谓"自由弯月面"问题的影响。为此，无弯月面浇铸技术也一直被人们所关注。对这一问题非常成熟的解决方式是所谓热顶结晶器技术（Hot Top Mold）。它是在结晶器的弯月面区镶入导热性差的不锈钢或陶瓷材料插件，如图 9-11、图 9-12 所示，以此来减弱弯月面区的热流，延缓坯壳的收缩，减少表面缺陷的产生。

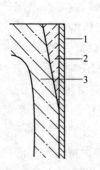

图 9-11 带不锈钢插件的热顶结晶器
1—镀镍层；2—不锈钢插件；3—铜基板

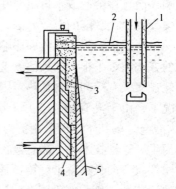

图 9-12 带陶瓷插件的热顶结晶器
1—浸入式水口；2—保护渣；3—陶瓷结晶器；
4—铜结晶器；5—坯壳

9.3.5 方坯连铸轻压下技术

对于容易形成"小钢锭结构"和易于生成中心星状裂纹的方坯来说，可通过在液相穴末端附近强制喷水冷却的方法，借强冷产生的表面收缩应力对中心造成"压缩"作用，将上述危害产品中心质量的因素减至最小，这种方法叫做"热轻压下"。但此法显得力度

不够，因此安装轻压下设备，对连铸坯轻压下，采用液压伺服动态控制轻压下技术，可以根据连铸工艺参数在线控制铸坯轻压下量和轻压下装置压下辊组的投入，保证了高拉速条件下铸坯的内在质量。

9.3.5.1 连铸机轻压下工艺及控制技术

A 方坯连铸轻压下技术应用的主要工艺流程

钢水→钢包在线吹氩→LF 钢包精炼炉→中间包→结晶器→二次冷却→轻压下装置→切割→出坯→精整→检验→合格坯。

B 方坯连铸轻压下装置简述

主要控制设备有：驱动辊变频传动控制设备、PLC 控制设备、工业画面系统等，图 9-13 为轻压下工艺原理示意图，图 9-14 为方坯连铸轻压下控制流程图，此外还包括轻压下设备、轻压下装置、液压系统、轻压下控制、压下量控制、轻压下控制操作系统、轻压下工作过程。

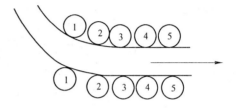

图 9-13 轻压下工艺原理示意图

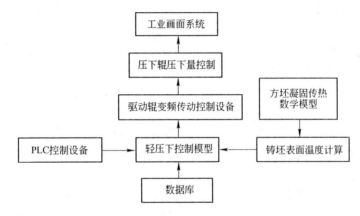

图 9-14 方坯连铸轻压下控制流程图

9.3.5.2 方坯连铸轻压下技术与浇铸工艺的关系

A 轻压下工艺与过热度之间的关系

高拉速情况下要求浇铸过程中实现低过热度浇铸，即所谓的"低温快注"。一是提高铸坯出结晶器后的坯壳厚度，保证连铸机安全、正常地浇铸钢水；二是降低铸坯凝固组织中的低倍缺陷；三是在上述条件下，进一步降低出钢温度，从而降低耐火材料的消耗，降低成本。

钢水过热度对铸坯液芯长度有一定的影响，对于炼钢厂来说，在冷却条件不变的情况下过热度变化 10℃，液芯长度变化约 190mm。小方坯由于拉速较快，因此液芯长度对过热度的变化比较敏感。

考虑到钢水过热度对铸坯的液芯长度的影响和对其他方面的影响，采用轻压下装置的钢厂一般对钢水的过热度都有严格的要求，如某厂将其大方坯连铸的钢水过热度控制在 (15 ± 5)℃之间。

为了保证浇铸过程中过热度在一个很窄的范围内波动，所以就必须对出钢温度、炉外精炼调温、钢包保温、中间包保温、保护浇铸等方面有更严格的要求。

B 拉速与钢流控制装置之间的关系

铸坯的液芯长度对拉速的变化十分敏感，根据计算和分析，拉速每变化5%，HRB335 和 Q235 液芯长度分别变化约 730mm 和 210mm。

这就要求采用轻压下工艺时，对拉速的控制要比较精确和稳定。拉速的快慢与流入结晶器内的钢水量有直接的关系。

若中间包水口采用定径水口，定径水口的钢水流量取决于中间包内的钢液面高度和定径水口的直径。当定径水口的直径一定时，其钢液流量取决于中间包钢液面的高度，钢液面越高，定径水口过钢量越大，为了稳定结晶器中的钢液面高度，拉速应相应提高；反之，钢液面越低，拉速相应降低。浇铸后期，定径水口由于钢水冲刷和化学侵蚀，水口直径逐渐变大，为了稳定结晶器内的钢液面，拉速会逐渐提高。在正常浇铸过程中，拉速可从开浇时的 2.3m/min 逐渐提高到浇铸后期的 3.5m/min 左右。这种拉速的变化可以导致液芯长度变化约 820mm，这对稳定轻压下装置的使用效果和成品铸坯性能上的均一性都十分不利。

因此，对于采用定径水口的小方坯连铸机实施轻压下工艺时，稳定中间包液面高度、采用高质量的定径水口，成为稳定浇铸速度的关键性因素。另外，对于小方坯浇铸质量要求比较高的钢种，可用中间包塞棒控制机构，如石钢小方坯连铸机就是采用塞棒控制机构，这样可以比较稳定地控制结晶器内的钢液面高度，从而稳定拉速，保证轻压下装置效果的充分体现。

C 拉速与钢水成分之间的关系

一般来说，在制定钢水过热度时，往往采用钢厂对不同钢种成分的内控标准或国家标准来计算相应钢种的液相线温度，在规定相应过热度的基础上，推出上浇铸平台时的钢包内的钢水温度。

当对钢水成分要求比较严格，成分调节手段比较完善时，在一个连浇过程中，不同炉次的钢水成分变化不大。因而由成分变化引起的钢水固、液相线温度的变化不大，一般在 1~2℃之间。对整个铸坯的凝固特性影响不大。当不同炉次中的钢水成分波动较大时，由此引起的铸坯凝固特性的变化就必须加以考虑了。

通过统计不同炉次的化学成分，发现上述的波动情况比较明显。由此而计算出的固、液相温度最大相差 14℃。在冶炼和浇铸过程中，仍然按照规定的钢水过热度 30℃ 来考虑的话，实际的钢水过热度最大已经达到 38℃。同时，由于钢水固、液相线温度变化不相同，因此，钢液的凝固区间变宽。由上述钢水实际过热度的增加和凝固区间的变宽，都对实际液芯长度产生了不利的影响。

因此，在实际生产中，应将同一钢种、不同炉次之间化学成分的波动严格控制在一个稳定的范围内。

D 拉速与结晶器类型之间的关系

采用连铸坯轻压下装置，液芯长度需要维持在一个合理的范围之内，因此需要对连铸机的拉速进行控制。通过计算和讨论，连铸机的拉速应该相应提高。在配水条件不变的情况下，应该保证连铸坯出结晶器后，坯壳厚度保持在一个安全的范围之内。

当小方坯连铸机浇铸大断面铸坯时，在连铸机现有冷却条件下，如果要保证轻压下装置性能的有效发挥，拉速必须进一步提高，使出结晶器后铸坯的坯壳厚度降低到 10mm 以下。这时由于单位时间流入结晶器内的钢水量增加，对新生坯壳的冲刷作用加大，使新生坯壳厚度变薄、容易卷渣；又由于拉速的提高，铸坯在结晶器内的停留时间变短，出结晶器后坯壳厚度相应减少，在多种因素的影响下，拉速提高后，连铸坯容易产生漏钢。在实际生产过程中，当连铸机拉速提高到一定程度以后，确实容易产生漏钢。

因此，为了进一步提高拉速对其结晶器设计形式做了调整，如加长结晶器、改善结晶器锥度等，提高结晶器的传热效率，使铸坯出结晶器的坯壳厚度增加，从而使连铸机得以安全生产。

E　轻压下与铸坯内部组织及质量的关系

热酸浸对铸坯试样酸洗后发现铸坯的三带组织：轻压下技术能够明显扩大等轴晶比例，同时还能够起到细化晶粒的作用。

铸坯的宏观凝固组织自表面至中心可大致分为 3 个区域，即激冷层、柱状晶区以及等轴晶区。一般地讲，等轴晶结构致密，晶界面积大，杂质和缺陷分布比较分散，且各晶粒之间位向也各不相同，故性能均匀而稳定，没有方向性；而柱状晶由于其晶体具有明显的方向性，加工能力差，容易导致中心偏析、中心疏松和中心裂纹等缺陷。所以在金属和合金凝固过程中应尽可能抑制柱状晶区的发展，并促使等轴晶区扩大，促进等轴晶晶粒细化。

从铸坯试样酸洗可以看出，使用了轻压下技术之后，铸坯的等轴晶区在整个晶区所占的比例明显提高，如图 9 - 15 所示，从而铸坯的力学性能有了很大的改善。

连铸坯的内部质量主要取决于其中心致密度，而影响连铸坯中心致密度的缺陷是各种内部裂纹、中心偏析和疏松，以及铸坯内部的宏观非金属夹杂物。而轻压下技术可以有效地减轻铸坯的中心偏析程度和中心疏松，提高生产的质量和性能，特别是对于中、高碳钢种效果尤其明显。由低倍组织可见，未使用轻压下技术铸坯的 V 形偏析以及中心偏析比较明显。使用轻压下技术后，V 形偏析和中心偏析几乎消失，如图 9 - 16 所示，从而铸坯的内部质量得到很大的改善。

F　轻压下与铸坯宏观偏析的关系

图 9 - 17 和图 9 - 18 为铸坯宏观偏析的形成过程简图。在连铸过程中使用轻压下技术所要达到的基本目的，是干扰宏观偏析的自然形成过程。从图中可以看出，采用轻压下技术铸坯凝固过程中低倍缺陷基本得到控制。

9.3.5.3　连铸机轻压下的效果

连铸机轻压下的效果如下：

（1）在连铸坯将要完全凝固的最后阶段，通过压下力的作用使连铸坯发生变形，打乱凝固时宏观偏析的自然形成过程，补偿由中心快速温降而造成的收缩。

（2）通过压下力的作用将残余元素或合金元素富集区域的钢液挤回树枝晶状体的间隙区域内，同时将最后凝固的树枝晶组织破碎，从而达到降低偏析程度、促使等轴晶区扩大、促进等轴晶晶粒细化的目的。

（3）消除凝固过程末期形成的疏松，改善了铸坯内部致密度，从而防止"小钢锭模式"的形成。

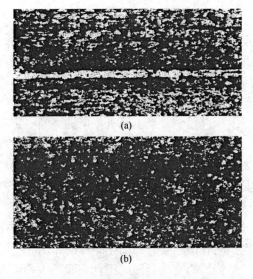

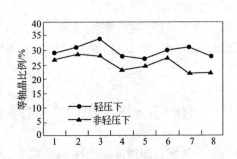

图 9 - 15 轻压下和非轻压下铸坯
试样等轴晶比例值的对比

图 9 - 16 铸坯高倍组织分析（50×）
（a）没有轻压下；（b）轻压下

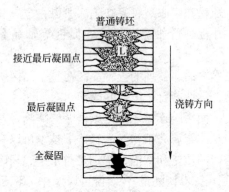

图 9 - 17 铸坯凝固过程中低倍缺陷的形成

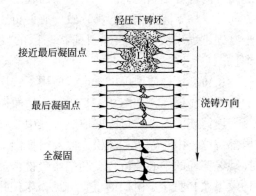

图 9 - 18 轻压下工艺降低低倍缺陷的过程

（4）连铸坯轻压下技术是高效连铸、提高铸坯质量的有效措施之一，也是当前国内外钢铁行业研究、发展和应用的新技术之一。

（5）开发的液压伺服动态控制轻压下技术，可以根据连铸工艺参数在线控制铸坯轻压下量和轻压下装置压下辊组的投入，保证了高拉速条件下铸坯的内在质量。

（6）铸机拉速得到了提高，同时又能够减少铸坯的裂纹、疏松及中心偏析现象，为轧钢实现控冷轧制工艺提供无缺陷铸坯，有利于开发高强度螺纹钢，对产品进行提质提级，增强了产品的市场竞争力。

（7）由于铸机拉速的提高，轻压下技术改造项目的新增经济效益显著，拉速提高后，铸坯降温慢，热送条件好，节省能源。

9.3.6 连铸钢包下渣检测技术

在连续铸钢的生产过程中，当钢包中含氧化铁、氧化锰和氧化硅的炉渣流入中间包以后，会造成钢水中铝和钛等易氧化合金元素的烧损，并产生氧化铝夹杂物，影响钢水的纯净度，并最终造成冷轧钢板的表面质量问题，此外钢水中的氧化铝夹杂还会造成水口堵塞，影响结晶器内的流场以及中间包连浇炉数。为了避免钢包中的炉渣进入中间包，在生产对钢质纯净度要求非常严格的钢种如汽车板时，有些钢厂采用钢包留钢操作，这样虽然满足了质量要求，但钢水的收得率低。传统的通过目视来判定钢包下渣的方法误差大，由于每个操作工的经验都不一样，有的明显提早关闭滑板，有的在明显下渣时才关闭滑板，这样钢水质量波动大。

为了有效控制连铸过程的钢包下渣，国外一些公司开发了钢包下渣自动检测装置，比较有代表性的是德国 AMEPA 公司开发的电磁感应法下渣检测技术和美国 ADVENT 公司开发的声振法下渣检测技术。目前工业大生产中应用的下渣检测装置中 90% 以上采用的是 AMEPA 公司的电磁感应法下渣检测技术。德国、法国、日本大部分连铸机于 20 世纪 90 年代初采用了 AMEPA 公司的下渣自动检测技术，目前韩国浦项钢铁公司和中国台湾中钢公司的板坯连铸机也都采用了 AMEPA 公司的下渣自动检测技术。宝山钢铁股份公司（以下简称宝钢）三期工程二炼钢 1450mm 连铸机 1998 年投产时也采用的是 AMEPA 公司的钢包下渣检测装置，鉴于其良好的运行效果，2002 年宝钢决定在一炼钢 1930mm 板坯连铸机上通过技术改造的方式增加 AMEPA 公司的钢包下渣检测装置。

9.3.6.1　电磁感应法下渣检测的原理

电磁法下渣检测技术就是在大包包底上水口外围装上传感器（一级和二级线圈），当钢液通过接交流电的线圈时，就会产生涡流，这些涡流可改变磁场的强度，由于炉渣的电导率显著低于钢液的电导率，仅为钢液电导率的千分之一，如果钢流中含有少量炉渣，涡流就会减弱，而磁场就会增强，如图 9－19 所示，磁场强度的变化可通过二级线圈产生的电压来检测。这种低电压信号经放大处理后，可以显示出带渣量的多少，达到报警的设定值时系统就会产生报警并关闭钢包滑动水口。

传感器的灵敏度、传感器安装精度以及系统的抗干扰能力是获得稳定的下渣信号的关键。只有获得稳定的下渣信号，才能确保系统工作的可靠性和精度。

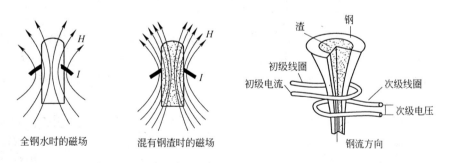

图 9－19　电磁法下渣检测的原理

9.3.6.2　影响下渣检测信号的因素

下渣信号的强弱与钢流中的带渣量以及渣在钢流中的分布有关，渣在钢流中的分布状态有 3 种类型，如图 9－20 所示，状态 1 是渣位于钢流的中央，状态 2 是渣在钢流中均匀分布，状态 3 是渣分布在钢流的表面，图 9－20 中列出了 3 种状态下渣信号与渣的比例的关系，可以看出不管在哪种状态下随着渣的比例的增加，下渣信号也随之增强，也就是说，渣信号与钢流中的带渣量是明显相关的，同时也不难发现，状态 3 的下渣是最容易检测的，很少下渣比例就会产生很强的下渣信号，状态 2 与状态 3 相比下渣信号略差一些，最难检测的是状态 1，下渣比例为 20% 时才能产生约 5% 的下渣信号。据报道，渣在钢流中的分布是很复杂的，不同的钢厂、不同的钢包、不同的工艺条件均可能产生不同的分布状态，因此要精确定量测量出钢流中渣的比例几乎是不可能的。事实上，渣的比例从 0% 上升至 100% 只有几秒钟时间，因此报警值设定在多少已不是特别重要了，重要的是钢包滑动水口的关闭速度。

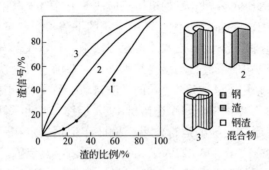

图 9 - 20   渣在钢流中的不同分布对渣信号的影响

在钢包浇铸过程中，由于温度的上升，线圈的电压和电流会逐渐变小，但变化的幅度最大不会超过 20%，如果变化过大，说明有故障存在如绝缘不良、插头接触不好等。

当钢包水口内结瘤时会导致下渣信号变弱，有时下渣信号甚至达不到设定值。另外如果人工提前关闭钢包滑板，也不可能出现下渣信号。

有时会过早发生下渣报警，影响因素有：钢渣异常卷入钢流、周围环境的其他信号干扰以及接触不良造成的信号波动等。

另据文献报道，钢包水口引流砂的加入状况对下渣检测的信号也会产生一定影响。

9.3.6.3   钢包下渣检测装置的改造及效果

钢包的改造，增设钢包下渣检测装置工作量最大的就是对每只钢包底部的改造及传感器线圈的安装，如图 9 - 21 所示。在不影响正常生产的条件下，调度好钢包，确保每只钢包能够按计划下线进行改造。当完成 3 ~ 4 只钢包的改造后，即可进行系统调试工作。

钢包下渣检测装置正常投入大生产应用后，对于纯净度要求较高的钢种在大包浇铸末期不用留钢操作，完全由下渣检测装置自动判定并关闭滑动水口，带来的最明显的效果就是连铸收得率的提高，如图 9 - 22 所示，收得率平均比以前提高 0.4%，平均每炉钢可减少留钢约 1t。中间包连浇 8 炉后，渣层厚度不超过 50mm。同时减轻了大包操作工的劳动强度，改善了操作工的工作环境。钢包下渣检测已成为现代连铸生产和质量控制的重要技术之一，它对防止钢包过量下渣、提高钢水纯净度、提高连铸钢水浇铸收得率、改善大包操作工的劳动强度和工作环境均有明显的效果，使用下渣检测技术不仅提高了连铸生产的自动化水平，同时可以获得明显的经济效益，连铸应用钢包下渣检测装置后，收得率平均提高了约 0.4%。

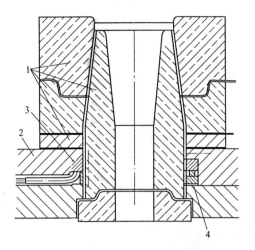

图 9-21 传感器的安装位置示意图

1—钢包耐材；2—包底部的外壳；

3—传感器；4—固定传感的装置

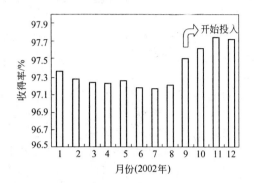

图 9-22 下渣检测装置投入后钢水收得率的改善

参 考 文 献

[1] 时彦林. 冶炼设备维护与检修 [M]. 北京: 冶金工业出版社, 2006.

[2] 周秋松. 浇铸工艺与设备 [M]. 北京: 冶金工业部工人视听教材编辑部, 2000.

[3] 冯捷, 史学红. 连续铸钢生产 [M]. 北京: 冶金工业出版社, 2007.

[4] 冯捷, 贾艳. 连续铸钢实训 [M]. 北京: 冶金工业出版社, 2004.

[5] 王雅贞, 张岩. 新编连续铸钢工艺及设备 [M]. 北京: 冶金工业出版社, 2007.

[6] 陈雷. 连续铸钢 [M]. 北京: 冶金工业出版社, 1993.

[7] 王维. 连续铸钢 500 问 [M]. 北京: 化学工业出版社, 2009.

[8] 蔡开科, 程士富. 连续铸钢原理与工艺 [M]. 北京: 冶金工业出版社, 2005.

[9] 贺道中. 连续铸钢 [M]. 北京: 冶金工业出版社, 2009.

[10] 卢盛意. 连铸坯质量 [M]. 2 版. 北京: 冶金工业出版社, 2000.

[11] 李殿明, 邵明天, 杨宪礼, 等. 连续结晶器保护渣应用技术 [M]. 北京: 冶金工业出版社, 2008.

冶金工业出版社部分图书推荐

书　名	作　者	定价(元)
轧钢机械设备维护（高职高专规划教材）	袁建路　主编	45.00
起重运输设备选用与维护（高职高专规划教材）	张树海　主编	38.00
轧钢原料加热（高职高专规划教材）	戚翠芬　主编	37.00
有色金属塑性加工（高职高专规划教材）	白星良　等编	46.00
炼铁原理与工艺（第2版）（高职高专规划教材）	王明海　主编	49.00
炼铁设备维护（高职高专规划教材）	时彦林　主编	30.00
炼钢设备维护（高职高专规划教材）	时彦林　等编	35.00
天车工培训教程（高职高专实验实训教材）	时彦林　等编	33.00
冶金技术认识实习指导（高职高专实验实训教材）	刘燕霞　等编	25.00
中厚板生产实训（高职高专实验实训教材）	张景进　主编	22.00
中型型钢生产（行业规划教材）	袁志学　等编	28.00
板带冷轧生产（行业规划教材）	张景进　主编	42.00
高速线材生产（行业规划教材）	袁志学　等编	39.00
热连轧带钢生产（行业规划教材）	张景进　主编	35.00
轧钢设备维护与检修（行业规划教材）	袁建路　等编	28.00
中厚板生产（行业规划教材）	张景进　主编	29.00
冶金机械保养维修实务（高职高专规划教材）	张树海　主编	39.00
有色金属轧制（高职高专规划教材）	白星良　主编	29.00
有色金属挤压与拉拔（高职高专规划教材）	白星良　主编	32.00
自动检测和过程控制（第4版）（国规教材）	刘玉长　主编	50.00
材料成形工艺学（本科教材）	齐克敏　等编	69.00
金属塑性成形力学（本科教材）	王　平　等编	26.00
金属材料工程认识实习指导书（本科教材）	张景进　等编	15.00
炼铁设备及车间设计（第2版）（国规教材）	万　新　主编	29.00
炼钢设备及车间设计（第2版）（国规教材）	王令福　主编	25.00
塑性变形与轧制原理（高职高专规划教材）	袁志学　等编	27.00
冶金过程检测与控制（第2版）（职业技术学院教材）	郭爱民　主编	30.00
机械安装与维护（职业技术学院教材）	张树海　主编	22.00
参数检测与自动控制（职业技术学院教材）	李登超　主编	39.00
有色金属压力加工（职业技术学院教材）	白星良　主编	33.00
黑色金属压力加工实训（职业技术学院教材）	袁建路　主编	22.00
轧钢车间机械设备（职业技术学院教材）	潘慧勤　主编	32.00
轧钢机械设备	边金生　主编	45.00
轧钢工艺学	曲　克　主编	58.00
初级轧钢加热工（培训教材）	戚翠芬　主编	13.00
中级轧钢加热工（培训教材）	戚翠芬　主编	20.00